EUROPA LEHRMITTEL

EUROPA-FACHBUCHREIHE
für Metallberufe

W0331799

Lernsituationen in der Metalltechnik,
Lernfelder 10-15

Autoren:

Haas, Lothar	Kißlegg
Küspert, Karl-Heinz	Hof
Müller, Thomas	Leutkirch
Schellmann, Bernhard	Kißlegg

Leiter des Arbeitskreises:
Bernhard, Schellmann — Kißlegg

Bildbearbeitung:
Zeichenbüro des Verlages Europa-Lehrmittel, Ostfildern
Grafische Produktionen Jürgen Neumann, 97222 Rimpar

2. Auflage 2012
Druck 5 4 3 2

Alle Drucke derselben Auflage sind parallel einsetzbar, da sie bis auf die Korrektur von Druckfehlern untereinander unverändert bleiben.

ISBN 978-3-8085-1966-0

Satz: Grafische Produktionen Jürgen Neumann, 97222 Rimpar
Umschlag: Büro für Gestaltung Birgit Slowak, 73557 Mutlangen
Umschlagfotos: © Karbek und © Ingo Bartussek – fotolia.com
Druck: Konrad Triltsch, Print und digitale Medien GmbH, 97199 Ochsenfurt-Hohestadt

VERLAG EUROPA-LEHRMITTEL · Nourney, Vollmer GmbH & Co. KG
Düsselberger Straße 23 · 42781 Haan-Gruiten

Europa-Nr.: 19653

Vorwort

Das vorliegende Arbeitsbuch „Lernsituationen in der Metalltechnik, Lernfelder 10-15" beinhaltet Lernsituationen zur Umsetzung der Inhalte der aktuellen Lehrpläne in den Metallberufen.

Im Lernfeld 10 finden Sie typische Anwendungen zur Antriebstechnik, wie sie auch in den meisten Ausbildungswerkstätten zu finden sind. Das Getriebemodell kann nach den Angaben der Autoren aus Profilen und den Wechselrädern jeder konventionellen Drehmaschine nachgebaut werden. Darüber hinaus setzen wir uns mit dem Getriebe einer Fräsmaschine auseinander und stellen Berechnungen zu Übersetzungen, Zahnradmaßen sowie Drehzahlen an.

Das Qualitätsmanagement in Lernfeld 11 orientiert sich an einem vielseitigen Biegewerkzeug und greift Einzelteile aus dem Biegewerkzeug auf. Informationen zum Bau des Biegewerkzeugs erhalten Sie beim Lektor dieses Buches.

In Lernfeld 12 wird der Maschinenbau im elektrotechnischen Einsatz bei der Herstellung von Leiterplatten für Steuerungen von Haushaltsgeräten betrachtet. Die Werkstoffprüfung wird auf der Basis des Biegestifts der Lötanlage behandelt. Daneben kommen die klassischen Werkstoffprüfungen an Werkstoffproben zur Anwendung.

Das Lernfeld 13 greift nochmals auf das pneumatische Projekt Verteil- und Sortierstation, sowie die Füllstandsanlage aus Lernfeld 6 für die Regelungstechnik zurück und stellt einen Roboter für die Handhabungstechnik vor.

Abgerundet wird der dritte Lernfeld-Band durch das Projektmanagement in Lernfeld 14, das hier exemplarisch an der Füllstandsanlage durchgeführt wird, grundsätzlich aber auf alle Lernsituationen von Lernfeld 1-13 und firmeneigene Projekte anwendbar wäre.

Das Lernfeld 15 lässt sich rückblickend betrachtet ebenso auf alle vorhergehenden Lernfelder anwenden. Wir verzichten bewusst auf eine beispielhafte Umsetzung, da es innerhalb der abgelaufenen Ausbildungszeit sicherlich viele Beispiele in den Firmen zur Optimierung technischer Systeme von Seiten der Auszubildenden gibt, die hier betrachtet werden können.

Die praxisorientierten Versuche und Übungen werden im Anschluss an die berufstheoretischen Aspekte der Lernsituationen zusammengefasst behandelt. So lässt sich auch der in vielen Bundesländern gepflegten Trennung von Theorie und praktischem Versuch besser Rechnung tragen. In der zweiten Auflage wurden Fehler berichtigt und neue Normen umgesetzt.

Die ganzheitliche Betrachtungsweise unter funktionalen Aspekten der Baugruppe steht im Vordergrund der Lernsituationen. Die Aufgaben sind so gestellt, dass eigenverantwortliches, kritisches Arbeiten gefördert, sowie fachliches Wissen zielorientiert erworben werden kann. Damit soll die Basis für Fach- und Personalkompetenz gelegt werden. Der zweite Teil, die Vermittlung sozial- und methodenkompetenter Inhalte, obliegt dem Lehrer und Ausbilder. Dabei sollen unter anderem ökologische Gesichtspunkte, betriebswirtschaftliches Handeln und das Begutachten produktionsabhängiger Zusammenhänge aus der Sicht des Arbeitnehmers und Arbeitgebers geschult werden.

Informationen zu den Bauteilen, Profilsystemen, zum Tiefziehen, zum Biegewerkzeug, zur Verteil- und Sortierstation bzw. Füllstandsanlage erhalten Sie unter der e-mail-Adresse des Lektors: schellmann.lernfelder@t-online.de

Wir wünschen Ihnen viel Freude und guten Erfolg bei der Bearbeitung der Lernsituationen.

Kißlegg, 2012

Die Autoren

Lernfeld 10 — Herstellen und Inbetriebnehmen von technischen Systemen

Lernfeld 11 — Überwachen der Produkt- und Prozessqualität

Lernfeld 12 — Instandhalten von technischen Systemen

Lernsituation Anschlagverstellung

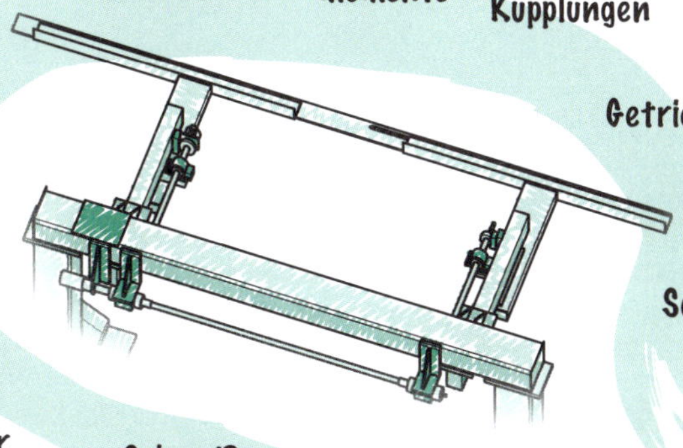

Über-setzungen
Dreh-momente
Kupplungen
Drehzahlen
Getriebemotor
Fertigungsplan
Zahnradmaße
Schweißverfahren
Herstellungs-verfahren für Zahnräder
Schweiß-zeichnungen

Elektrotechnische Anschlusswerte
Lager-auswahl
Leistung, Wirkungsgrad
Wellen-dichtring
Drehstrommotor
Demontageplan
Festigkeits-werte
Einzelteil-zeichnung
Wellen-Naben-Verbindungen

Lernsituation Anschlagen von Lasten

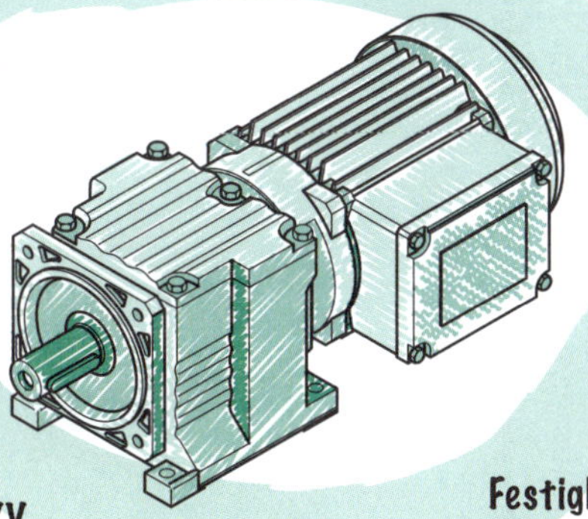

Bedienungs-hinweise
Vergleich der Zugmittel
Belastungs-werte
Kräfte-zerlegung
Betriebs-anweisung
UVV
Zugversuch
Festigkeits-werte

Lernsituation Fräsmaschinen-getriebe

Achsabstände
Drehzahlen
Zahnrad-maße
Übersetzungen
Schmierstoff-plan

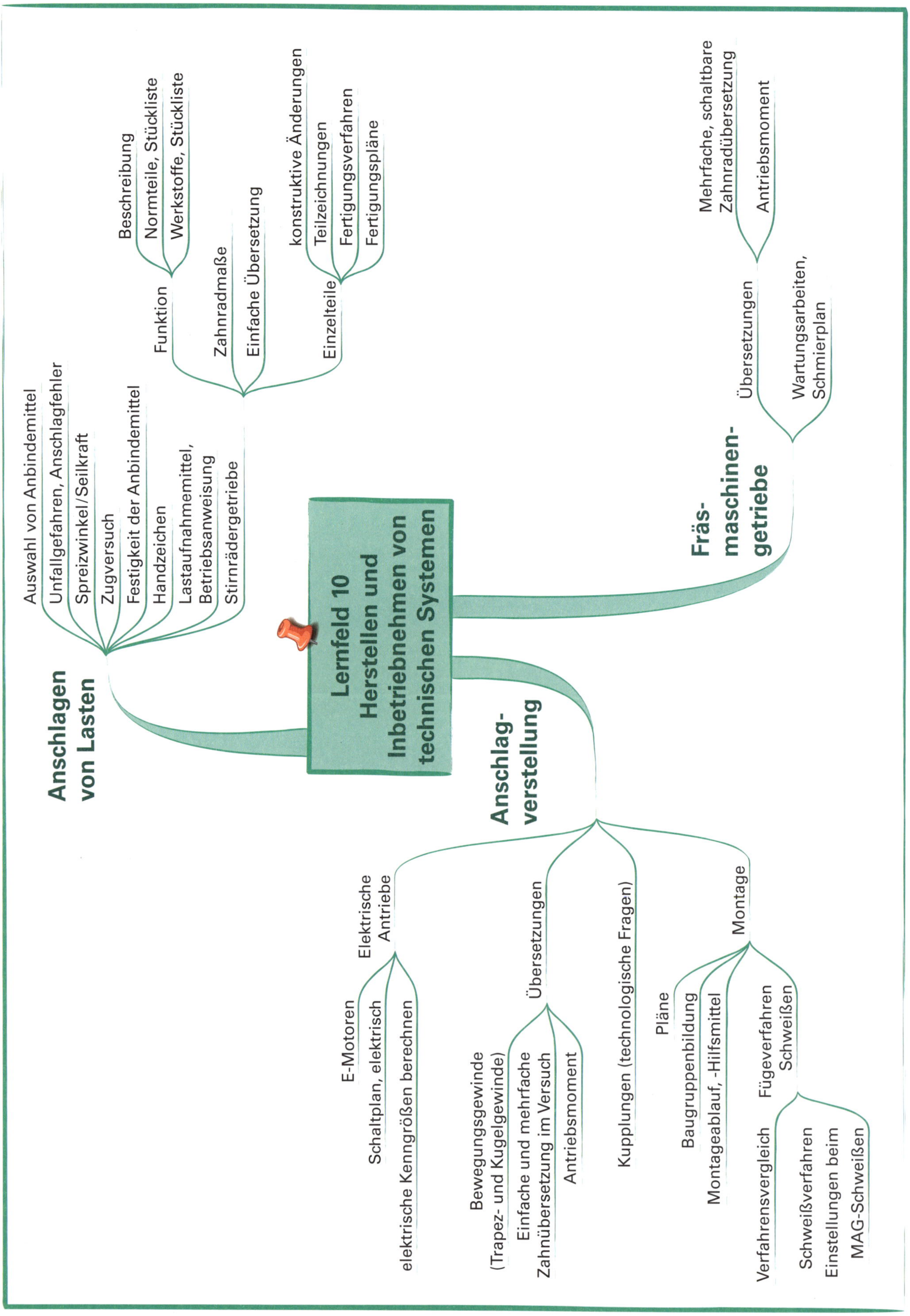
Lernfeld 10 Herstellen und Inbetriebnehmen von technischen Systemen
Anschlagen von Lasten
Auswahl von Anbindemittel
Unfallgefahren, Anschlagfehler
Spreizwinkel/Seilkraft
Zugversuch
Festigkeit der Anbindemittel
Handzeichen
Lastaufnahmemittel, Betriebsanweisung
Stirnrädergetriebe
Funktion
Beschreibung
Normteile, Stückliste
Werkstoffe, Stückliste
Zahnradmaße
Einfache Übersetzung
Einzelteile
konstruktive Änderungen
Teilzeichnungen
Fertigungsverfahren
Fertigungspläne
Fräsmaschinengetriebe
Übersetzungen
Mehrfache, schaltbare Zahnradübersetzung
Antriebsmoment
Wartungsarbeiten, Schmierplan
Anschlagverstellung
Elektrische Antriebe
E-Motoren
Schaltplan, elektrisch
elektrische Kenngrößen berechnen
Übersetzungen
Bewegungsgewinde (Trapez- und Kugelgewinde)
Einfache und mehrfache Zahnübersetzung im Versuch
Antriebsmoment
Kupplungen (technologische Fragen)
Montage
Pläne
Baugruppenbildung
Montageablauf, -Hilfsmittel
Fügeverfahren Schweißen
Verfahrensvergleich
Schweißverfahren
Einstellungen beim MAG-Schweißen

Beschreibung der Lernsituation

Mit einer Stanze werden aus Blechen Formteile für den Stahlbau hergestellt. Die Bleche wurden bislang von Hand positioniert, was sehr zeitintensiv war. Zukünftig kommt eine Vorrichtung zum Einsatz, eine sogenannte Anschlagverstellung, mit der das Blech mit einer Genauigkeit von 0,1 mm positioniert werden kann. Die Vorrichtung besteht aus einem geschweißten Profilrahmen und befindet sich hinter der Stanze. Die Verschiebeeinheit wird über zwei Kugelspindelantriebe vor- und zurückbewegt. Angetrieben werden diese durch einen Gleichstrommotor mit anschließenden Winkelgetrieben.

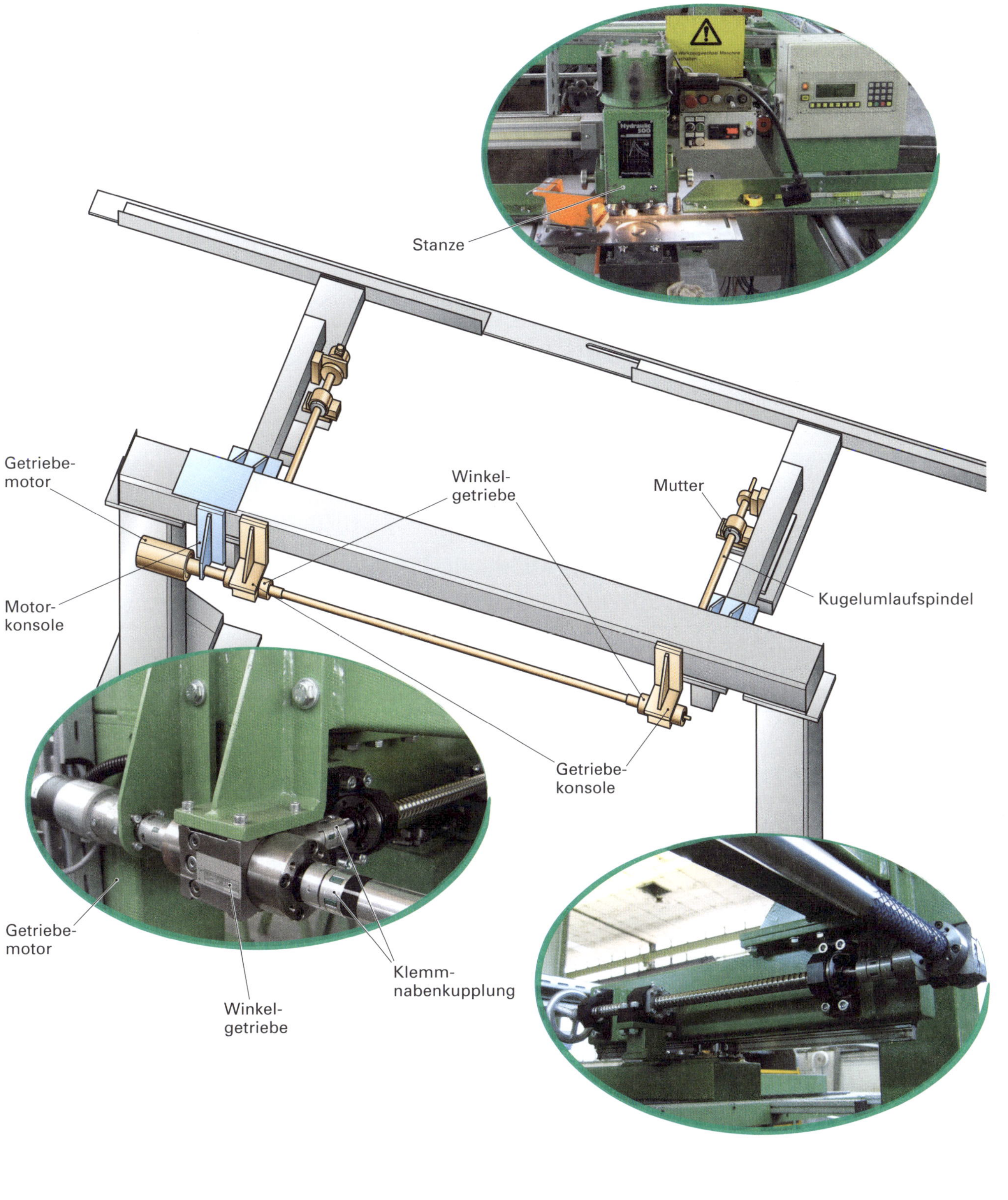

Stückliste Anschlagverstellung

Pos. Nr.	Menge/ Einheit	Benennung	Werkstoff/ Norm-Kurzbez.	Bemerkung
1	2	Spindellagerung Loslager		SLA-17 , kompl. 25×10, mit Lager und Sicherungsring
2	2	Standfuß		
3	1	Querträger		
4	1	Ausleger links		
5	2	Mitnehmer		
6	2	Konsole für Getriebe		
7	2	Kugelgewindetrieb 25 - 10		P = 5, inkl. Mutter Gewindelänge 562 mm
8	2	Führungskonsole		
9	1	Ausleger rechts		
10	1	Motorkonsole		
11	2	Spindellagerung Festlager		SFA-17, kompl. 25×10, mit Lager und Nutmutter
12	2	Kegelradgetriebe	KSZ-05-T	T-Form, spiralverzahnt, d = 11 mm,
13	2	Gehäuse für Flanschmutter		GFD-25
14	2	Klemmnabenkupplung	KUZ-KK-16-11/14	
15	1	Verbindungswelle		1150×Ø11
16	2	Schienenführung		L = 776 mm
17	4	Führungswagen		Star Typ B
18	1	Klemmnabenkupplung	KUZ-KK-16-11/12	
19	1	Winkel		L = 2000 mm
20	1	Winkel		L = 1130 mm
21	1	Lineal		L = 4000 mm
22	1	Platte Geberanbau		
23	8	Stellschraube		M40×1,5×75
24	8	Nutmutter	DIN 70852	M40×1,5
25	8	Scheibe		
26	1	Getriebmotor GR 63×25, 24V		
Anschlagverstellung für Stanze Stückliste ohne Kleinteile				

EUROPA LEHRMITTEL

Draufsicht Anschlagverstellung

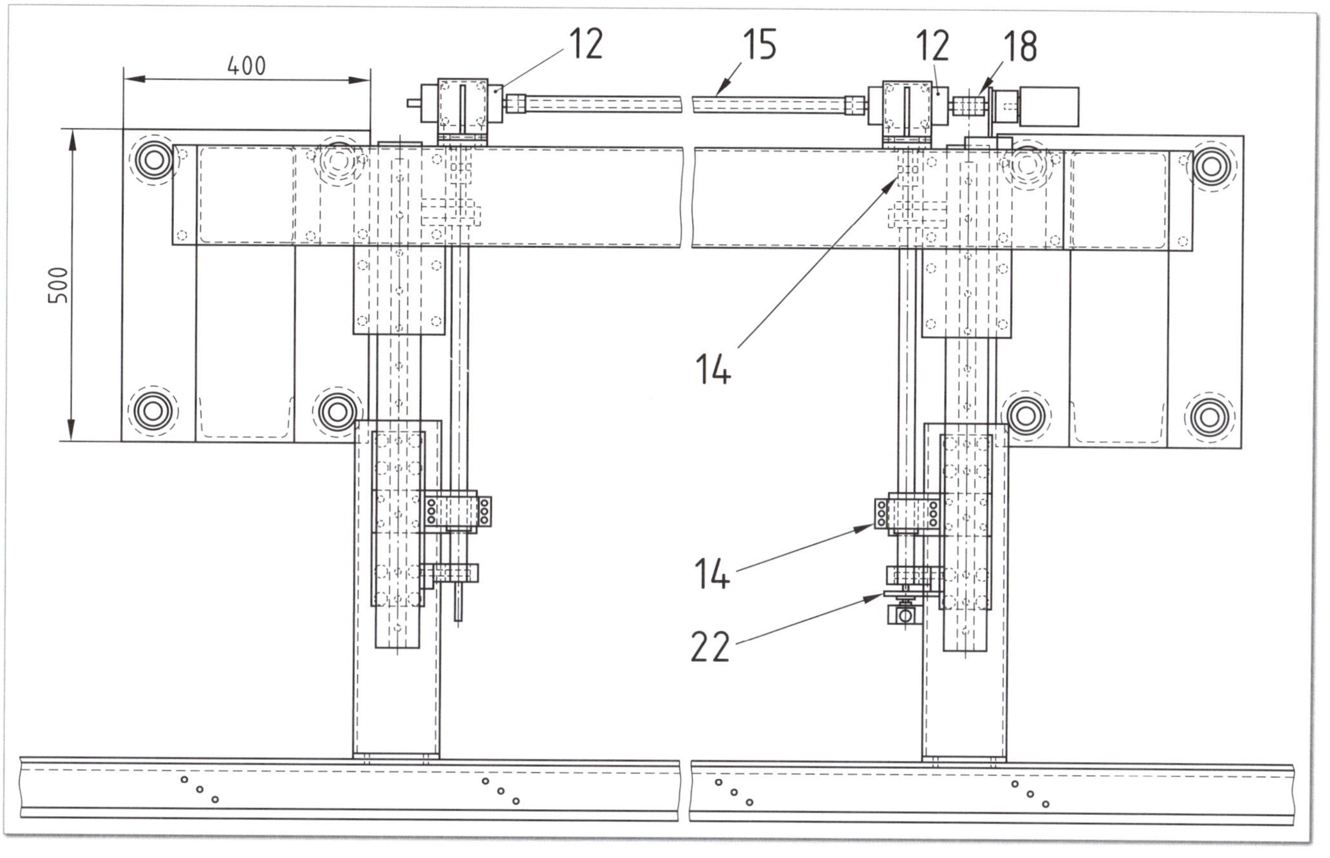

Explosionsdarstellung Anschlagverstellung

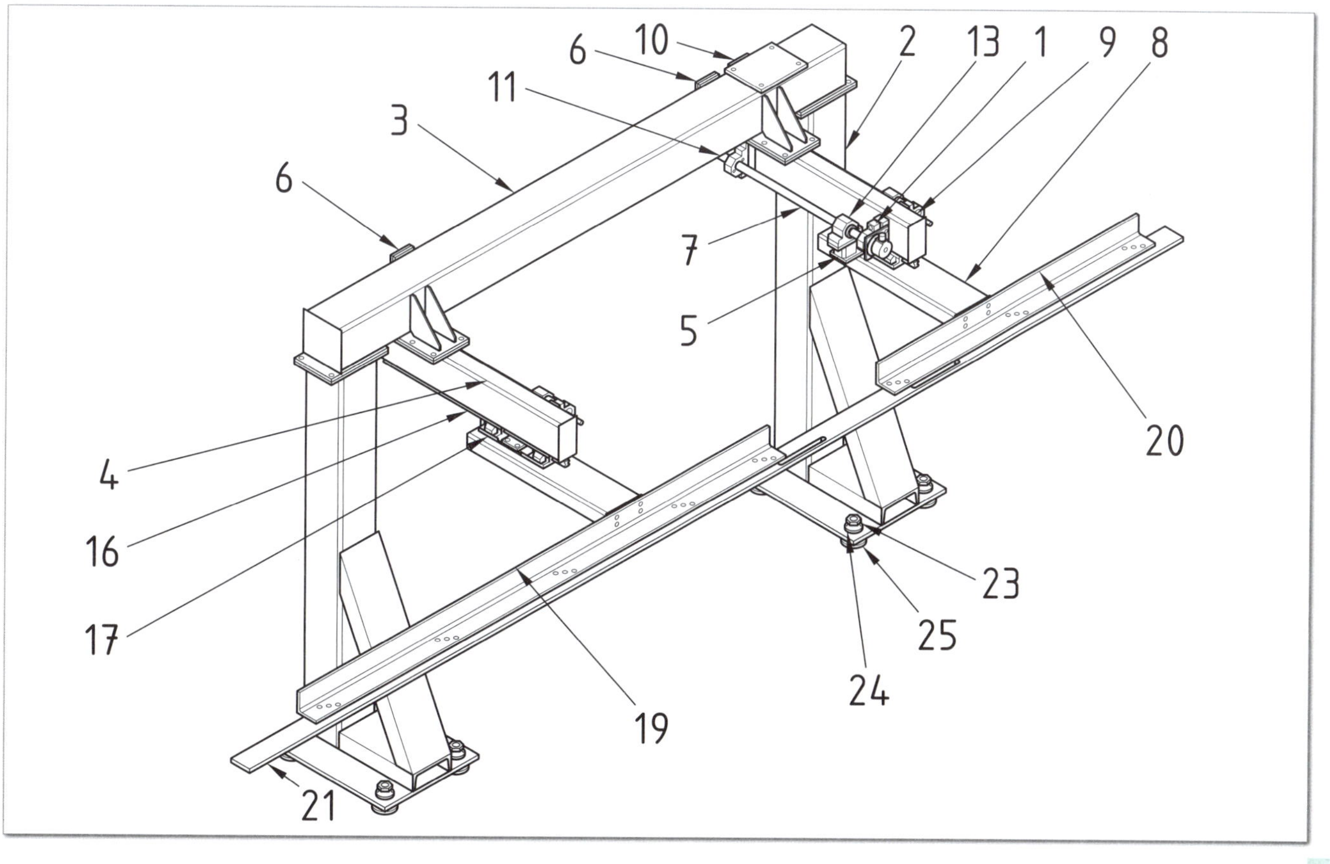

Aufgaben

1 Mit Antriebskomponenten werden Bewegungsrichtungen und Geschwindigkeiten geändert. Die Anschlagverstellung wird mit Hilfe von Motor, Kupplungen, Getrieben und Spindeln vor- und zurückbewegt.

a) Zeichnen Sie in die Explosionsdarstellung (Seite 7) mit Pfeilen die Bewegungen der Bauteile und des Verstellanschlags ein.

b) Beschreiben Sie mit eigenen Worten den Bewegungsablauf und die Funktion der Vorrichtung.

2 Recherchieren Sie im Internet nach Anwendungsbeispielen für den Einsatz von Winkelgetrieben und Spindeln. Stellen Sie Ihre Ergebnisse in Form einer Präsentation zusammen.

3 Getriebe spielen in der Antriebstechnik eine große Rolle. Es gibt sie als Zahnrad-, Riemen- und Kettengetriebe.

a) Welche Merkmale haben diese Getriebearten gemeinsam?

b) Welche spezielle Aufgabe haben die beiden Winkelgetriebe der Verstellvorrichtung?

4 Durch Zahnräder werden Drehbewegungen formschlüssig übertragen. Neben dem Kegelradpaar des Winkelgetriebes kennt man zur Drehmoment und Drehzahlübertragung noch weitere Zahnradpaare.

Welche Zahnradpaare (ZRP) sind im Bild dargestellt?

① ______
② ______
③ ______
④ ______
⑤ ______
⑥ ______

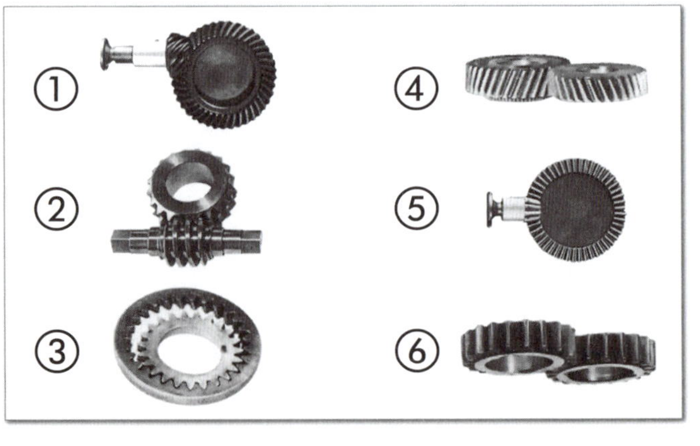

5 Zahnräder erhalten durch unterschiedliche Fertigungsverfahren ihre Form.

Tragen Sie in die Tabelle zu den Herstellungsverfahren typische Merkmale ein, nennen Sie Werkstoffbeispiele sowie mögliche Verwendungen.

Fertigungsverfahren	Merkmale der Herstellungsverfahren	Werkstoffbeispiele	Verwendungen
Abwälzfräsen			
Sintern			
Gesenkschmieden			
Spritzgießen			

6 Für den Antrieb der Verstellvorrichtung wird ein Gleichstrommotor, ähnlich wie bei Vorschubantrieben an Werkzeugmaschinen eingesetzt.

Worin unterscheiden sich diese Vorschubantriebe gegenüber einem Hauptantriebsmotor wie beispielsweise für einen Spindelantrieb einer Werkzeugmaschine? Stellen Sie die Anforderungen tabellarisch gegenüber.

Anforderungen an den Hauptantrieb	Anforderungen an Vorschubantriebe
Motorentyp:	Motorentyp:

7 In vielen Anwendungsfällen werden große Massen bewegt, wozu ein größeres Drehmoment benötigt wird, wie es der Gleichstrommotor abgibt. Welche technischen Lösungen findet man in der Antriebstechnik, um ein Drehmoment zu vergrößern?

8 Der Gleichstrommotor ist über eine Klemmnabenkupplung mit dem Winkelgetriebe verbunden. Die Konsolen für das Getriebe und den Motor sind am Rechteckprofilrahmen der Vorrichtung verschraubt. Zunächst soll für die Getriebekonsole die Teilzeichnung erstellt werden. Dazu werden Maße für die Befestigung aus dem Datenblatt des Kegelradgetriebes benötigt.

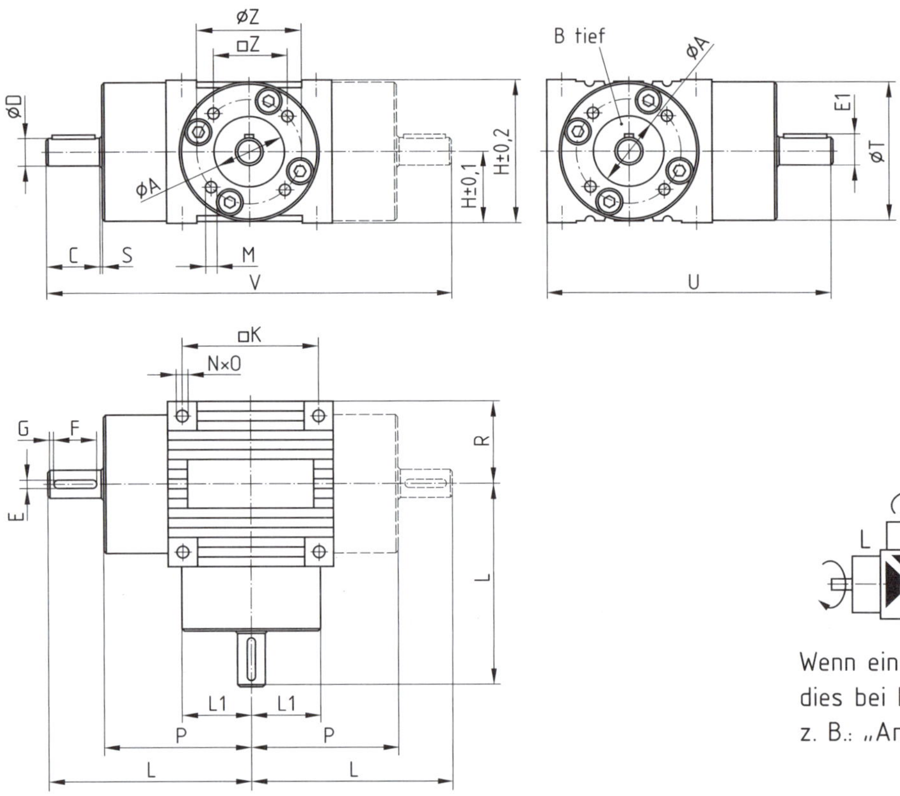

Wellenanordnung

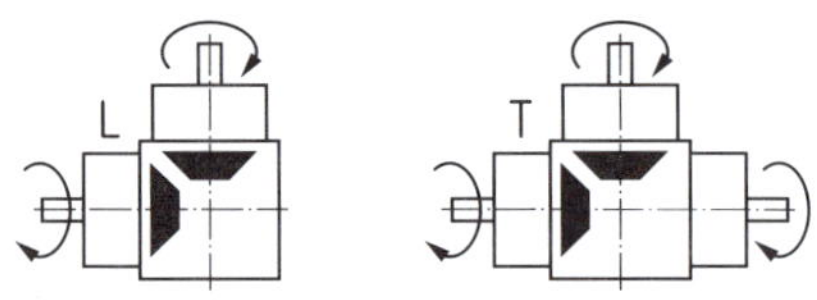

Wenn eine Welle vertikal ist, muss dies bei Bestellung angegeben werden: z. B.: „Antriebswelle vertikal"

Bestell-Nr.	$øA_{H7}$	B	C	D_{j6}	E_{h9}	E_1	F	G	H	H_1	K	L	L_1	M	N	O	P	R	S	øT	U	V	øZ	□Z
KSZ- 5-L/T	32	2	21	11	4	12,5	16	3	62	31	60	90	30	M6	M6	13	69	36,0	1,0	61,5	126,0	180	46,1	32,6
KSZ-10-L/T	35	3	26	14	5	16,0	16	5	74	37	70	105	35	M8	M8	15	79	42,5	1,5	73,5	147,5	210	49,5	35,0
KSZ-25-L/T	40	3	31	16	5	18,0	25	3	82	41	78	117	39	M8	M8	15	86	47,5	1,5	80,0	164,5	234	60,0	42,4
KSZ-50-L/T	52	4	39	20	6	22,5	25	5	116	58	110	165	55	M10	M10	15	126	67,5	2,0	115,0	232,5	330	86,0	50×70

9 Erstellen Sie Vorderansicht, Seitenansicht und Draufsicht der Getriebekonsole im Maßstab 1:2 nach folgenden Angaben:

- Fertigmaße Getriebeaufnahmeplatte (1) 95 × 80 × 10
- Fertigmaße Befestigungsplatte (2) 223 × 80 × 10
- Fertigmaße Steg (3) 213 × 80 × 6, Schräge beginnt 10 mm nach innen versetzt, Stirnseite 10 mm hoch
- Kehlnaht mit Nahtdicke z = 10 mm
- Rechtwinkligkeitstoleranz der Getriebeaufnahmeplatte (1) beträgt 0,1 mm zur Bezugsfläche auf der Befestigungsplatte (2).
- Die Konsole kann um 10 mm radial versetzt werden.

  Der Bohrungsabstand beträgt 100 mm längs und 50 mm quer.
- Die Dicke des Stegs (3) beträgt 6 mm.
- Die Bleche (1 und 2) sind im Fertigzustand 10 mm dick.
- Die Konsole wird mit Sechskantschrauben M10 am Rechteckprofil befestigt.
- Legen Sie sinnvolle Oberflächenrauwerte für bearbeitete Flächen fest.

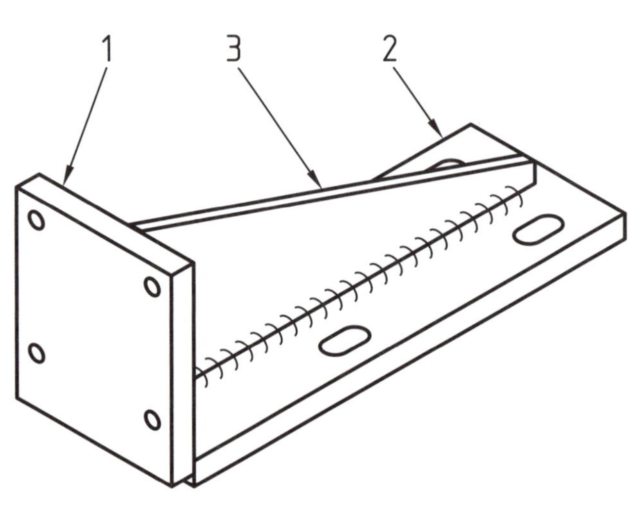

9 Nachfolgend ist die Kennlinie des Getriebemotors für die Anschlagverstellung dargestellt. Ergänzen Sie das Datenblatt mit den Informationen und Werten, die man aus den Kurvenpunkten 1 bis 6 beziehen kann und ordnen Sie die Kurvenpunkte den Daten zu.

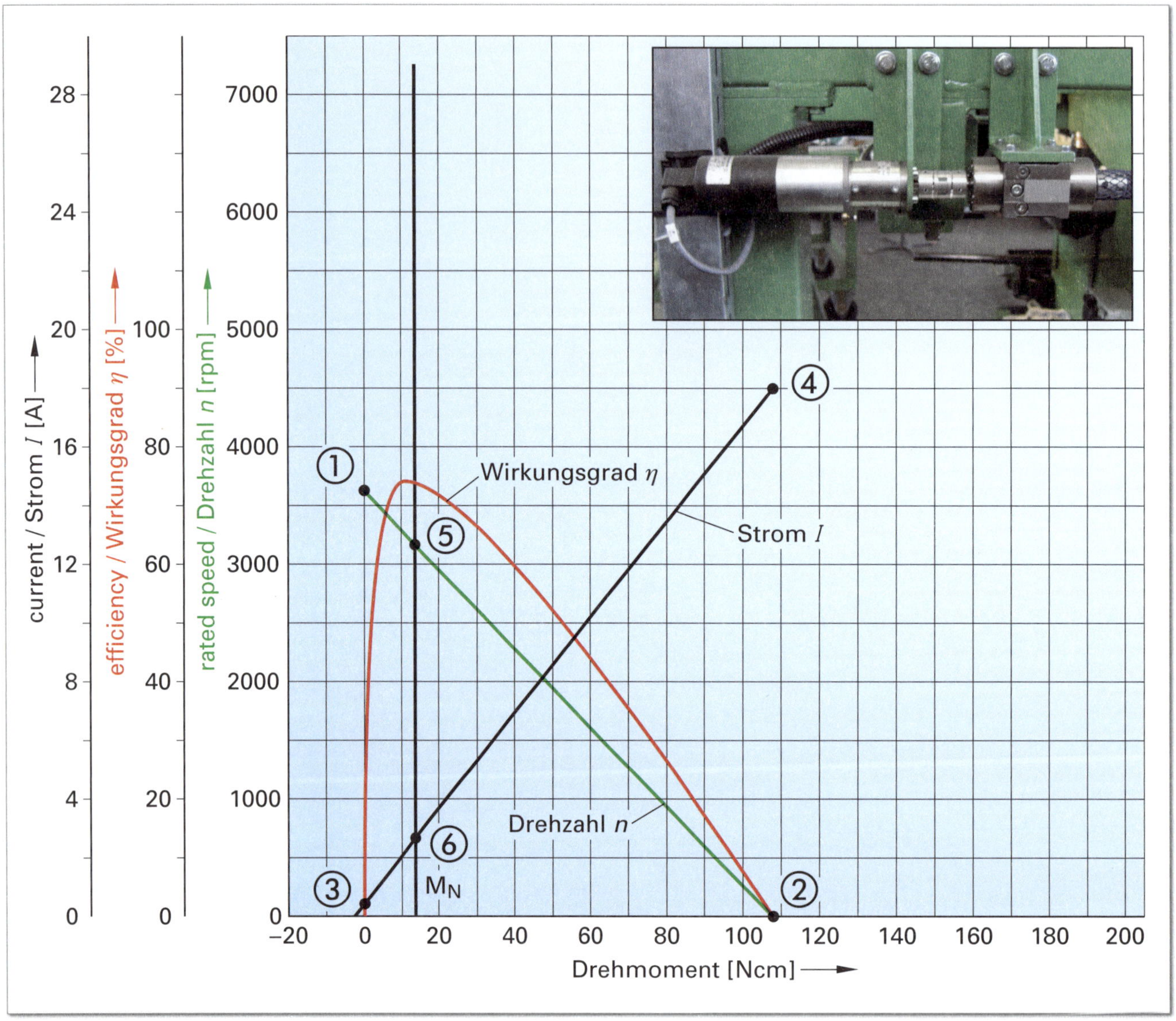

Kurven-punkt	Leistungsmerkmal	Leistungsdaten
	Leerlaufstrom I_0	
2		
	Drehzahl bei Nennmoment M_N = 17 Ncm	
	Leerlaufdrehzahl n_0 ohne Drehmoment	
4		
6		

EUROPA LEHRMITTEL

10 a) Berechnen Sie für den Getriebemotor mit 24 V die abgegebene Motorleistung P_M bei größtmöglichem Wirkungsgrad. Entnehmen Sie die Werte aus dem Diagramm (Seite 14)

b) Wie hoch ist in diesem Fall das Drehmoment des Motors?
Überprüfen Sie durch Rechnung die Werte aus dem Diagramm (Aufgabe 9, Seite 14)

11 Zur Übertragung der Bewegung von Motor über Winkelgetriebe auf den Kugelgewindetrieb wird eine Klemmnabenkupplung eingesetzt. Welche zwei grundsätzlichen Aufgaben übernehmen Kupplungen in Antriebssystemen?

① ______________________________

____

② ______________________________

____

12 In der nachfolgenden Übersicht sind die verschiedenen Arten von Kupplungen dargestellt.

a) Ergänzen Sie die Tabelle zur Einteilung der Kupplungen.
b) Benennen Sie die dargestellten Kupplungen unterhalb der Bilder.
c) Nennen Sie ein wichtiges Merkmal dieser Kupplungen.
d) Wo kommen die Kupplungen in der Praxis zum Einsatz? Suchen Sie nach Einsatzbeispielen im Intemet.

			kraftschlüssig
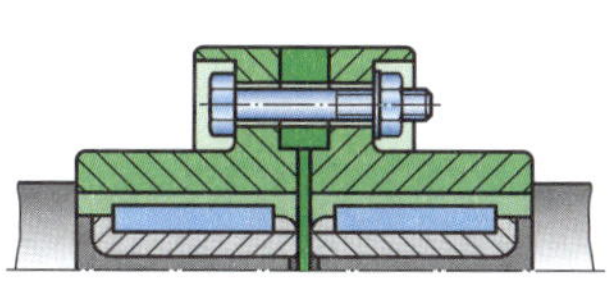	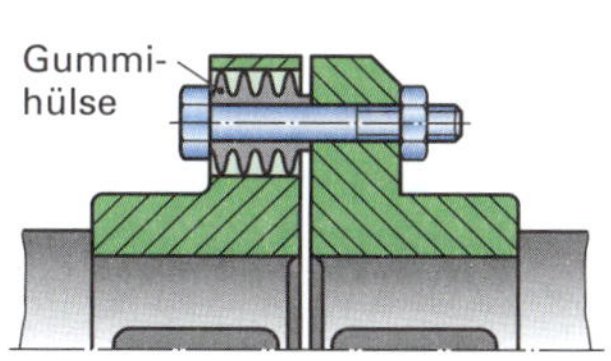	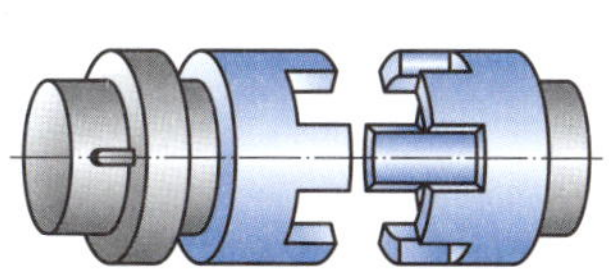	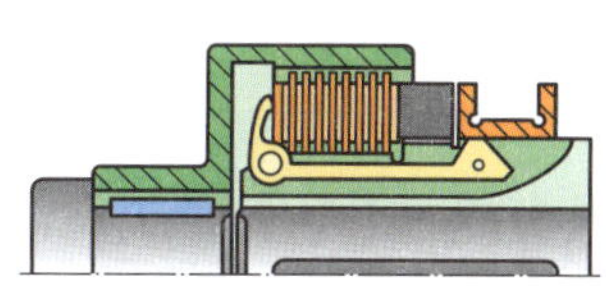
	Gummihülsenkupplung		

13 Welche Vorzüge besitzen elastische Kupplungen?

14 Der Antriebsmotor GR 63 × 25 wird mit dem vorgeschalteten Getriebe PLG 52 an der Motorkonsole befestigt. Die Konsole ist aus Flachmaterial geschweißt und wird am Profilrahmen mit Sechskantschrauben M10 geschraubt. Zeichnen Sie zu der bestehenden Vorderansicht (Seite 17) die Seitenansicht und die Draufsicht im Schnitt im Maßstab 1:2 nach folgenden Angaben:

- Länge Grundplatte (2) 294 mm
- Länge Halterung (1) 284 mm
- Lochbild Grundplatte (2) von oben 159,5 mm, Abstand 100 mm zur zweiten Bohrung; Breite 50 mm von Bohrungsmitte zu Bohrungsmitte.
- Fertigmaß Blechdicke Halterung (1) $t = 6$ mm, Grundplatte (2) $t = 10$ mm
- Parallelitätstoleranz Antriebsachse - Grundplatte Rückseite t = 0,1 mm
- Rauwerte nach Fertigungsverfahren
- Kehlnähte mit $z = 10 \times 45°$
- Die Maße für die Getriebemotoraufnahme können dem Produktdatenblatt PLG 52 auf der CD oder auf der Website www.dunkermotoren.de entnommen werden.

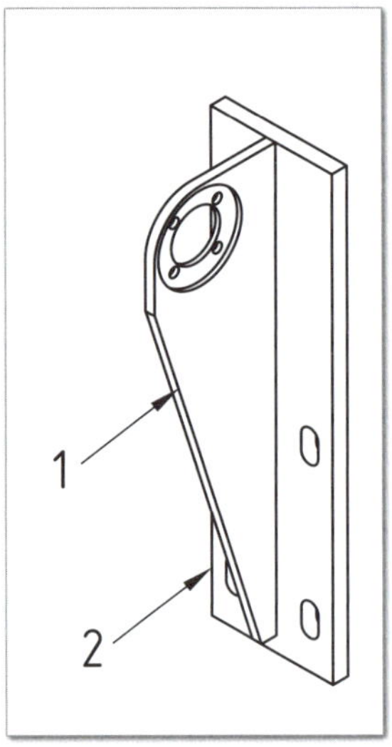

15 Bestimmen Sie den Bohrungsabstand x_{Bo} für die Befestigung der Motor- und Getriebekonsole am Profilträger. Der Getriebemotor ist bündig mit der Motorkonsole befestigt. Die Antriebswelle ragt 25 mm aus dem Motorgehäuse heraus. Zwischen Motor und Kupplung ergibt sich der Zwischenraum x_M. Zwischen Kupplung und Winkelgetriebe ergibt sich der Zwischenraum x_A. Das Winkelgetriebe ist symmetrisch an der Getriebekonsole verschraubt.

Baugröße	Nenndrehmoment [Nm]	max. Drehmoment [Nm]	DA	Außen-ø mit Schraube D_S	L	BK* Passungslänge	s	L1	E	M10.9	Schraubenanzugsmoment in Nm	max. Drehzahl in min⁻¹
KUZ-KK-16	12	25	32	32	52	15	2	20	9	M4	4	19000
KUZ-KK-24	17	34	42	44,S	66	17	2	25	16	M5	8	19000
KUZ-KK-32	60	120	56	57	98	30	2	40	18	M6	15	14000

* BK = Klemmlänge

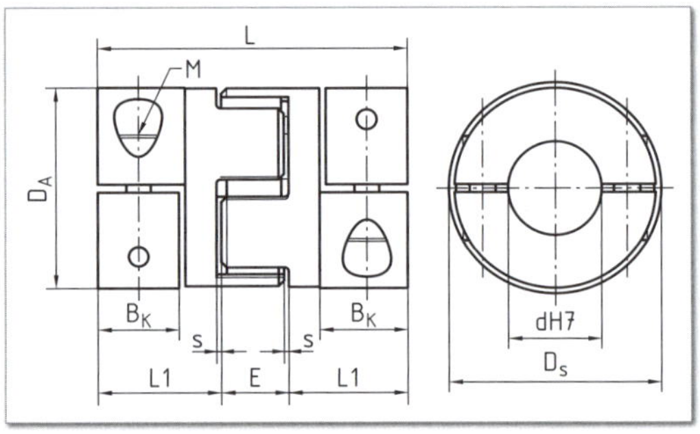

t =	x_A =
	=
x_G =	x_M =
L =	=

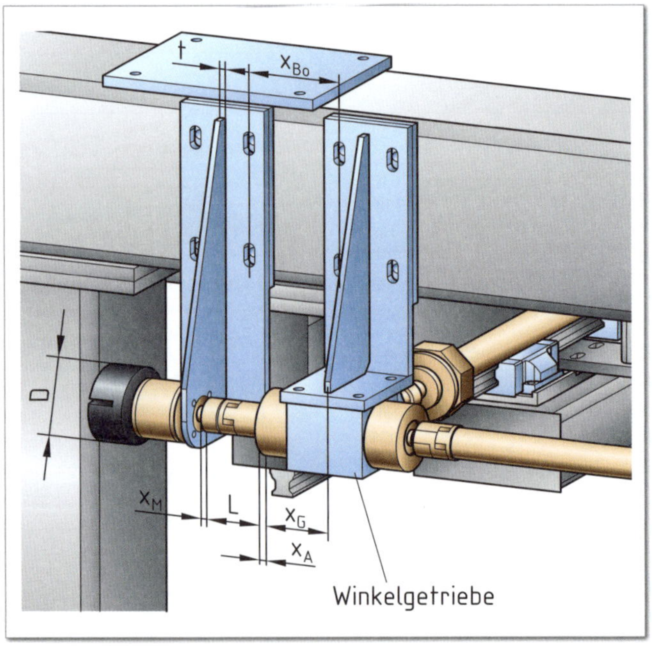

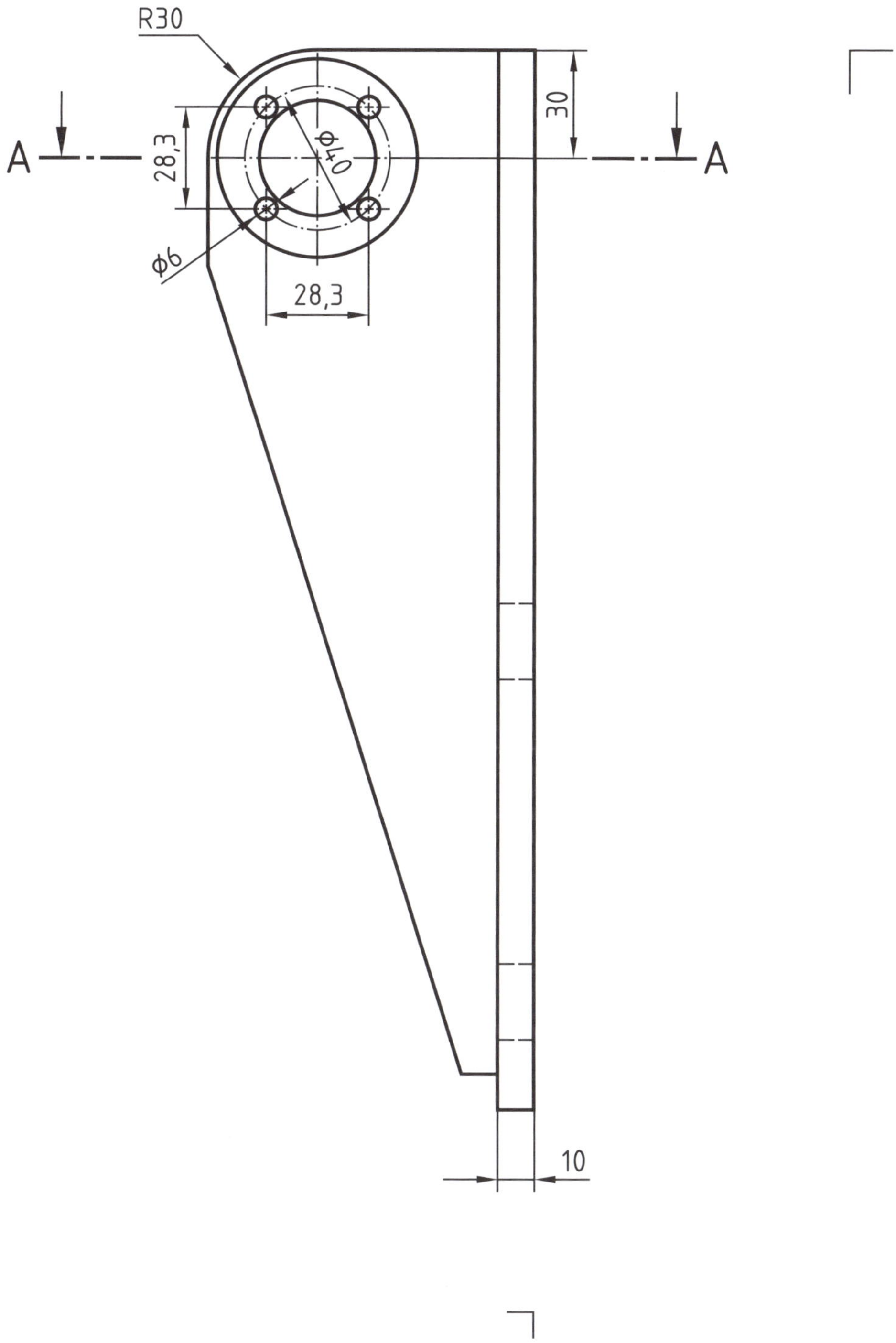
R30
A
A
28,3
30
Ø40
Ø6
28,3
10

16 Die Motorenkonsole wird mit dem MAG-Schweißverfahren geschweißt.

a) Welche Schweißverfahren könnten hier für diese Anwendung noch zum Einsatz kommen?

Beschreiben Sie die Schweißverfahren kurz mit eigenen Worten und beschriften Sie die Abbildungen für den jeweiligen Schweißvorgang.

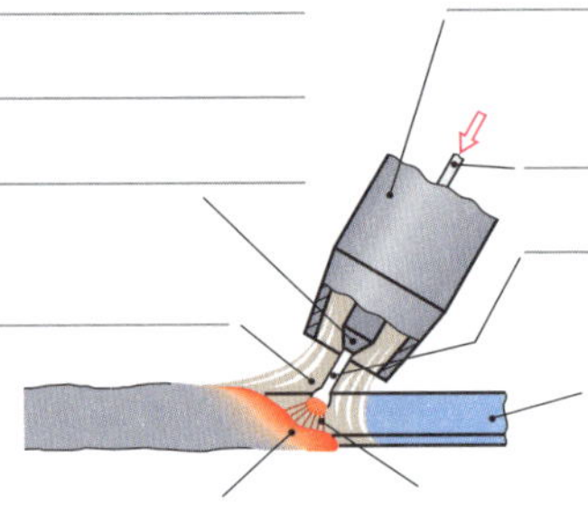

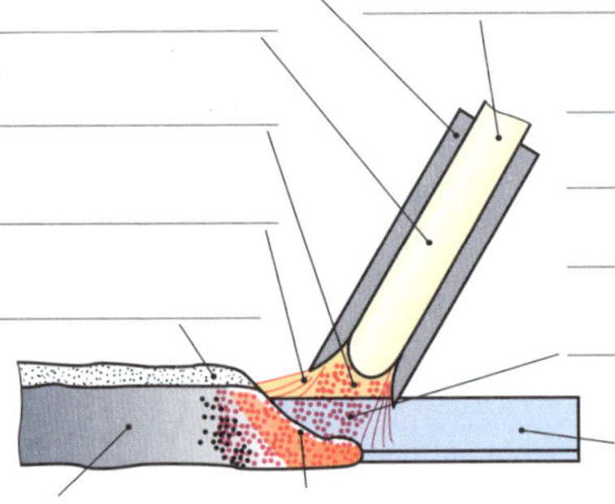

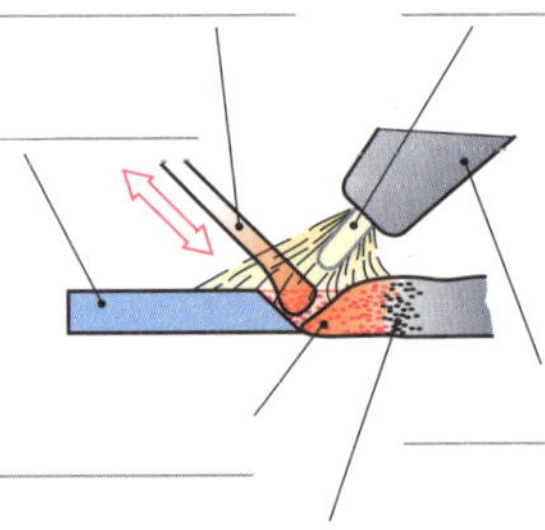

b) Aus welchen Gründen wurde hier das MAG-Schweißverfahren ausgewählt?

17 Schreiben Sie stichwortartig einen Fertigungs- und Montageplan für die Motorkonsole. Erstellen Sie eine Tabelle mit der Aufteilung in Fertigungs-/Montageschritt und Hilfsmittel/Werkzeug.

Versuche und Übungen

1 Die Motorenkonsole wurde mit dem **MAG-Schweißverfahren** gefügt. Bei der Sichtprüfung stellte man eine Überhöhung der Schweißnaht fest.

Um Nacharbeit und Reklamationen vorzubeugen müssen die Ursachen hierfür gefunden werden.

Es soll untersucht werden, wie die Geräteeinstellungen den Schweißvorgang und die Schweißnaht beeinflussen.

Schweißen Sie mit einer kleinen Gerätegrundeinstellung **(a)** eine Auftragsnaht. Lesen Sie während des Schweißens die Schweißspannung ab und beobachten Sie den Schweißvorgang.

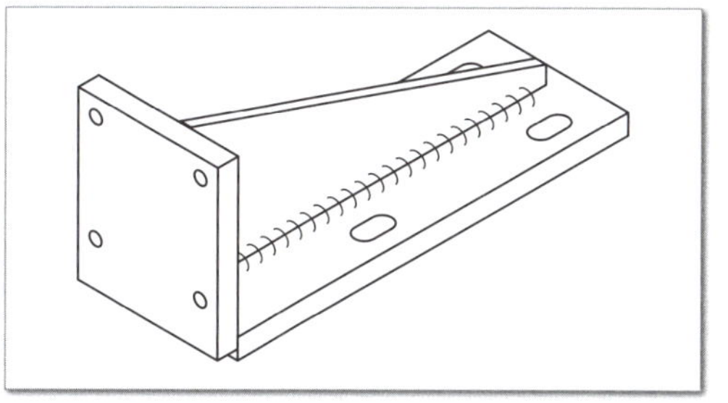

Erhöhen und senken Sie die Einstellung dann um jeweils 3 - 4 Spannungsstufen. Lesen Sie anschließend wiederum die Schweißspannung während des Schweißens ab und beobachten Sie den Schweißvorgang. Wiederholen Sie den Versuch bei einer mittleren **(b)** und einer hohen **(c)** Gerätegrundeinstellung.

	Gerätegrundeinstellung			**3 - 4 Spannungsstufen höher**		**3 - 4 Spannungsstufen niedriger**	
	Drahtvorschub v_f in mm/min	**Spannungsstufe**	**Schweißspannung**	**Spannungsstufe**	**Schweißspannung**	**Spannungsstufe**	**Schweißspannung**
a							
b							
c							

a) Tragen Sie die Schweißstromspannung über die Drahtvorschubgeschwindigkeit in das Diagramm ein.

Ordnen Sie den Abbildungen die dazu gehörenden Kurven zu.

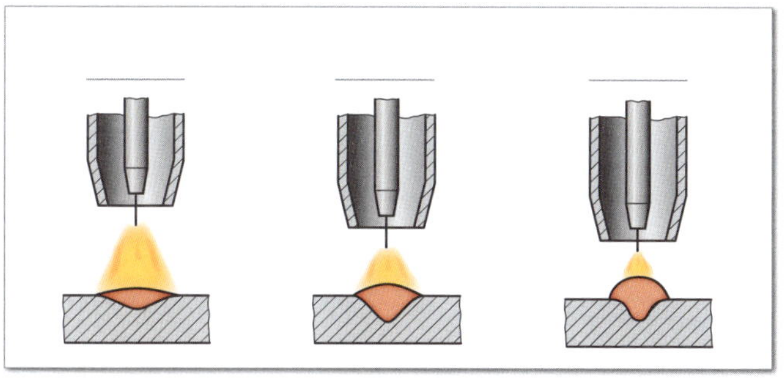

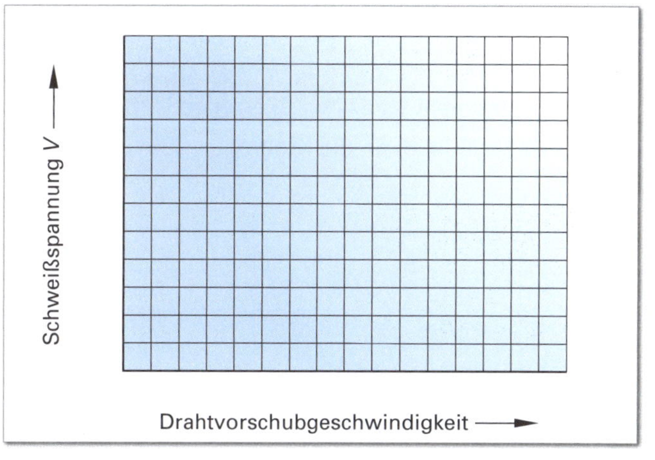

b) Welche Geräteeinstellungen muss der Schweißer vor dem Schweißen überprüfen?

c) Wie beeinflusst die Schweißspannung den Lichtbogen und die Schweißraupe, wenn diese erhöht wird?

d) Welche Einstellung ist zu groß, wenn nur die Spannung verkleinert wird und wie wirkt sich diese aus?

e) Welcher Fehler könnte Ihrer Meinung nach zu der überhöhten Naht geführt haben?

f) Wovon ist die Gerätegrundeinstellung beim MAG-Schweißen abhängig?

2 In der Anschlagverstellung wird ein **Elektromotor mit Untersetzung** eingesetzt. Für den nachfolgenden Versuch wird mit einem Antriebsmodell gearbeitet und mit beispielhaften Werten gerechnet, die je nach eingesetztem Motor verändert werden können. Mit folgenden Motordaten wird das Beispiel gerechnet:

Drehzahl n_1:	300 1/min	Drehmoment M_1:	2 Nm

Für die Zähnezahlen z_1 = 50 und z_2 = 120 sollen für die Spindel folgende Werte berechnet werden:

a) die Drehzahl n_2,

b) das Übersetzungsverhältnis i,

c) das abgegebene Drehmoment M_2.

d) Tragen Sie die Angaben in die nebenstehende Abbildung ein.

3 a) Berechnen Sie die Kraft F_1, die am Kraftmesser notwendig ist, um ein Drehmoment von 2 Nm zu erzeugen? (Scheibendurchmesser D = 80 mm)

b) Wie groß ist dann die Kraft F_2 an dem oberen Kraftmesser?

4 Überprüfen Sie die rechnerischen Ergebnisse, indem Sie den Versuch aufbauen und mit Hilfe von Kraftmessern das Drehmoment an der Scheibe 1 aufbringen und an der Scheibe 2 abgreifen.

$F_{1\ \text{Versuch}}$:	
$F_{2\ \text{Versuch}}$:	

a) Wie verändert sich die Ausgangsdrehzahl n_2 zur Eingangsdrehzahl n_1?

b) Wie kommt die Veränderung des Drehmoments zustande?

c) Wie verändert sich die Ausgangsdrehzahl n_2 wenn einmal i größer 1 und zum anderen i kleiner 1 ist?

5 Die Vorschubeinheit soll für einen Eilgang umgebaut werden. Hierfür ist eine Mehrfachübersetzung vorgesehen. Der Vorschub des Schlittens soll eine Geschwindigkeit v von ca. 3500 mm/min erreichen.

Die Steigung der Trapezspindel beträgt: 4 mm

a) Berechnen Sie mit welcher Drehzahl sich die Gewindespindel drehen muss, um den Schlitten mit der geforderten Geschwindigkeit zu bewegen?

b) Tragen Sie die Drehrichtungen n der einzelnen Zahnräder in die Abbildung ein. Das Antriebsrad dreht sich rechts.

c) Bestimmen Sie die Gesamtübersetzung bei diesem Antrieb, wenn folgende Zahnräder eingesetzt werden:

z_1:	100 Zähne	z_2:	60 Zähne	z_3:	120 Zähne	z_4:	70 Zähne

d) Welche Drehzahl muss der Antriebsmotor besitzen, damit die Gewindespindel die benötigte Drehzahl erlangt?

6 Auf den Arbeitsschlitten wirken im Betriebsablauf Lasten in axialer Richtung bis zu 100 N. Der für die Anlage vorgesehene Motor bringt in der Dauerbelastung ein maximales Antriebsdrehmoment von 2 Nm.

Ermitteln Sie im Versuch das benötigte Drehmoment, welches an der Motorenseite aufgebracht werden muss, um den Arbeitsschlitten mit 100 N Zugbelastung zu bewegen.

Versuch: An dem Arbeitsschlitten wird eine Last F_L mit 100 N Gewichtskraft angehängt. Dann wird an der Antriebsscheibe mit einem Kraftmesser die Antriebskraft genommen und das Drehmoment berechnet.

Scheibendurchmesser	80 mm
Antriebskraft F	
Drehmoment $M = F \cdot r$	

a) Ist das Antriebsdrehmoment ausreichend um den Schlitten zu bewegen?

b) Überprüfen Sie das Ergebnis rechnerisch:

7 Für einen Antrieb muss die Drehbewegung der Zahnräder in eine Längsbewegung umgewandelt werden. Hierzu wird ein Gewindetrieb benötigt.

a) Wie nennt man die Gewinde, deren Hauptaufgabe es ist, eine Drehbewegung in eine Längsbewegung umzuwandeln?

____

b) Welche Gewindearten kommen hierfür in Frage? _______________

8 In einem Versuch sollen die Unterschiede der Gewindearten herausgearbeitet werden.

Mit Hilfe eines Kraftmessers werden verschiedene Belastungen an dem Schlitten simuliert. Greifen Sie dann das benötigte Antriebsdrehmoment M_A wiederum mit Hilfe eines Kraftmessers an der Antriebsscheibe ab.

Folgende Fragen sollen beantwortet werden:

a) Wie groß sind die Antriebsdrehmomente bei unterschiedlicher Last?

b) Wie ist das Lageverhalten des Schlittens bei Lastwechsel?

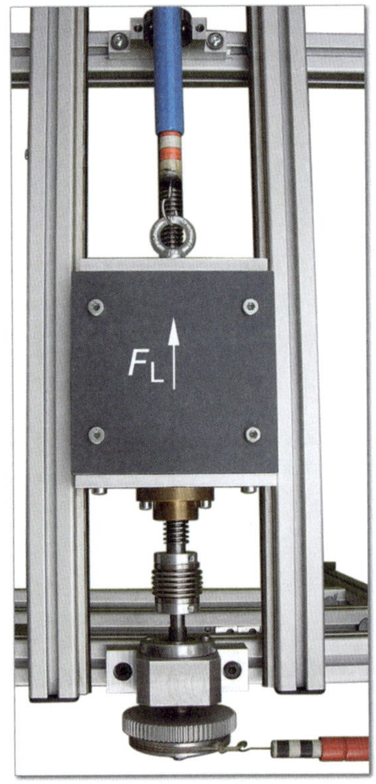

Bezeichnung				
Last F_L in N	F_A in N	M_A in Nm	F_A in N	M_A in Nm

c) Tragen Sie die Antriebsdrehmomente in Abhängigkeit von der Last mit verschiedenen Farben in das Diagramm ein.

d) Weshalb wird bei einer Spindel weniger Antriebsdrehmoment M_A benötigt?

____

____

e) Welchen Nachteil hat diese Spindel wenn nur die Last F_L und kein Antriebsmoment M_A wirkt?

____

____

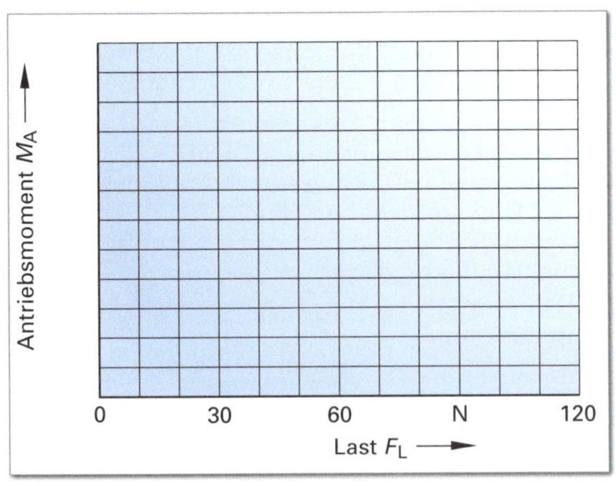

f) Welche Beobachtung können Sie am Schlitten machen, wenn Sie bei den verschiedenen Spindeln einen Lastwechsel durchführen

____

____

g) Welche Spindel würde sich nach Ihrer Meinung am besten für diese Anlage eignen? (begründen Sie Ihrer Antwort)

____

____

Lernfeld 10

Lernsituation Anschlagen von Lasten

Beschreibung der Lernsituation

Krane und Hebezeuge gehören wie der Maschinenpark zum Bild einer Werkstatt. Mit ihnen werden Maschinen aufgestellt, Rohmaterialen in und aus dem Lager gehoben und zur Dreh- oder Fräsmaschine transportiert, um es dort zu Spannen. Gehoben werden die Lasten durch Ketten, Bänder oder Seile. Die Hubbewegung wird in der Regel durch einen Drehstrommotor mit nachgeschaltetem Getriebe umgesetzt. Im Mittelpunkt dieses Projektes stehen ein Stirnrädergetriebe, so wie es auch in Hubeinrichtungen vorkommen kann, sowie die Fragestellungen zum Anschlagen von Lasten.

Zunächst werden die Merkmale und getriebetechnischen Eigenschaften eines einfachen Getriebes mit Mehrfachübersetzung untersucht. Konstruktive Fragestellungen, Montagevorgänge sowie Zahnradberechnungen ergänzen die Betrachtungen.

Die Handhabung schwerer Lasten bedarf großer Sorgfalt und der Beachtung besonderer Sicherheitshinweise. Im zweiten Teil werden die unterschiedlichen Anschlagmittel verglichen, Einsatzmöglichkeiten recherchiert und die sachgemäße Handhabung, wegen der großen Unfallgefahr, erläutert.

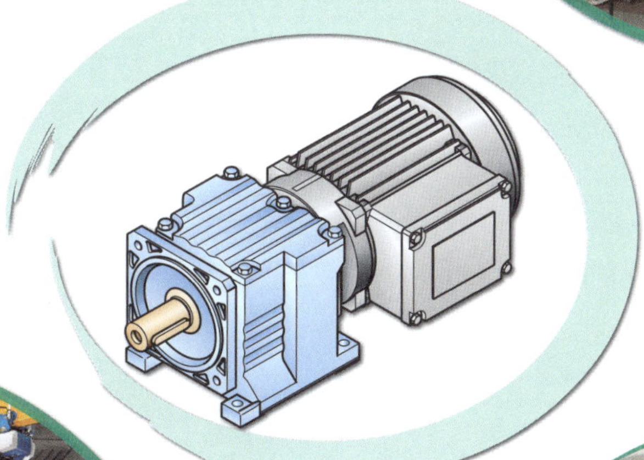

Gesamtzeichnung Stirnrädergetriebe

Stirnrädergetriebe R27 mit Antriebseinheit AD1

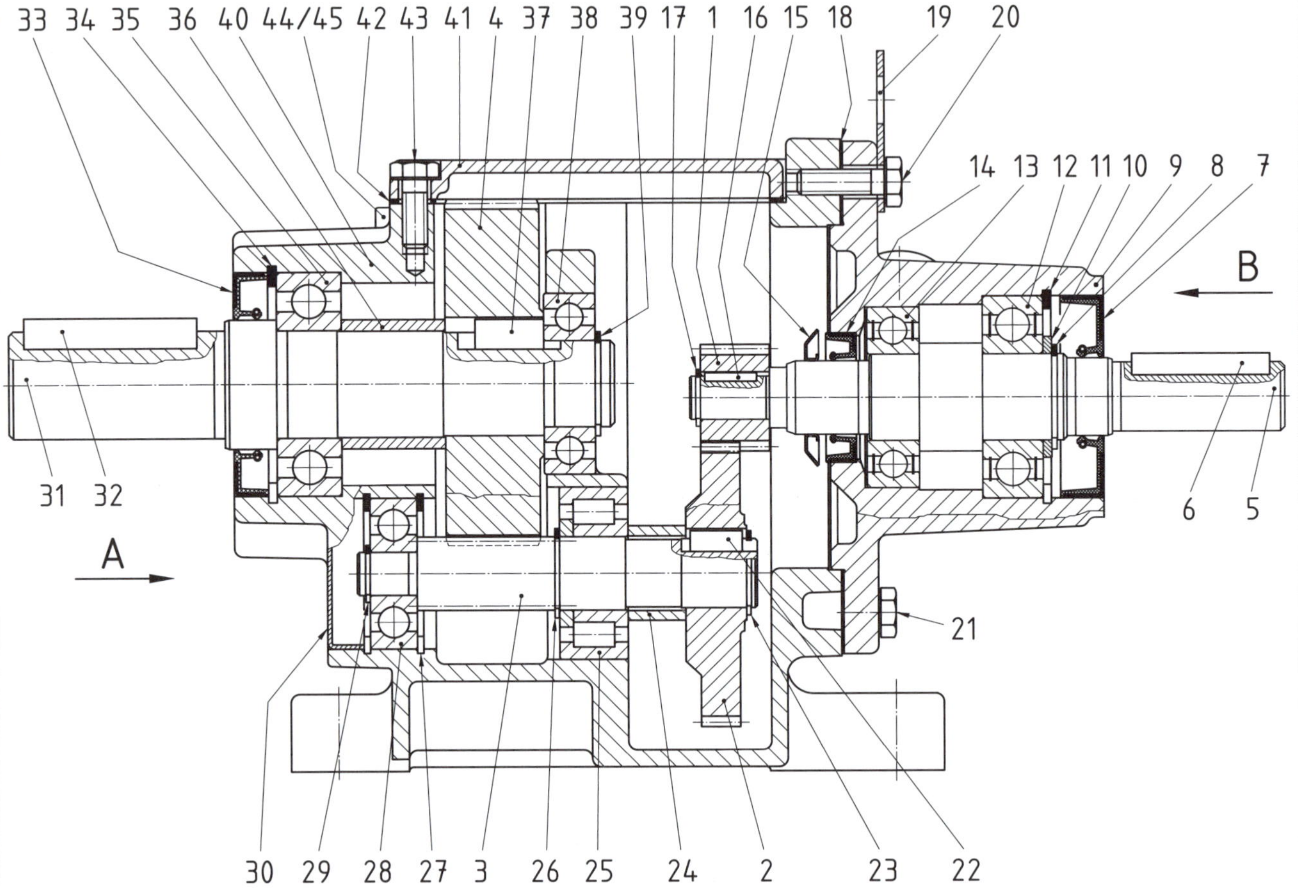

Zahnradanordnung in Ansicht A

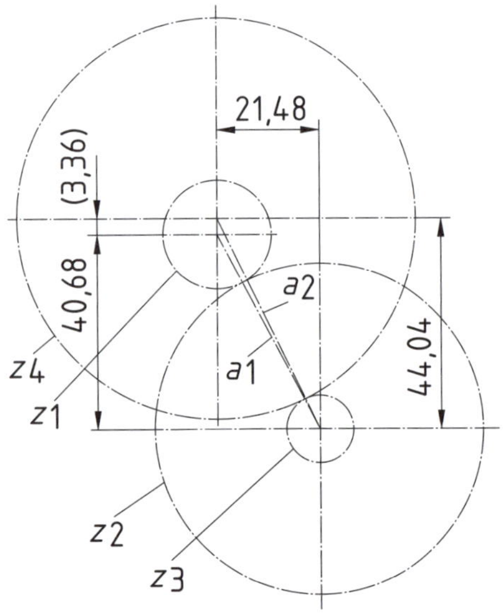

Pos. 5 bis 15: Antriebseinheit AD1

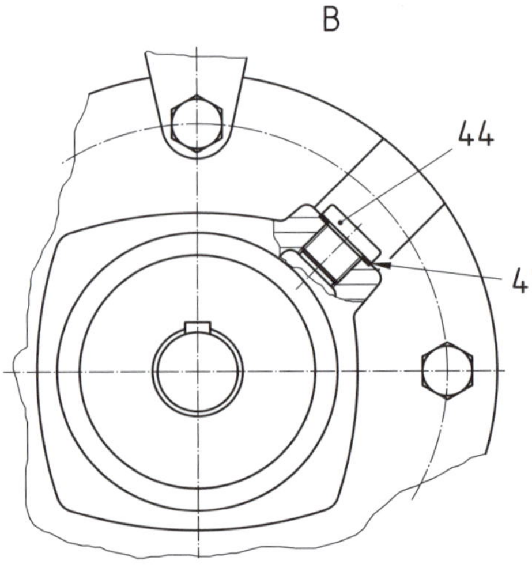

Stückliste Stirnrädergetriebe

Pos. Nr.	Menge/ Einheit	Benennung	Sach.-Nr.	Werkstoff/ Norm-Kurzbez.	Bemerkung
1	1	Ritzel	411 14	16MnCr5	z_1 = 20; m_n = 1 mm; β = 28,3°, rechtssteigend, einsatzgehärtet
2	1	Zahnrad	420 72	16MnCr5	z_2 = 61; m_n = 1 mm; β = 28,3°, linkssteigend, einsatzgehärtet
3	1	Ritzelwelle	430 75	16MnCr5	z_3 = 14; m_n = 1 mm; β = 8,2°, linkssteigend, einsatzgehärtet
4	1	Zahnrad	461 75	16MnCr5	z_4 = 83; m_n = 1 mm; β = 8,2°, rechtssteigend, einsatzgehärtet
5	1	Antriebswelle	165 001 7	S235J2	⌀25×138
6	1	Passfeder	010 010 2	DIN 6885-A-5×5×32	
7	1	Wellendichtring	017 748 2	AS-18×47×10-NBR	≈ DIN 3760; bezogen von ...
8	1	Sicherungsring	010 271 7	DIN 471-20×1,2	
9	1	Antriebsgehäuse	165 207 9	EN-GJL-250	⌀120×63,5
10	1	Stützscheibe	010 343 8	DIN 988-S20×28	
11	1	Sicherungsring	010 318 7	DIN 472×47×1,75	
12	1	Rillenkugellager	010 494 9	DIN 625-6204-2RS	
13	1	Rillenkugellager	011 744 7	DIN 625-6004-2RS	
14	1	Wellendichtring	010 606 2	DIN 3760-A-17×30×7-NBR	
15	1	Spritzscheibe	011 660 2	⌀17	bezogen von ...
16	1	Passfeder	010 000 5	DIN 6885-A-2×2×12	
17	1	Sicherungsring	011 519 3	DIN 471-10×1	
18	1	Flachdichtung	017 000 5	PUR	⌀120×0,5, bezogen von ...
19	1	Transportöse	165 318 4	S185	21×36,5
20	1	Sechskantschraube	010 105 3	ISO 4017-M6×20-8.8	
21	3	Sechskantschraube	010 105 2	ISO 4017-M6×16-8.8	
22	1	Passfeder	010 050 1	DIN 6885-B-5×5×12-55HRC	
23	1	Sicherungsring	010 268 7	DIN 471-16×1	
24	1	Distanzrohr	641 429 X	DIN 2448-S235JR-21,3×2	l = 13,5
25	1	Zylinderrollenlager	013 713 8	DIN 5412-NUP2203E	⌀17×⌀40×16
26	1	Sicherungsring	010 269 5	DIN 471-17×1	
27	2	Sicherungsring	010 314 4	DIN 472-35×1,5	
28	1	Rillenkugellager	010 504 X	DIN 625-6300	
29	1	Sicherungsring	010 263 6	DIN 471-10×1	
30	1	Verschlusskappe	011 164 3	S185	⌀35×8, bezogen von ...
31	1	Abtriebswelle	641 423 0	S235J2	⌀30×141
32	1	Passfeder	010 022 6	DIN 6885-A-8×7×40	
33	1	Wellendichtring	013 852 5	DIN 3760-AS-30×52×8-NBR	
34	1	Sicherungsring	010 319 5	DIN 472-52×2	
35	1	Rillenkugellager	010 495 7	DIN 625-6205	
36	1	Distanzrohr	641 427 3	01 N 2391-S235GT-30×ID25-BK	l = 25
37	1	Passfeder	010 035 6	DIN 6885-B-8×7×16-55HRC	
38	1	Rillenkugellager	011 062 0	DIN 625-6004	
39	1	Sicherungsring	010 271 7	DIN 471-20×1,2	
40	1	Getriebegehäuse	641 414 1	EN AC-AlSi10Mg(Fe)	167×142×130(L×B×H)
41	1	Getriebedeckel	641 430 3	EN AC-AlSi9	142×96×9 (L×B×H)
42	1	Deckeldichtung	641 433 8	ABS	142×96×1,25
43	8	Sechskantschraube	010 105 2	ISO 4017-M6×16-8.8	
44	2	Verschlussschraube	011 426 X	DIN 908-M10×1	
45	2	Flachdichtring	011 427 X	DIN 7603-A10×13,5-Vf	
46	0,4 l	Getriebeöl		DIN 51502-CLP 220	Füllung für Getriebelebensdauer
		Stirnrädergetriebe Stückliste			

Aufgaben

1 Nennen Sie die Pos.-Nr. der Bauteile, die das Getriebe nach außen abdichten.

2 Nennen Sie in der Reihenfolge des Kraftflusses die Pos.-Nr. aller Bauteile, die ein Drehmoment übertragen.

3 a) Ordnen Sie die Lager des Getriebes den Begriffen Festlager und Loslager zu.

b) Begründen Sie, warum für Pos. 25 ein Zylinderrollenlager anstelle eines Rillenkugellagers gewählt wurde.

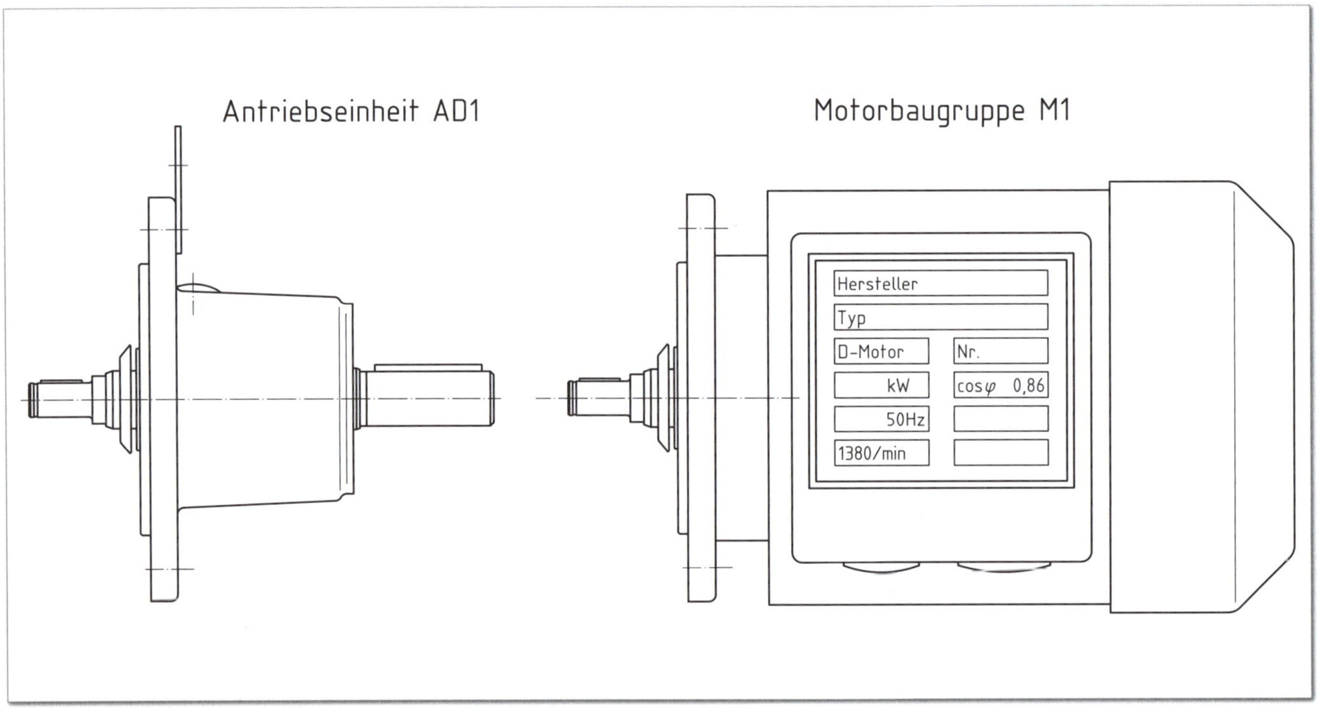

4 Die Antriebseinheit AD1 soll gegen die Motorbaugruppe M1 ausgetauscht werden. Erstellen Sie einen stichwortartigen Montageplan dazu.

5 Der Antriebsmotor des Getriebes soll mit dem Schütz K1 so gesteuert werden, dass beim Betätigen eines Tasters der Motor eingeschaltet wird. Er muss so lange laufen, bis ein anderer Taster kurz betätigt wird.

a) Ergänzen Sie den Schaltplan entsprechend.

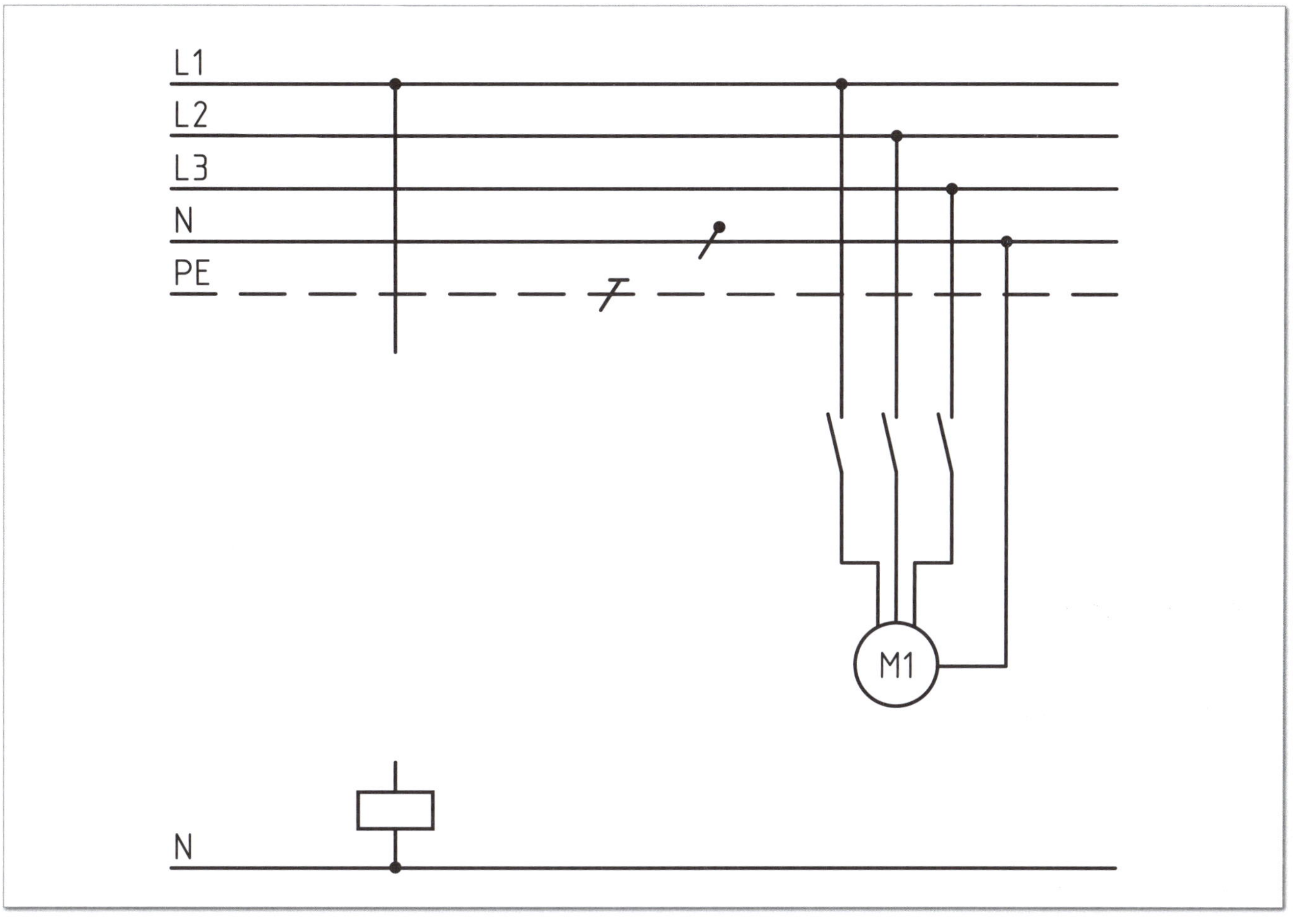

b) Tragen Sie den Namen dieser Schaltungsart ein.

c) Nennen Sie mindestens 2 Vorteile dieser Schaltungsart gegenüber dem direkten Ein- und Ausschalten des Motors mit einem Drehstromschalter.

6 Für den Antriebsmotor ist auf dem Typenschild eingetragen:
Drehstrommotor 300 - 400 V 50 Hz; 5 A; cos φ = 0,86

a) Berechnen Sie die Wirkleistung des Motors.

b) Wie groß ist die Nennleistung (abgegebene Leistung) des Motors in kW bei einem Wirkungsgrad von 0,95?

7 Ergänzen Sie die Teilzeichnung der Abtriebswelle in folgenden Punkten:

a) Form und Lage des Einstiches für den Sicherungsring (Pos. 39)

b) Durchmesser, Oberflächenangaben und sonstige Hinweise für die Lauffläche des Wellendichtringes (Pos. 33)

c) Durchmesser der Aufnahme der Wälzlager Pos. 35 und Pos. 38 (mittlere Balastung des Lagers)

d) Größe der Passfedernut für Pos. 32 (fester Sitz) und Pos. 37 (leichter Sitz)

e) Oberflächenangaben: Durchmesser mit Toleranzgraden kleiner als 8: maximale gemittelte Rautiefe 6,3 µm, alle übrigen Flächen 12,5 µm.

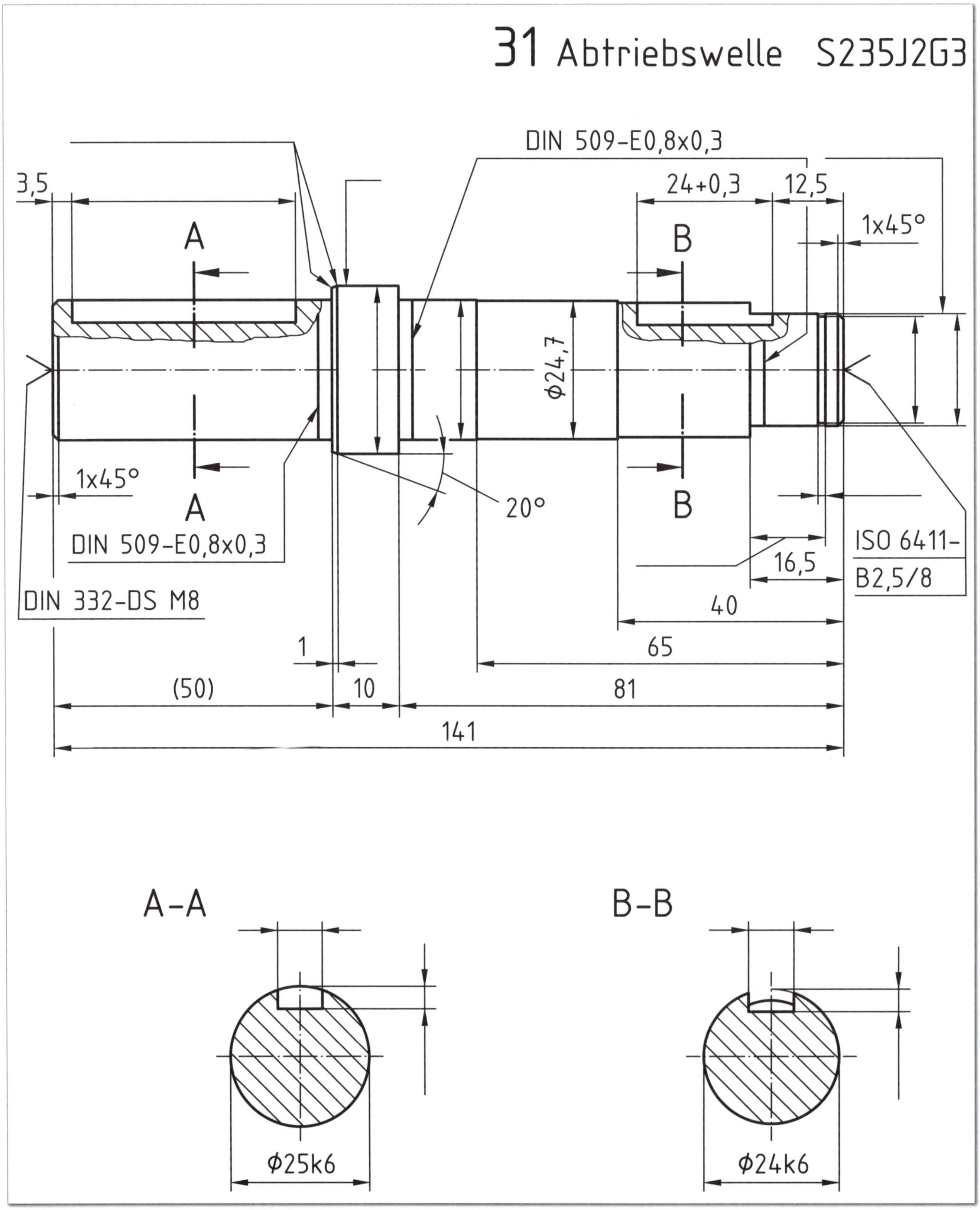

8 a) Erläutern Sie die Bedeutung der Eintragungen ① bis ⑧ in der Darstellung der Antriebswelle (Pos. 5).

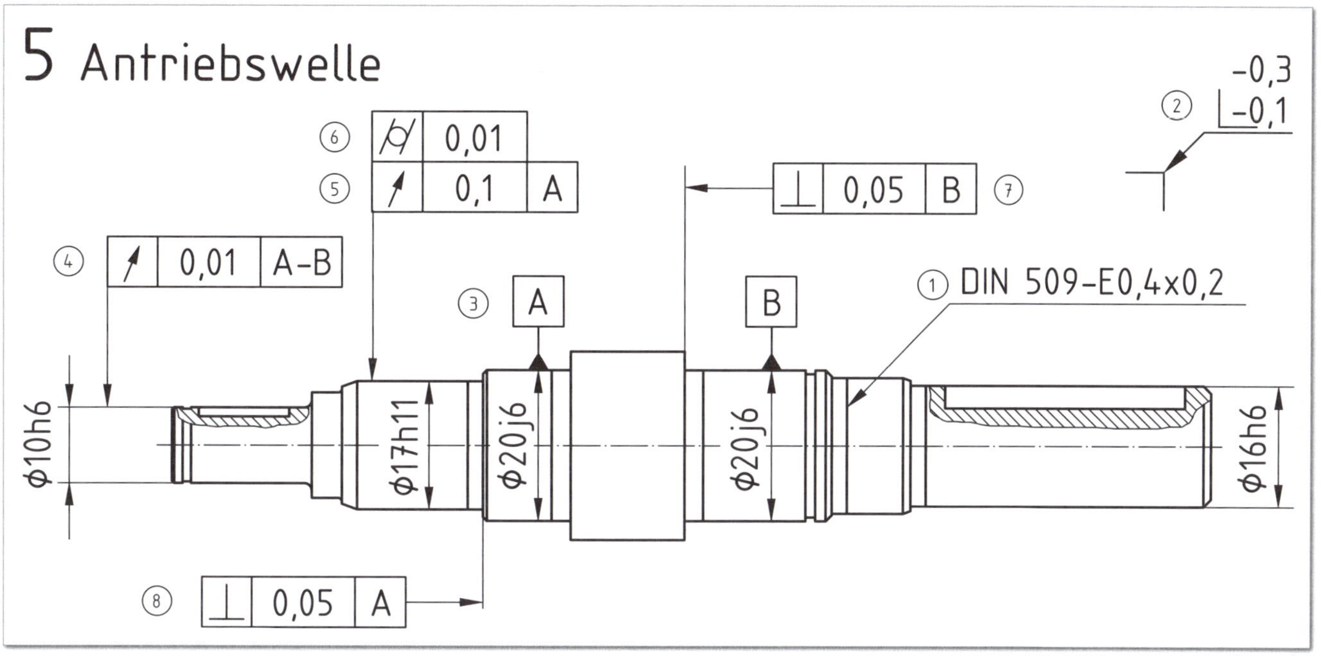

b) Ergänzen Sie in der Tabelle die fehlenden Werte.

Passmaß	oberes Abmaß µm	unteres Abmaß µm	Höchstmaß mm	Mindestmaß mm	Toleranz mm
ø10h6					
ø17h11					
ø20j6					
ø16h6					

c) Welche Grundabmaße würden Sie für die Welle (Pos. 5) im Bereich der Wälzlager (Pos. 12 und 13) wählen

– bei niedriger Belastung?

– bei hoher Belastung?

9 Erläutern Sie die Werkstoffbezeichnungen für folgende Positionen:
Pos. 5, Pos. 9, Pos. 40, Pos. 46

10 a) Beschreiben Sie kurz das Fertigungsverfahren für die Pos. 40 und 41.

b) Welche Vorteile hat dieses Herstellverfahren gegenüber einer Schweißkonstruktion?

11 a) Welche Werkstoffwerte können aus der Schraubenbezeichnung Pos. 20 entnommen werden?

b) Durch welche Werkstoff-Prüfverfahren können diese Werte ermittelt werden?

c) Wie nennt man das in diesem Versuch ermittelte Diagramm?

d) Skizzieren Sie das für den Schraubenwerkstoff typische Diagramm und tragen Sie die aus dem Diagramm ermittelbaren Werte ein.

12 Auf die Abtriebswelle (Pos. 31) des Stirnrädergetriebes soll ein Kettenrad montiert werden.

a) Wählen Sie aus den beiden Abbildungen die richtige Scheibenanordnung und begründen Sie Ihre Wahl.

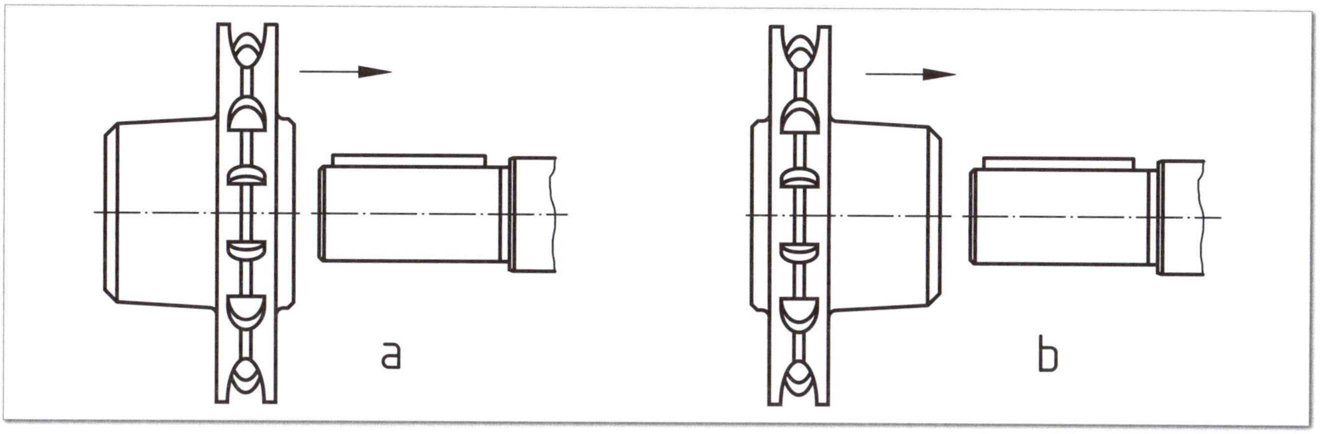

b) Skizzieren und beschreiben Sie eine einfache Möglichkeit, das Kettenrad so auf die Welle zu montieren, dass keine Kraftwirkung auf die Lager der Welle auftritt.

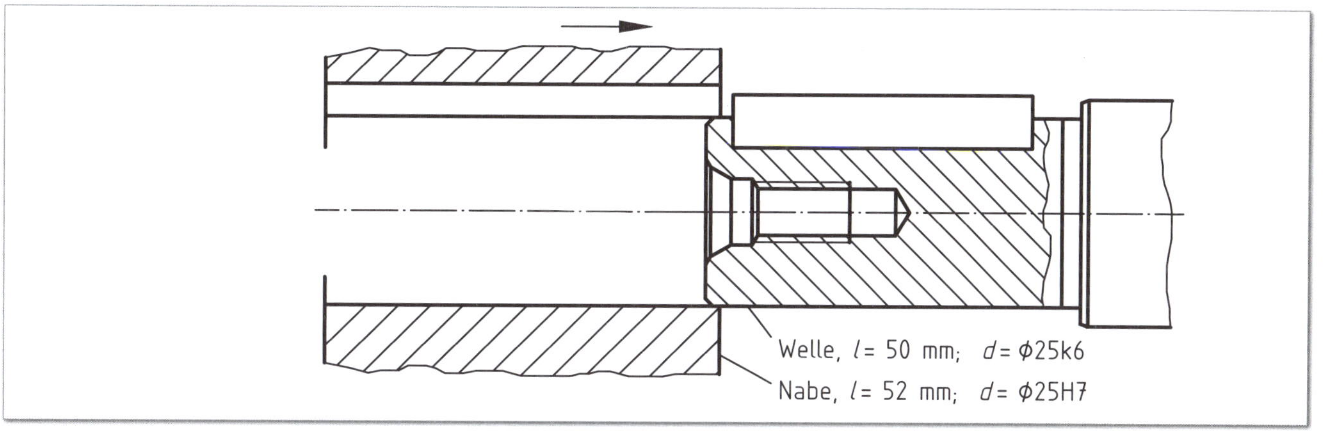

13 a) Das gegossene Gehäuse der Antriebseinheit (Pos. 9) muss so bearbeitet werden, dass die Flanschfläche rechtwinklig und zentrisch zu den Lagersitzen ist. Wie kann dies an der Drehmaschine erreicht werden?

b) Ermitteln Sie zur Drehbearbeitung des Gehäuses einen geeigneten Schneidstoff und dazu passende Schnittwerte.

Schneidstoff:

Schnittgeschwindigkeit (m/min) zum Vordrehen der Flanschfläche: **zum Innen-Fertigdrehen:**

Vorschub (mm) zum Vordrehen der Flanschfläche: **zum Innen-Fertigdrehen:**

Kühlschmierstoff:

14 a) Die Schmieranleitung des Getriebeherstellers schreibt vor, dass bei einer Antriebsleistung über 1 kW das Getriebeöl gegen ein Öl mit der Bezeichnung PG 220 zu tauschen ist.

Erläutern Sie diese Bezeichnung.

b) Die Lager Pos. 12 und 13 werden bei der Montage der Antriebseinheit mit Fett gefüllt. Begründen Sie in diesem Zusammenhang die von Pos. 38 abweichende Lagerbauform.

c) Welche Aufgabe hat die Spritzscheibe (Pos. 15)?

d) Die Wellendichtringe der Antriebseinheit sind unterschiedlich eingebaut: Die Dichtlippe von Pos. 7 weist nach innen, die von Pos. 14 nach außen. Begründen Sie dies.

15 In der Stückliste ist für die Zahnräder (Pos. 1 bis 4) die Bemerkung „einsatzgehärtet" eingetragen.

a) Welche Eigenschaften werden durch diese Wärmebehandlung erzielt?

b) Wie werden Werkstücke einsatzgehärtet? Erläutern Sie kurz eines der möglichen Verfahren.

c) Wie kann erreicht werden, dass nur der Bereich der Verzahnung gehärtet wird?

16 a) Welcher Unterschied besteht zwischen Passfedern der Formen A (Pos. 6 und 32) und B (Pos. 22 und 37)?

b) Welchen Grund hat der Einsatz der Form B bei den Pos. 22 und 37?

c) Was bedeutet die Angabe 55HRC bei der Bezeichnung von Pos. 22 und 37?

17 Die Antriebswelle (Pos. 31) wurde im Betrieb beschädigt und soll gegen eine neue ausgetauscht werden. Schreiben Sie den Demontageplan für die Antriebswelle.

Nr.	Demontageschritte	Hilfsmittel/Werkzeug

18 a) Berechnen Sie die Gesamtübersetzung des Stirnrädergetriebes .

b) Welche Abtriebsdrehzahl ergibt sich bei einer Eingangsdrehzahl von 1380/min?

19 a) Berechnen Sie den Stirnmodul der Zahnräder Pos. 1 und 2.

b) Wie groß sind die Teilkreisdurchmesser der Zahnräder Pos. 1 und 2?

c) Wie groß ist der Achsabstand a_1 der Zahnräder Pos. 1 und 2 (Seite 16.1, Zahradanordnung)?

d) Überprüfen Sie die Achsabstände a_1 und a_2 mit Hilfe der in der Gesamtzeichnung eingetragenen Maße der Zahnradanordnung.

20 a) Welches Drehmoment steht an der Antriebswelle (Pos. 31) des Stirnrädergetriebes zur Verfügung, um eine Last mit dem Kettenzug zu heben. Der Drehstrommotor läuft mit einer Drehzahl $n = 400\ \frac{1}{\text{min}}$.

b) Reicht das Drehmoment aus, um eine Last von 1800 kg anzuheben? Das Kettenrad hat einen Durchmesser von 100 mm.

Versuche und Übungen

In der Fertigung müssen laufend Maschinen bestückt und die gefertigten Teile abtransportiert werden. Um die Lasten zu bewegen, werden häufig Krane, die es in unterschiedlichen Bauarten gibt eingesetzt.

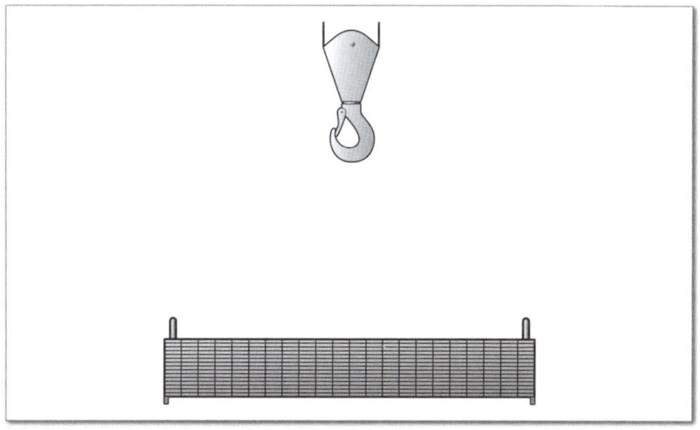

1 Um die Lasten anzuschlagen, gibt es unterschiedliche Möglichkeiten. Ein Haupt-Augenmerk gilt hier die unterschiedlichen Anschlagmittel zu kennen und sie richtig einzusetzen.

a) Recherchieren Sie im Internet und arbeiten Sie die wesentlichen Vor- und Nachteile der einzelnen Anschlagmittel heraus.

Bezeichnung:				
Abbildung				
Vorteile				
Nachteile				

b) Für welches Anschlagmittel würden Sie sich für den Fall im Bild oben entscheiden? Begründen Sie ihre Wahl.

c) Skizzieren Sie das Anschlagmittel in die obere Abbildung ein.

d) Welche Größe ist beim Anschlagen von Lasten oft unbekannt und muss vor dem Anheben der Last unbedingt ermittelt werden?

2 Bevor Lasten angeschlagen und bewegt werden dürfen, sind vorab noch einige Dinge unbedingt zu berücksichtigen!

Lasten dürfen nur mit vorheriger Einweisung und Schulung angelastet und bewegt werden!

Besprechen Sie in der Gruppe die Abbildungen. Arbeiten Sie die Fehler in den Abbildungen heraus und begründen Sie die Fehler. Streichen Sie die Abbildungen die beim Anschlagen Gefahren in sich bergen mit roter Farbe durch.

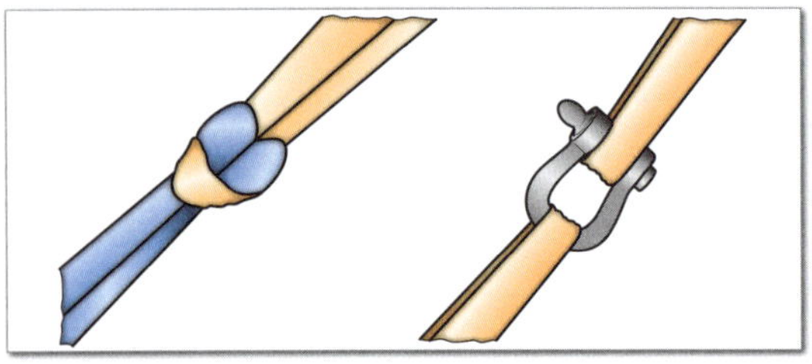

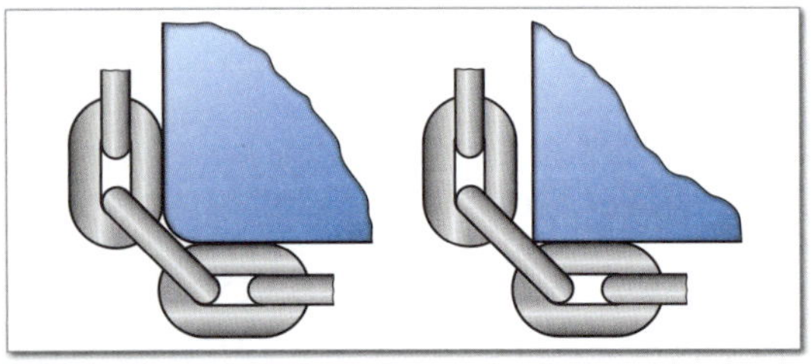

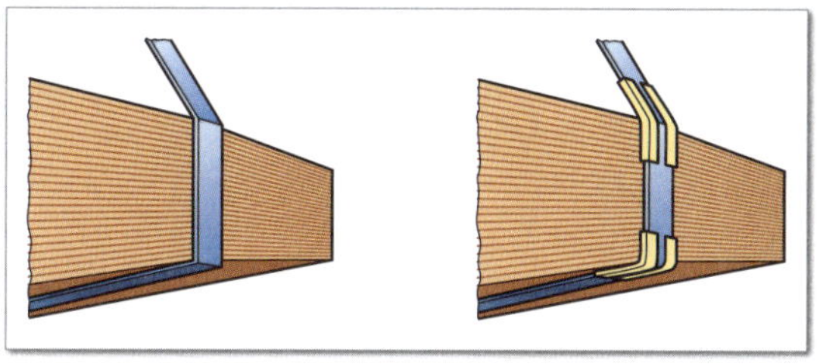

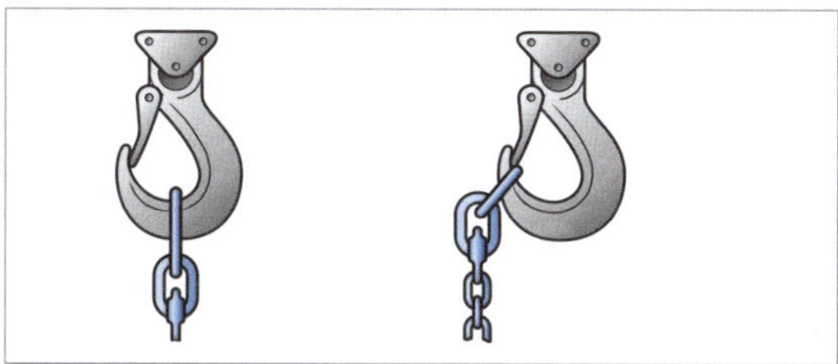

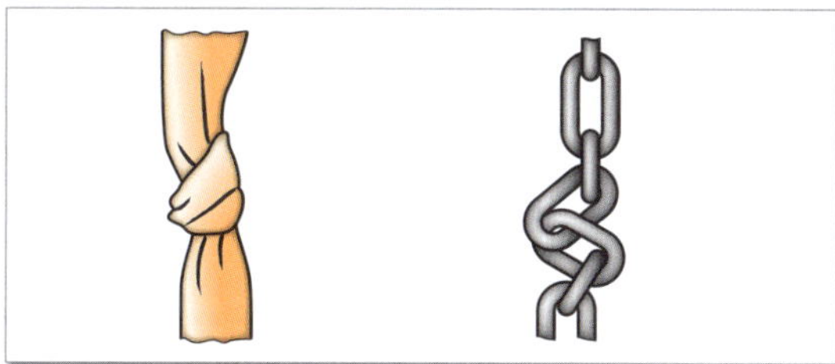

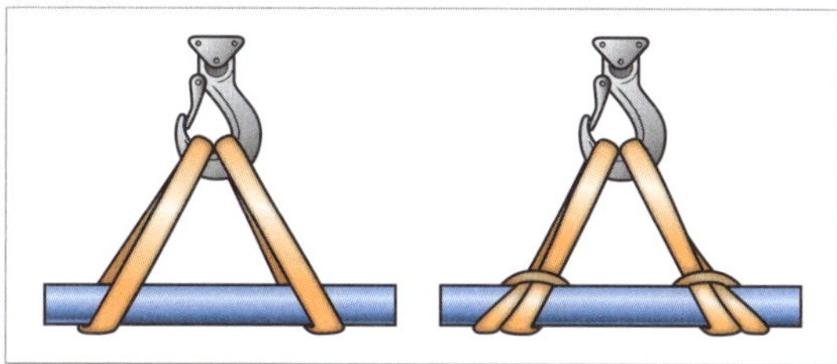

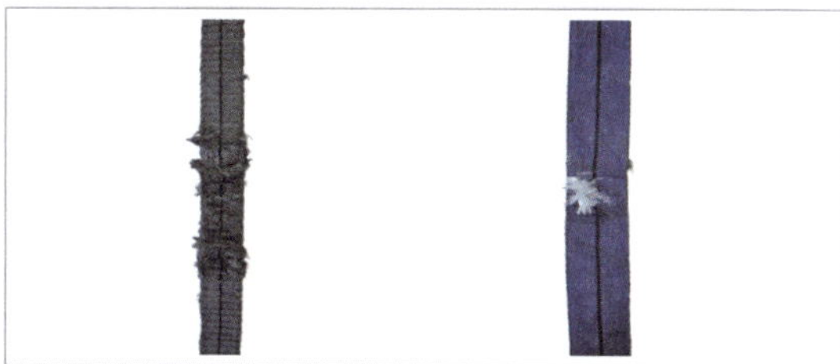

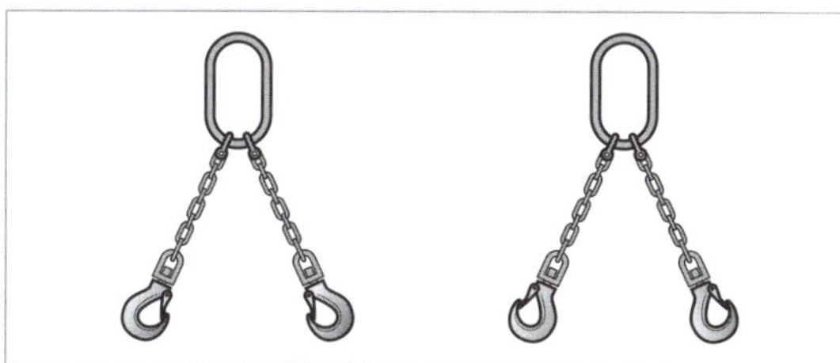

3 Eine häufige Unfallursache beim Anschlagen von Lasten ist die Unterschätzung der auftretenden Kräfte im Anbindemittel. Wenn Lasten angeschlagen werden, ist nach dem Gewicht der Last der Winkel, den die Seile zum Haken bilden, entscheidend für die Kraft, die im Anbindemittel wirkt.

a) Bauen Sie den Versuch entsprechend der Abbildung auf. Verändern Sie den Winkel α zwischen den Seilen wie in der Tabelle angeben. Stellen Sie bei den verschiedenen Winkeln die jeweils auftretende Seilkraft fest und übernehmen diese in die Tabelle.

b) Weisen Sie die Ergebnisse anschließend über Berechnungen nach und tragen Sie diese ebenfalls in die Tabelle ein.

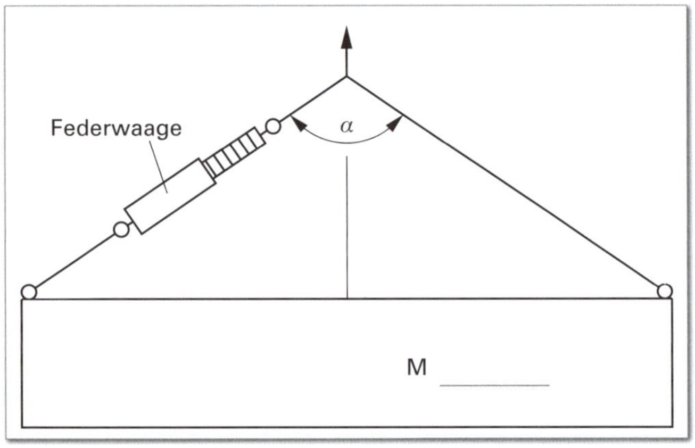

Winkel	**0°**	**45°**	**90°**	**120°**	**150°**	**170°**
***F* in N Versuch**						
***F* in N berechnet**						

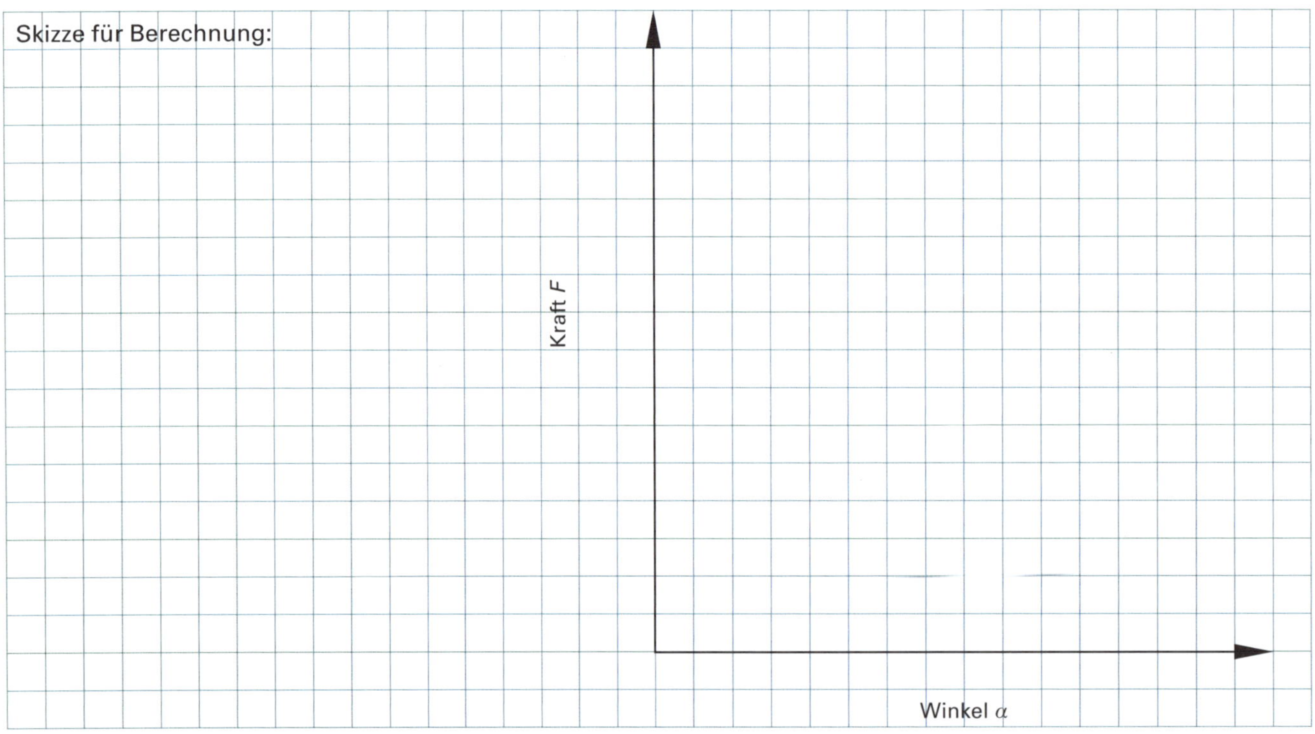

c) Wie würde sich die Kraft im Seil verändern, wenn der Winkel 180° betragen würde?

d) Recherchieren Sie, welcher Spreizwinkel beim Anbinden nicht überschritten werden darf.

e) Welche Bedeutung kommt der Lage des Schwerpunktes beim Heben im Bezug der Seilbelastung zu?

f) Wann wird ein Anbindemittel im Einsatz am stärksten belastet?

4 Das Reißen des Anbindemittels ist eine der häufigsten Unfallursachen beim Bewegen von Lasten. Anbindemittel dürfen nicht über Ihre zulässige Belastbarkeit beansprucht werden! In einem Versuch wird überprüft welche Festigkeit einzelne Seile aufweisen.

a) Führen Sie eine Zugprüfung der Einzelnen Proben durch und tragen Sie die Ergebnisse in die Tabelle ein.

b) Erstellen Sie ein Balkendiagramm mit den Ergebnissen.

Werkstoff				
Durchmesser in mm				
Bruchkraft *F* in kN				

F in kN ⟶

c) Um wie viel Prozent erhöht sich die Bruchlast bei einer Verdoppelung des Durchmessers beim Kunststoffseil?

d) Finden Sie heraus ab welchem Durchmesser Seile zum Anschlagen von Lasten zulässig sind.

e) In einem weiteren Versuch wird untersucht welchen Einfluss ein Knoten im Anbindemittel auf die Bruchkraft und die Verlängerung eines Seiles hat.

1	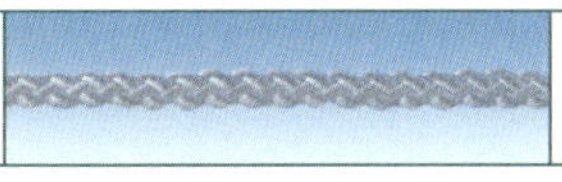	2		3	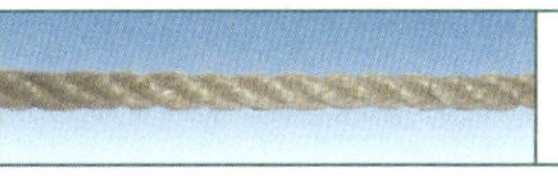	4	

Bei der Zugprüfung wird die Verlängerung während der Belastung dokumentiert. Übertragen Sie anschließend die Ergebnisse in das Diagramm.

f) Beschreiben Sie den Einfluss eines Knotens im Anbindemittel auf die Bruchkraft.

g) Worin unterscheiden sich ein Naturfaserseil im Vergleich zu einem Kunstfaserseil?

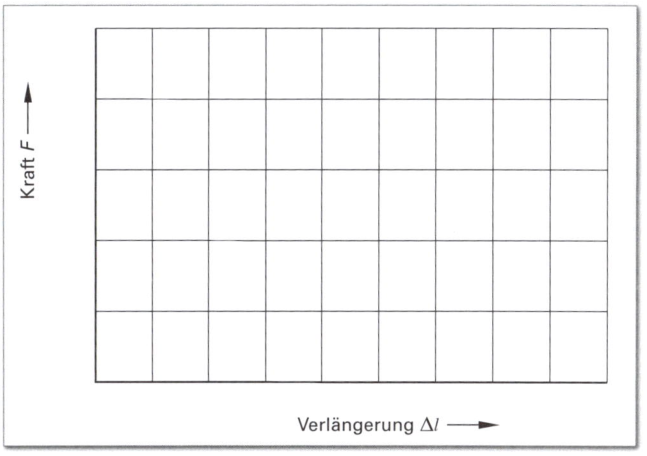

h) Welche Feststellung kann man machen, wenn man die Bruchstelle des geknoteten Kunststoffseils untersucht?

5 Um die Verständigung in den zum Teil lauten Werkhallen sicher zu gewährleisten, stehen eindeutige Handzeichen zur Verständigung zwischen Anschläger und dem Kranbediener zur Verfügung. Recherchieren Sie im Internet und bezeichnen Sie die Handzeichen.

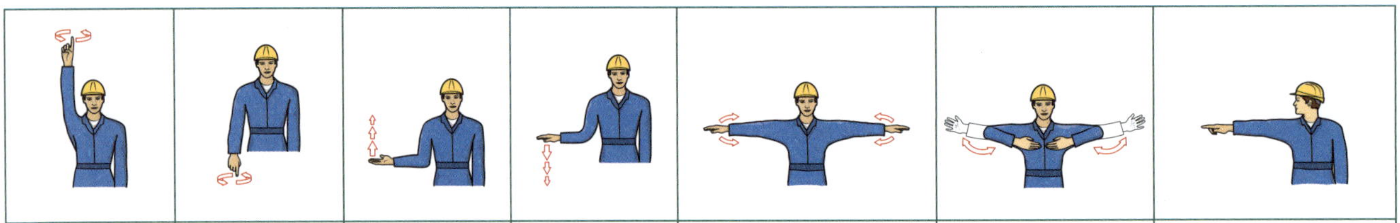

a) Überlegen Sie in der Gruppe, welche Unfälle beim Anbinden und Heben von Lasten Ihrer Meinung nach am häufigsten vorkommen und worin die Ursache liegt?

b) Welche persönliche Schutzausrüstung ist beim Anschlagen und Bewegen von Lasten vorgeschrieben?

c) Im Betriebsalltag gibt es unterschiedliche Lasten zu bewegen, es wurden dazu eine Vielzahl von Aufnahmen entwickelt. Benennen Sie die verschiedenen Lastaufnahmemittel und ordnen Sie diese den Abbildungen zu:

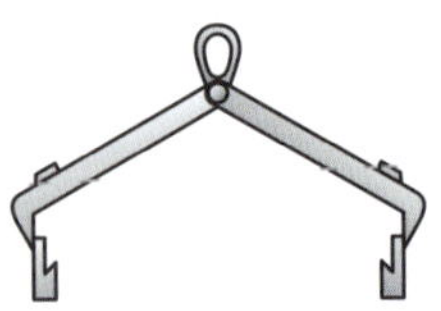

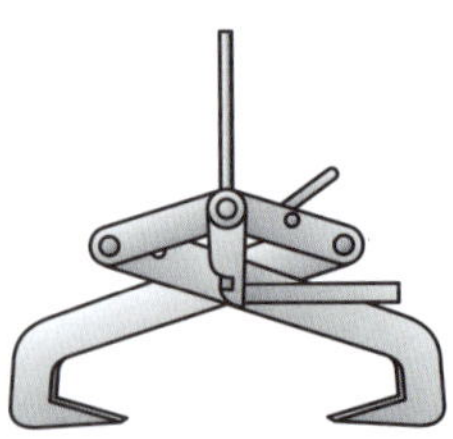

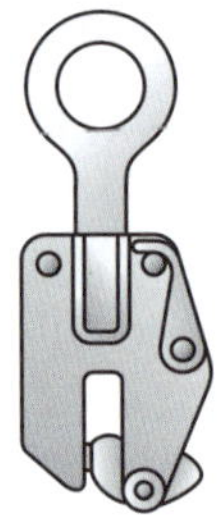

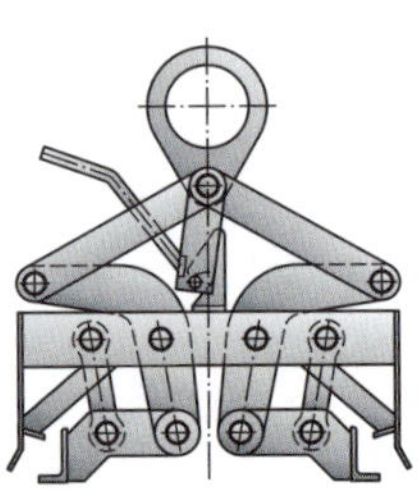

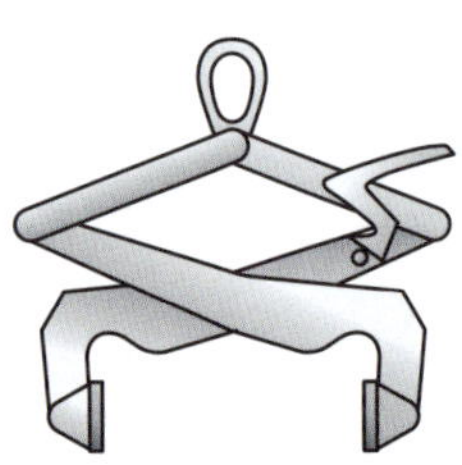

6 Anschlagketten werden mit verschiedenen Güteklassen hergestellt. Die Güteklassen geben Auskunft wie hoch eine Kette im Einsatz belastet werden darf. Bei einer Überlastung werden die Kettenglieder verformt und sie wird dadurch unbrauchbar und muss abgelegt werden. Mit dem Zugversuch kann festgestellt werden, wie stark ein Stahl belastet werden darf, ohne ihn zu beschädigen.

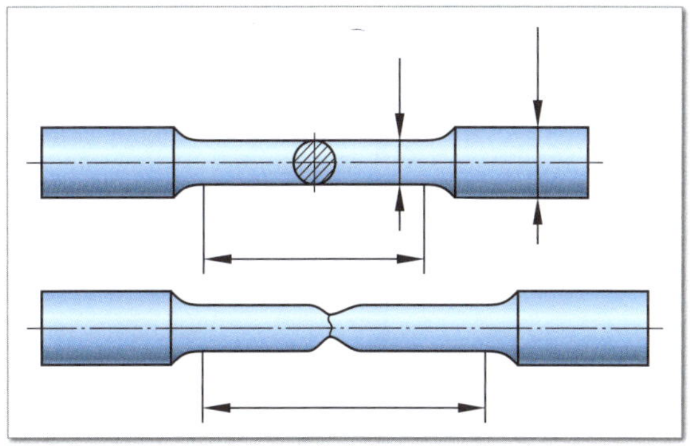

Hierfür werden genormte Stahlproben in eine Zugprüfmaschine eingespannt und bis zum Auseinanderreißen der Probe auf Zug belastet. Während die Probe beansprucht wird, zeichnet ein Schreiber bzw. ein Computerprogramm die Kraft und die Verlängerung auf.

Es sollen folgende Zugproben DIN 50125-A 8×80 auf ihre Festigkeit hin untersucht werden:

1. Probe	S235JR

2. Probe	C45

a) Schlagen Sie die Abmessungen der Probe nach und tragen Sie diese in die obere Abbildung ein.

b) Führen Sie einen Zugversuch mit den Werkstoffen durch und ermitteln Sie die Kraft-Verlängerungskurven. Skizzieren Sie die beiden Kurven in das Koordinatensystem ein.

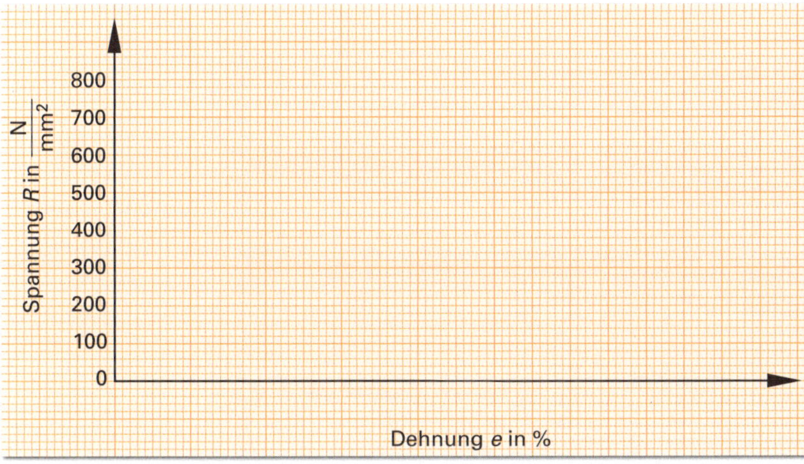

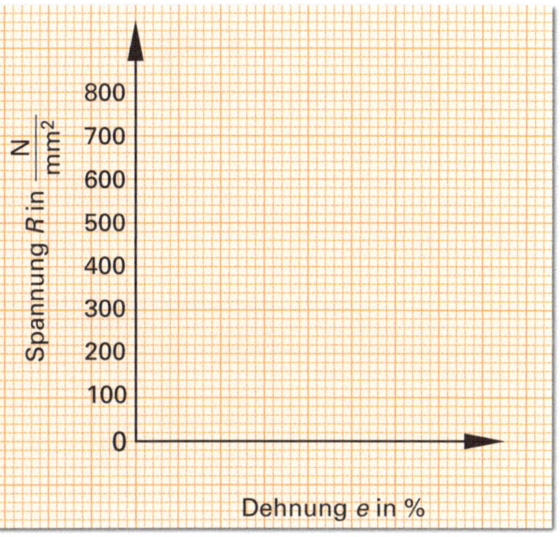

c) Berechnen Sie die Zugfestigkeit der beiden Proben und kennzeichnen Sie diesen Punkt im Diagramm.

d) Ermitteln Sie die Streckgenze R_e und die Dehngrenze $R_{p0,2}$ aus dem Messdiagramm und tragen Sie den Punkt ebenfalls in das Diagramm ein.

e) Beschreiben Sie das Verhalten der Probe während des Zugversuches bis zum Bruch.

f) Warum müssen bei Zugproben bestimmte Oberflächenrauwerte eingehalten werden?

g) Nach welcher Gesetzmäßigkeit verhält sich die Zugprobe bis annähernd R_e bzw. $R_{p0,2}$?.

7 a) Lesen Sie die Betriebsanweisung für das Anschlagen von Lasten durch und markieren Sie die Begriffe, welche für das Arbeiten mit Lasten bedeutsam sind.

Nummer:
Bearbeitungsstand:

Betriebsanweisung für das Anschlagen von Lasten

Betrieb

Arbeitsplatz/Tätigkeitsbereich:

1. Anwendungsbereich

Diese Betriebsanweisung gilt für das Anschalgen von Lasten durch Seile, Ketten und Bänder.

2. Gefahren für Mensch und Umwelt

- Herabfallen der Last
- Schadhafte Anschlagmittel
- Einquetschen bzw. Einklemmen der Hände
- Falsches Anschlagen der Last

3. Schutzmaßnahmen und Verhaltensregeln

- Belastungstabellen (Tragfähigkeit, Spreizwinkel) beachten
- Nur Lasthaken mit Aushängesicherung benutzen!
- Kantenschutz verwenden, wenn Anschlagmittel über scharfe Kanten gelegt werden
- Leeres Hakengeschirr hochhängen
- Kein Aufenthalt unter schwebenden Lasten!
- Nicht zwischen Last und Wand stehen
- Den Schwerpunkt der Last beachten
- Vorgegebene Anschlagpunkte benutzen
- Genormt und gekennzeichnete Anschlagmittel benutzen (keine Eigenkonstruktion)
- Persönliche Schutzausrüstung tragen (Handschuhe, Schutzschuhe, Helm)

4. Verhalten bei Störungen

- Beschädigte Anschlagmittel dürfen nicht benutzt werden und sind zu entsorgen.
- Mängel an den Anschlagmitteln sind dem Vorgesetzten mitzuteilen.

5. Verhalten bei Unfällen; Erste Hilfe

- Ersthelfer heranziehen
- **Notruf: 112**
- Unfall melden

6. Instandahltung; Entsorgung

- Vor Benutzung Überprüfung der Anschlagmittel mittels Sichtkontrolle.
- Überprüfung einmal jährlich durch Sachkundigen.

Datum:
Nächster Überprüfungstermin:

Unterschrift:
Unternehmer/Geschäftsleitung

b) Nennen Sie Beispiele für die Umsetzung dieser Betriebsanweisung in ihrem Betrieb.

c) In welchem Bereich sind solche Betriebsanweisungen in ihrem Betrieb vorhanden?

d) Überlegen Sie, aus welchen Gründen solche Betriebsanweisungen verfasst werden?

Beschreibung der Lernsituation

Mehrfache, schaltbare Getriebe findet man in Kraftfahrzeugen, Motorrädern, Werkzeugmaschinen, überall dort, wo man mehrere Drehzahlen benötigt, um unterschiedliche Geschwindigkeiten und Drehmomente zu erzeugen.

In diesem Projekt wird das Hauptgetriebe einer Konsolfräsmaschine betrachtet, so wie sie in vielen Ausbildungswerkstätten steht. Es sollen Berechnungen und technologische Fragen rund um die Zahnräder, Übersetzungen und Drehzahlen durchgeführt werden.

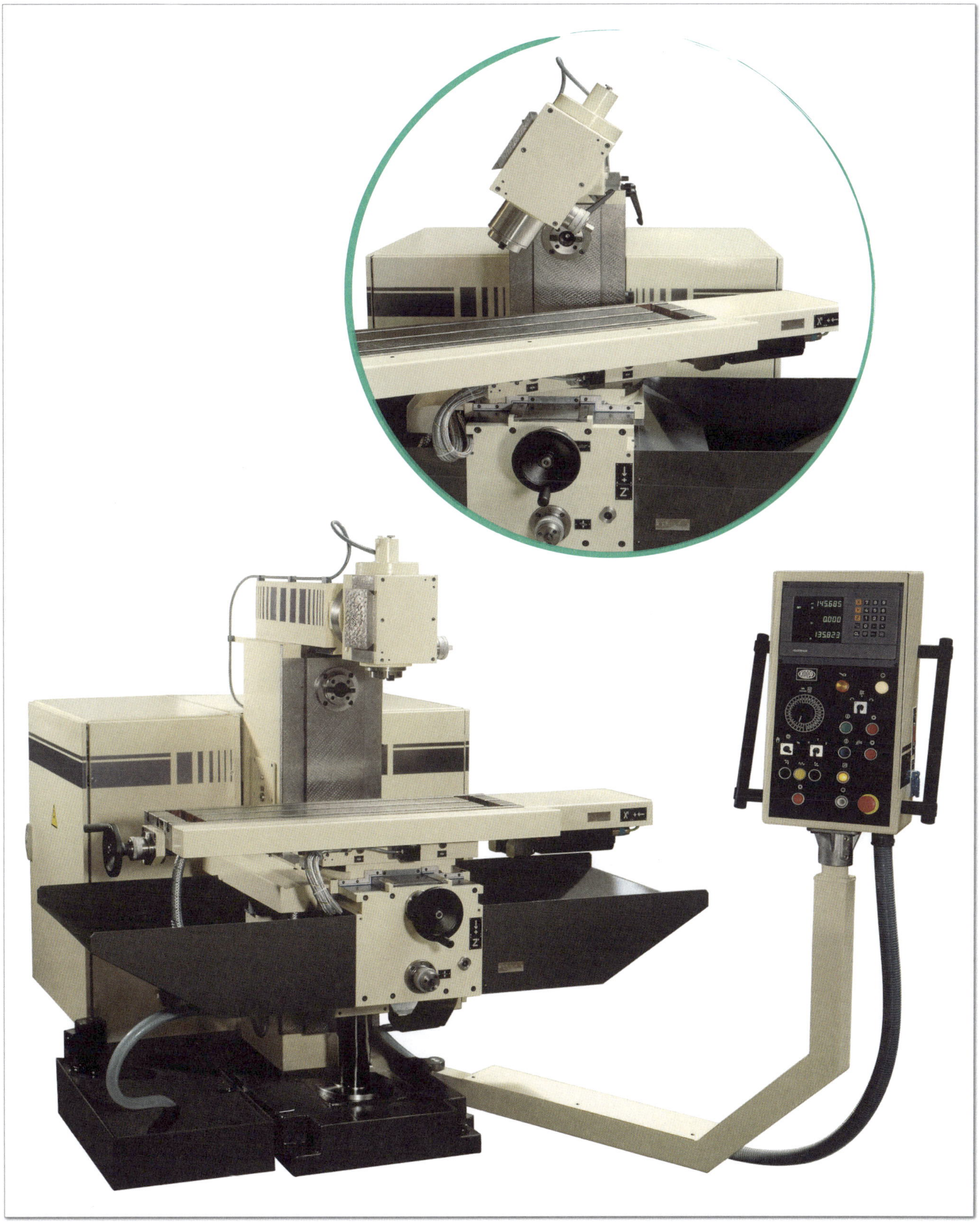

Technische Daten Konsolfräsmaschine

Tisch schwenkbar
Aufspannfläche .... 1000 × 250 mm
Anzahl der T-Nuten 3
Nutenbreite nach DIN 650 .... 14 mm
Mittenabstand .... 90 mm

Tischbelastung maximal .... 150 kg

Verstellbereiche
x-Achse (längs), automatisch/von Hand .... 480/500 mm
y-Achse (quer) Spindelstock, automatisch/von Hand .... 230/250 mm
z-Achse (vertikal), automatisch/von Hand .... 380/400 mm

Hauptantrieb
Drehstrommotor, 18-stufig .... 3 kW
Drehmoment .... 320 Nm

Drehzahlbereich
Drehzahlbereich .... 45 - 2240 U/min
Anzahl der Stufen (geometrisch gestuft) 18
Stufensprung 1,25

Vorschubantriebe
Vorschubbereich längs, quer, vertikal .... 8 - 1680 mm/min
mit stufenlos regelbaren Servomotoren

Eilgang
längs, quer, vertikal .... 4000 mm/min

Werkzeugaufnahme
nach DIN 2079 (für Werkzeuge nach DIN 2080) .... SK 40

Spindeldurchmesser im vorderen Lager .... 60 mm

Ausladungen
Frässpindel-Mitte bis Tischfläche .... 0 - 400 mm
Frässpindel-Mitte bis Unterkante Gegenhalter .... 110 mm
Vertikalfräskopf bis Tischfläche .... 0 - 460 mm
Verschiebbarkeit der Fräseinheit .... 220 mm

Gesamtanschlussleistung .... 5,5 kVA

Geräuschrate
Arbeitsplatzbezogener Emissionswert .... Lpa = 80 dB(A)
gemessen nach DIN 45635 Teil 1 und Teil 1605
Messergebnis beinhaltet keine Raumkorrektur

Raumbedarf
Länge × Tiefe × Höhe .... ca. 2600 × 2700 × 1800mm

Komplettgewicht .... ca. 1400 kg

EUROPA LEHRMITTEL

Schnittdarstellung Fräsmaschinengetriebe

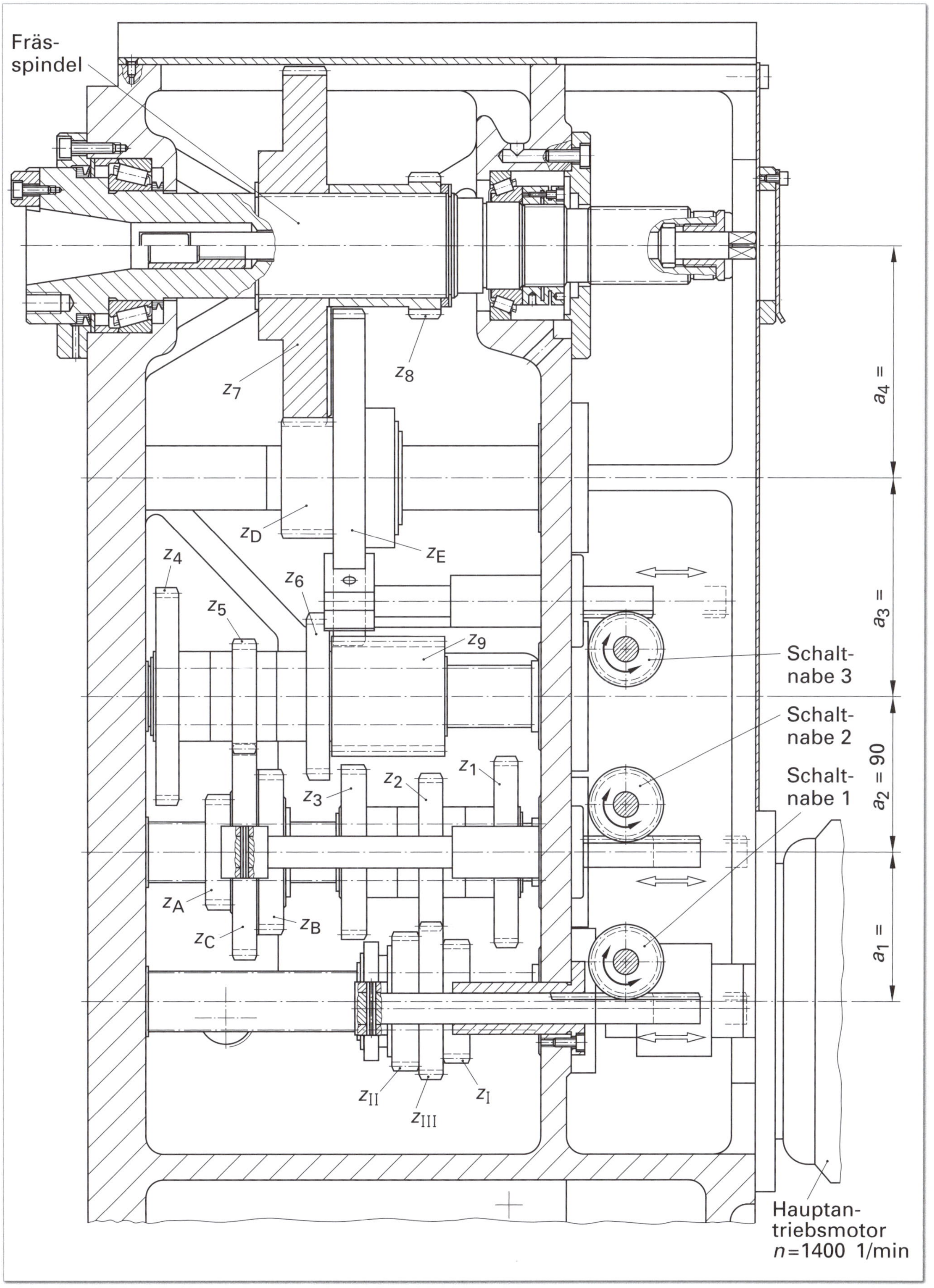

Aufgaben

1 In den Übersichtsdarstellungen sind die Bauteile der Fräsmaschine mit Nummern versehen. Ergänzen Sie in der Tabelle die Bezeichnungen für die Komponenten.

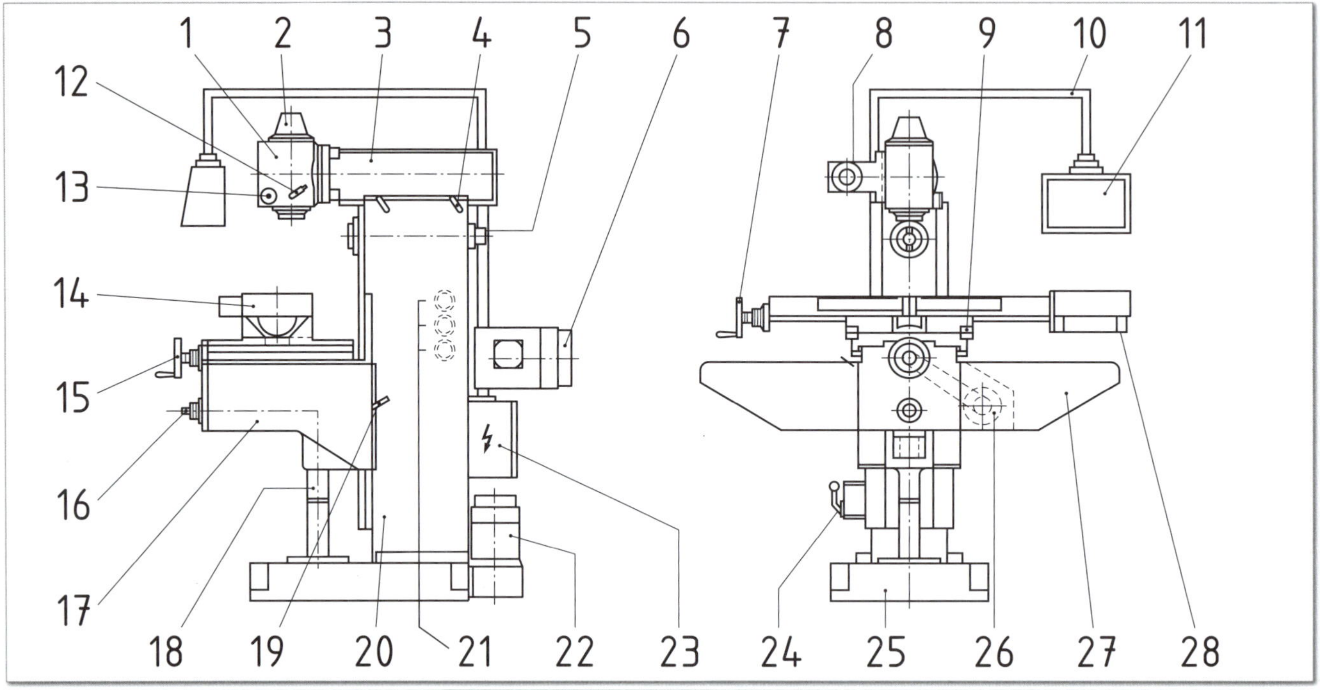

Nummer	Maschinenkomponente	Nummer	Maschinenkomponente
1		14	Maschinentisch
2	Werkzeuganzug für Vertikal-Frässpindel	15	
3		16	
4		17	Konsole
		18	
5		19	
		20	Maschinenständer
6		21	Schaltnaben für Hauptgetriebe
7		22	
8		23	Elektroschlusskasten
9		24	
10	Galgen		
11	Bedienungstafel	25	Grundplatte
12		26	
13		27	Spänefangschale
		28	

2 Berechnen Sie folgende Werte für das Stufengetriebe der Konsolfräsmaschine:

a) Modul m der Zahnräder
b) Die fehlenden Zähnezahlen aus der Tabelle.
c) Die Achsabstände a_1, a_3 und a_4.

Vervollständigen Sie die Tabellen.

Tabelle Zähnezahlen

z_{I}	z_{II}	z_{III}	z_A	z_B	z_C	z_D	z_E	z_9
33		43		30	40	21	63	21
z_1	z_2	z_3	z_4	z_5	z_6	z_7	z_8	
	43	48	40	20			26	

Tabelle Achsabstände

a_1	a_2	a_3	a_4
	90		

Modul für z_{I} bis z_{III} und z_1 bis z_3: $m_1 = 2$

Modul für z_A bis z_E und z_4 bis z_9:

3 Das Schaltgetriebe für die Frässpindel ist im Maschinenständer eingebaut.
Die 18 Drehzahlen werden mit den Schaltnaben 1 bis 3 nach den Angaben auf dem Hinweisschild an der Maschine geschaltet.

a) Vervollständigen Sie die Drehzahlen auf dem Hinweisschild.

b) Die drei römischen Ziffern I, II und III sowie die Buchstaben an den zwei Schaltnaben A, B, C, D, E ergeben in der Kombination eine bestimmte Drehzahl. Durch Drehen der Schaltnaben werden über eine Zahnstange die Getriebespindeln bewegt und die entsprechenden Zahnradkombinationen verbunden. Beschriften Sie die Felder des Hinweisschildes mit den Schaltstellungen I, II, III, A, B, C, D, E, wie sie an den Schaltnaben zu erkennen sind.

Shell Omala Oel 100

					140				335								
					III				I								

Berechnungen zu Aufgabe 3 (exemplarisch an einem Beispiel):

Modul m_2:

Zähnezahl z_6:

Achsabstand a_1:

Drehzahl (für die dargestellte Schaltstellung):

Berechnungen:

4 Der Schmierstoffplan enthält alle Schmierstellen an der Fräsmaschine, die regelmäßig geprüft, gereinigt und mit Schmierstoff laut Plan aufgefüllt werden müssen. Ergänzen Sie den unvollständigen tabellarischen Schmierstoffplan und tragen Sie in die grafische Darstellung die entsprechenden Schmierstellenbezeichnungen ein.

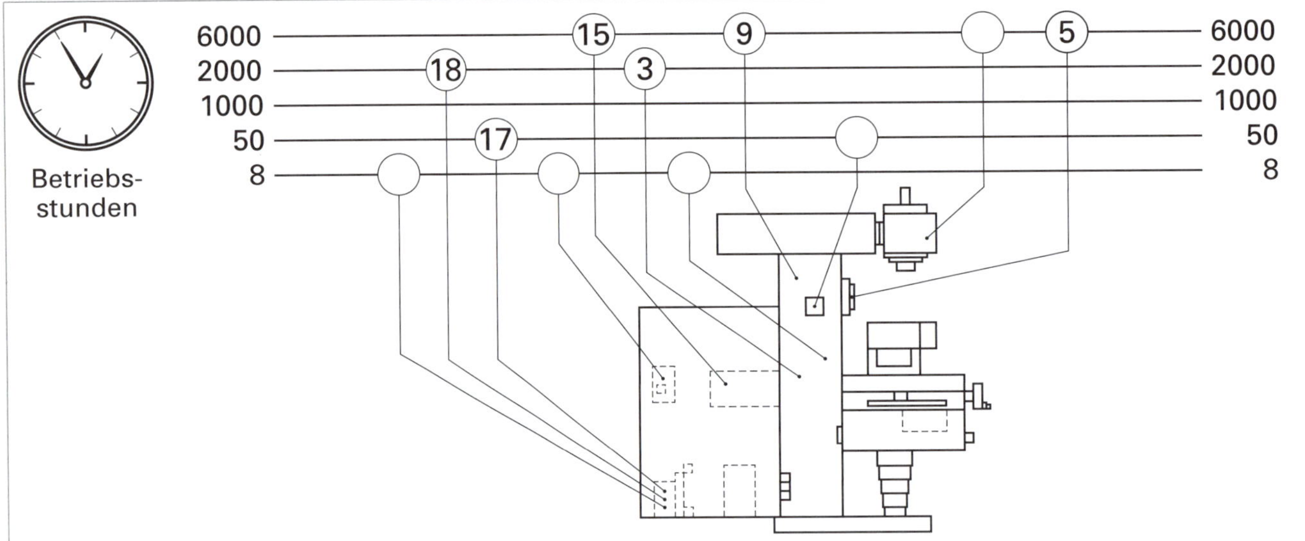

	Hauptgetriebe			Fräss-pindel -lagerung		Fräskopf		Getriebe für Einheit		Zentralschmierung Führungsbahnen				Motoren-lagerung		Hydr. Anlage		
Schmierstelle Nr.		2	3	4	5	6	7	8	9	10	11	12	13	14	15	16	17	18
Prüfen evtl. auffüllen	8																50	
Betätigen												auto.						
Reinigen, austauschen					6000				6000						6000			2000
Schmierstoff DIN	CLP 100			Klüber ISUFLEX NBU 15 oder						C-L 46				K 2 K		HLP 46		
Shell - Schmierstoff	Omala Oel 100			Aero Schell GREASE 17						Voltol Gleitoel				Alvania R2		Tellus Oel C 46		
Behälterkapazität L			4,5								0,4							2

5 Im Schmierstoffplan sind die DIN-Bezeichnungen der Schmierstoffe angegeben. Um welche Schmierstoffe handelt es sich bei den folgenden Bezeichnungen? Erklären Sie die Kurzbezeichnung.

CLP 100:

C

L

P

100

C-L 46:

C

L

46

K 2 K:

K

2

K

Lernsituation Biegevorrichtung

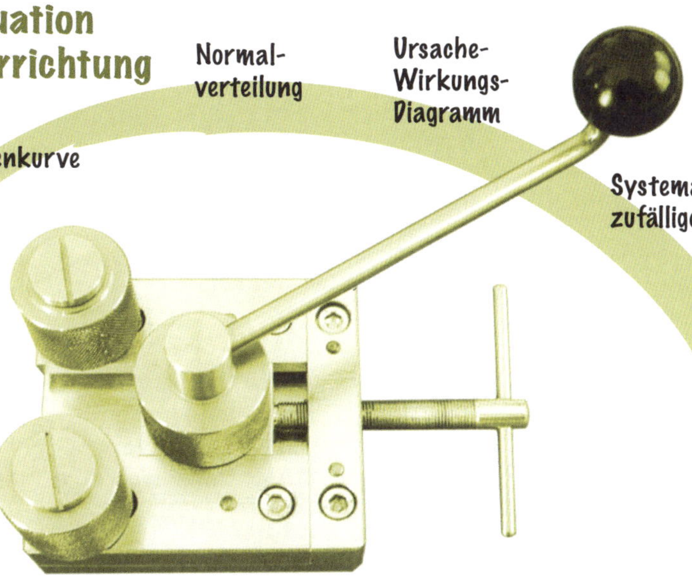

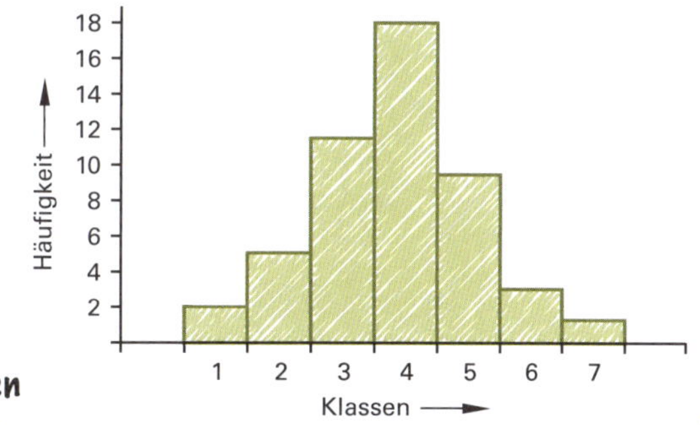

Normalverteilung

Ursache-Wirkungs-Diagramm

Systematische und zufällige Einflüsse

Maschinenfähigkeit

Einzel- und Summenhäufigkeit

$\bar{x}$, $\tilde{x}$, s, R

Normalverteilung, Summenverteilung

Wahrscheinlichkeitsnetz

SPC

Qualitätslenkung, -regelung

Mittelwert-Standardabweichungskarte

Medianwert-Spannweitenkarte

Prozessverläufe

Fehlersammelkarte

Pareto-Analyse

Produktanforderungen

Fehlerentstehung

Zehnerregel

FMEA

Qualitative und quantitative Merkmale

7M-Störgrößen

Urliste, Strichliste Klassen

Säulendiagramm, Histogramm

Gaußsche Glockenkurve

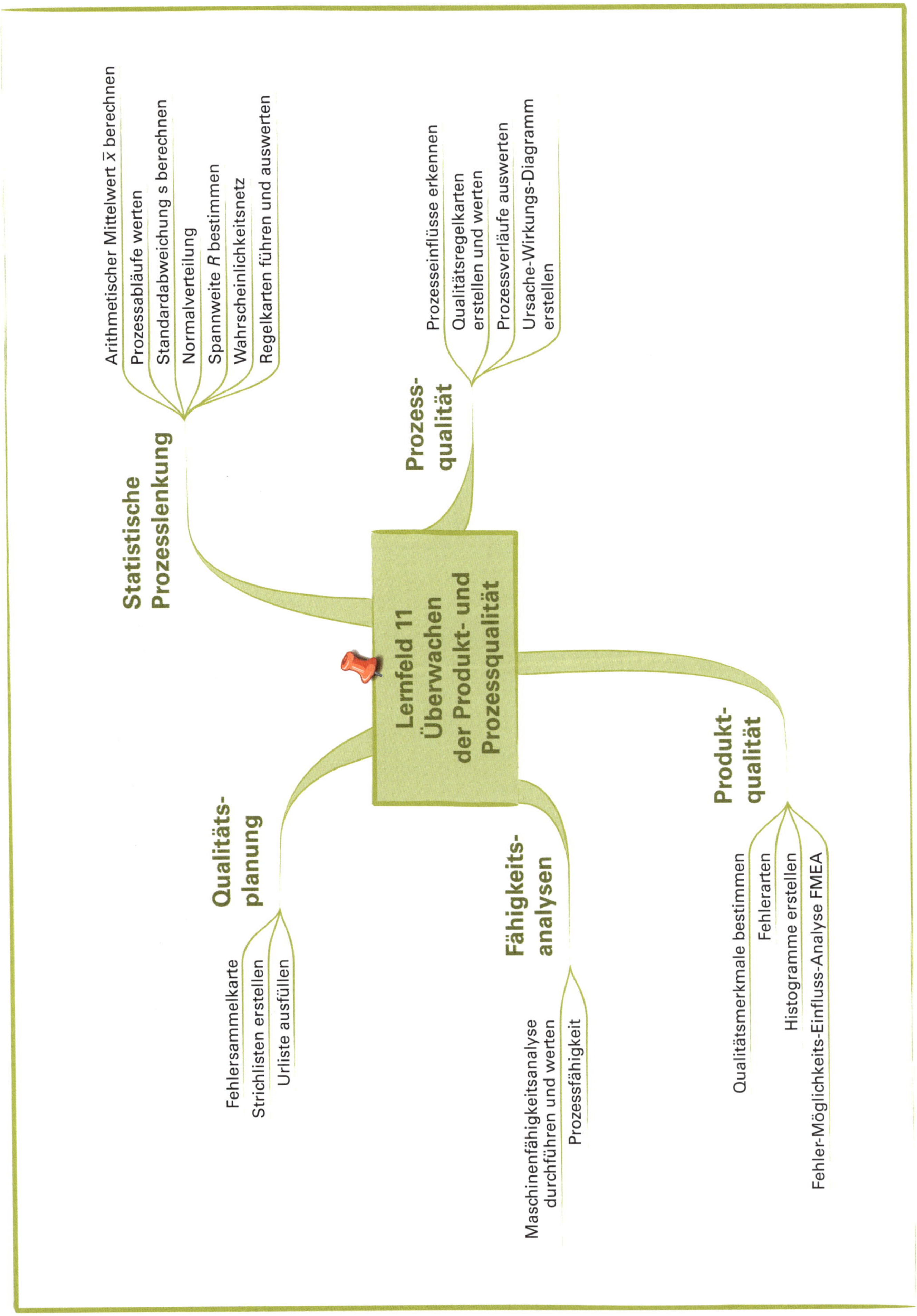
Lernfeld 11 Überwachen der Produkt- und Prozessqualität
Statistische Prozesslenkung
Arithmetischer Mittelwert $\bar{x}$ berechnen
Prozessabläufe werten
Standardabweichung s berechnen
Normalverteilung
Spannweite R bestimmen
Wahrscheinlichkeitsnetz
Regelkarten führen und auswerten
Prozess-qualität
Prozesseinflüsse erkennen
Qualitätsregelkarten erstellen und werten
Prozessverläufe auswerten
Ursache-Wirkungs-Diagramm erstellen
Qualitäts-planung
Fehlersammelkarte
Strichlisten erstellen
Urliste ausfüllen
Fähigkeits-analysen
Maschinenfähigkeitsanalyse durchführen und werten
Prozessfähigkeit
Produkt-qualität
Qualitätsmerkmale bestimmen
Fehlerarten
Histogramme erstellen
Fehler-Möglichkeits-Einfluss-Analyse FMEA

Lernfeld 11
Lernsituation Biegewerkzeug

Beschreibung der Lernsituation

Mit der Biegevorrichtung können Rundbiegearbeiten an Blechen durchgeführt werden. Der Arbeitsbereich der Biegemaschine liegt bei Blechen aus Stahl bis zu 2,5 mm und einer max. Höhe von 30 mm. Als Kunden für dieses Gerät kommen sowohl Betriebe als auch private Haushalte in Frage.

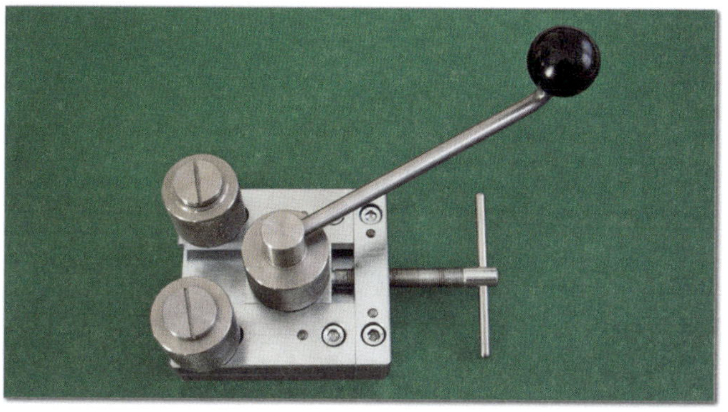

Produkt- und Prozessqualität, Aufgaben

Produktanforderungen

1 Welche Erwartungen und Wünsche stellen Sie als Käufer an ein Produkt? Benennen Sie diese stichwortartig für die Biegemaschine.

Kundenwunsch:

2 Worin unterscheiden sich Ihrer Meinung nach, die Erwartungen des Käufers, von denen des Produzenten, der das Produkt herstellt und vertreibt?

Herstellererwartungen:

3 Welche Erwartungen und Wünsche stellt der Arbeiter in der Fertigung an das Produkt, bzw. für die zu fertigenden Einzelteile und für die Montage?

Facharbeiter:

Um all diese Anforderungen zu erfüllen, sind vorab in der Planung und Konstruktion viele Anstrengungen notwendig.

Kundenorientierung

Ein Hauptaugenmerk bei der Planung gilt hierbei dem Kundenwunsch. Die Zufriedenheit mit dem Produkt ist ausschlaggebend für den Erfolg. Ein unzufriedener Kunde teilt seinen Unmut im Durchschnitt zehn anderen Personen mit, ein zufriedener Kunde nur drei.

Nur Kunden die einwandfreie und gute Produkte erwerben, werden diese weiter empfehlen. Allein die Kunden bestimmen mit dem Kauf, ob und mit welcher Stückzahl Geräte verkauft werden. Diese Tatsache ist ausschlaggebend für den Erfolg eines Betriebes.

Bild 1: Ein zufriedener Kunde/nicht zufriedener Kunde informiert wenige/viele

Fehlerentstehung

In Untersuchungen wurde mehrmals festgestellt, dass die meisten Produktfehler noch vor dem Beginn der Fertigung entstehen (Abb. rechts). Häufig werden die Fehler erst entdeckt wenn die Produktion angelaufen oder die Teile schon beim Kunden sind. Dies ist der schlimmste und teuerste Fall.

Bekannt sind solche Fehler durch große Rückrufaktionen der Hersteller.

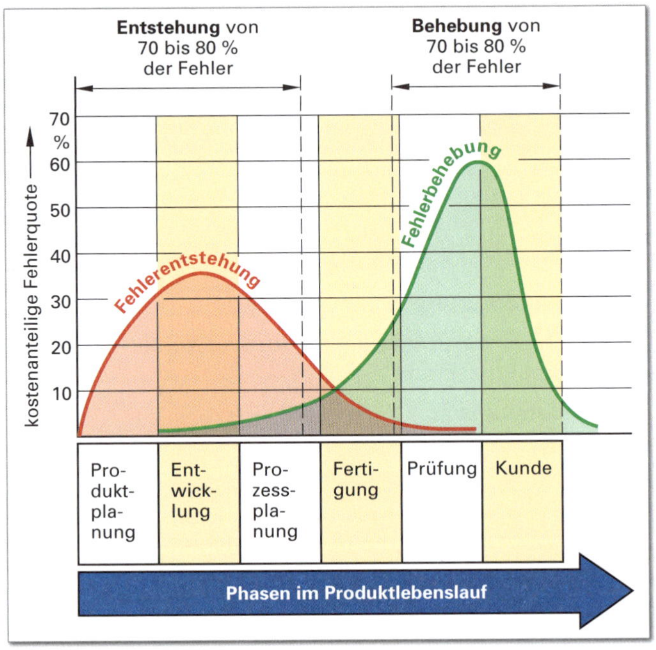

Bild 2: Fehlerentstehung und Fehlerbehebung

4 Recherchieren Sie nach Beispielen großer Rückrufaktionen und nennen Sie deren Ursachen.

5 **Zehnerregel**

Je später ein Fehler entdeckt wird desto teurer wird dieser für die Firma. Hier wird von der so genannten 10er- Regel gesprochen.

Schlagen sie diesen Begriff nach und beschreiben Sie diesen:

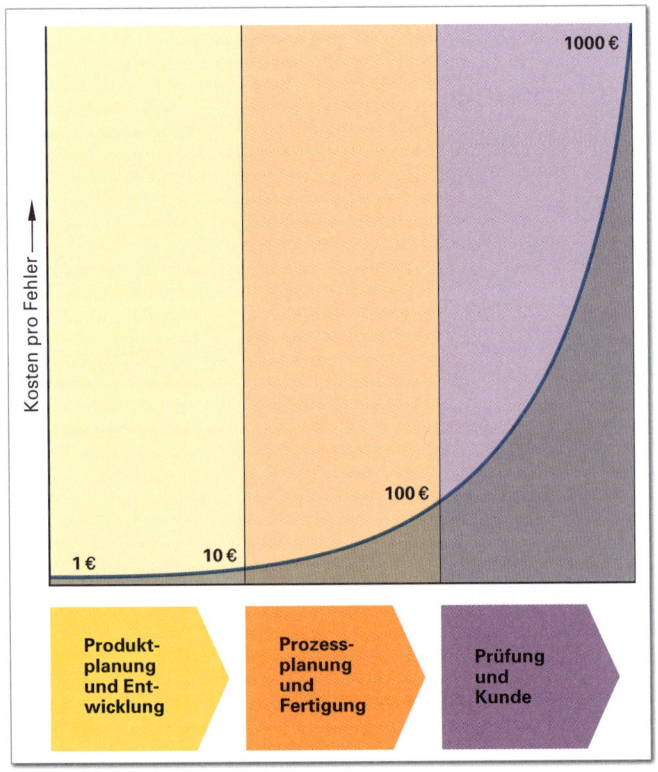

Bild 3: Zehnerregel der Fehlerkosten

Fehler-Möglichkeits- und Einflussanalyse FMEA (Failure Mode and Effects Analysis)

Da schon in der Planung große Folgekosten entstehen können, wird bereits hier versucht Fehler zu vermeiden, bzw. schon gar nicht entstehen zu lassen. Dies wird mit der **Fehler-Möglichkeits- und Einflussanalyse FMEA** umgesetzt.

Die **Fehler-Möglichkeits- und Einflussanalyse FMEA** findet in verschiedenen Bereichen ihre Anwendung:

- **System-FMEA** untersucht komplette Systeme in der frühen Produktplanungsphase.
- **Konstruktions-FMEA** durchleuchtet den Produktentwurf mit Hilfe von Fachleuten.
- **Prozess-FMEA** untersucht die möglichen Fehlerquellen, die im Fertigungsprozess auftreten könnten.

6 Studieren Sie die einzelnen Abbildungen der Biegemaschine und überlegen Sie, ob und welche Fehler in der Konstruktion vorhanden sein könnten. Beschreiben Sie diese und die Folgen, die sich daraus ergeben. Beschreiben Sie Lösungsmöglichkeiten für die Probleme.

Planungsfehler Antriebsrolle:

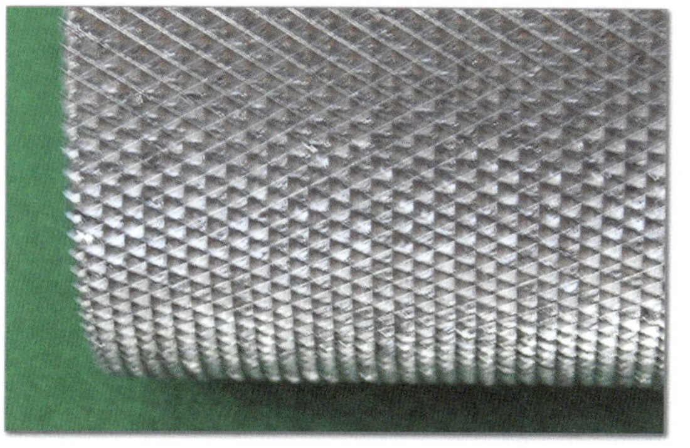

Planungsfehler Bewegungsrolle:

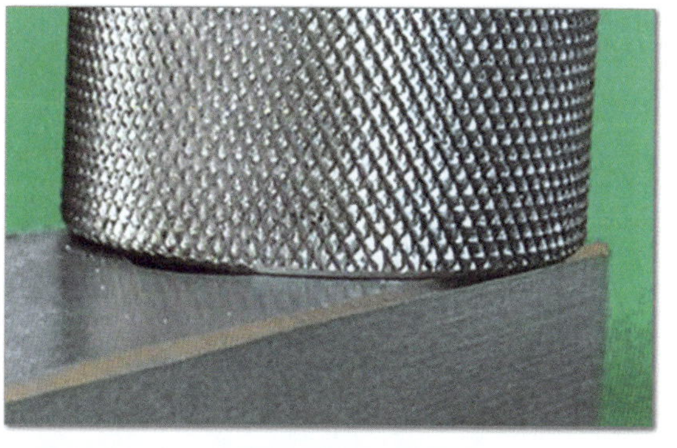

Planungsfehler Tischbefestigung:

Planungsfehler Befestigung der Antriebskurbel:

Qualitätsmerkmale

Durch die Produkt- bzw. Kundenanforderungen sind gewisse Qualitätsstandards gefordert. Bei der Fertigung müssen nach den jeweiligen Arbeitsgängen verschiedene Merkmale gewertet werden. Ob diese Merkmale gemessen, gelehrt oder über Sicht geprüft werden, hängt von dem Merkmal selbst ab.

Die Qualitätsmerkmale werden in quantitative und qualitative Merkmale unterschieden. Quantitative Merkmale sind messbare und zählbare Merkmale. Qualitative Merkmale werden bewertet, z. B. durch das Merkmal „vorhanden“ oder „nicht vorhanden“ oder in Gruppen sehr gut, gut, geeignet, schlecht, sehr schlecht eingeteilt. Dabei spricht man auch von „Noten“.

Arten der Qualitätsmerkmale			
quantitative Merkmale		**qualitative Merkmale**	
messbare Merkmale	zählbare Merkmale	attributive Merkmale	Ordnungsmerkmale
z. B. ø 20,05 Länge 65,02	Anzahl von Schrauben Anzahl von Schweißpunkten	in Ordnung, i.O nicht in Ordnung, n.i.O.	Aussehen einer Oberfläche: sehr gut, gut, geeignet, schlecht

7 Nennen Sie zu jedem Qualitätsmerkmal Beispiele, die sich dem Biegewerkzeug zuordnen lassen. Tragen Sie diese Merkmale in die Tabelle ein.

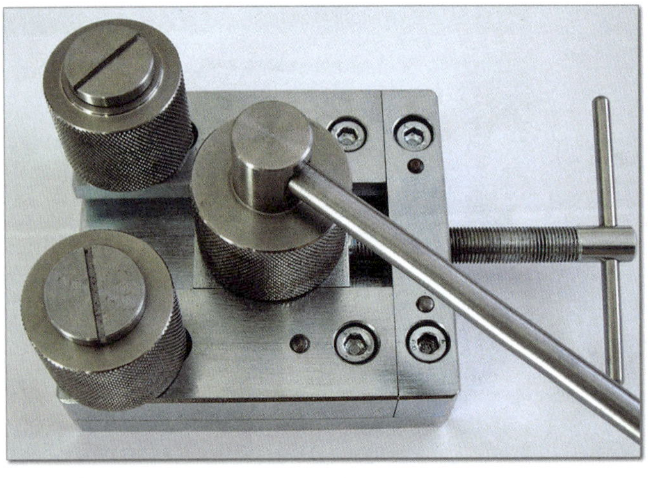

Arten der Qualitätsmerkmale			
quantitative Merkmale		**qualitative Merkmale**	
messbare Merkmale	zählbare Merkmale	attributive Merkmale	Ordnungsmerkmale

Qualitätsmerkmale sollten wenn möglich messbar gemacht werden. In der heutigen Zeit sind die Qualitätsansprüche sehr hoch. Attributive Qualitätsmerkmale sollten nur in begründeten Einzelfällen ihre Anwendung finden.

Fehlerquote

Ob das Biegewerkzeug ein Qualitätsprodukt wird und sich auf dem Markt behauptet, ist nicht nur von der Produktplanung und Entwicklung abhängig. Jeder Arbeiter, der in irgendeiner Form daran beteiligt ist, ist mitverantwortlich für die Qualität des Produkts.

8 Ein Produkt wird von 50 Mitarbeitern in einer Fertigungslinie gefertigt. Jeder Arbeiter verrichtet seine Tätigkeit zu 99 % fehlerfrei. Wie groß ist die Fehlerquote am fertigen Teil, wenn das Produkt ohne den Fehler zu entdecken weitergegeben wird?

Es kommt in der Fertigung also auf jeden Mitarbeiter an, um ein qualitativ hochwertiges Produkt zu schaffen. Die Einstellung des Arbeiters zu seinem Betrieb und zu seiner Arbeit ist für die Qualität von großer Bedeutung.

Merke: Qualität heißt zufriedene Kunden. Die Arbeit beim ersten Mal gleich richtig machen.

Störgrößen

Auf einen Fertigungsprozess wirken eine Vielzahl von Faktoren und beeinflussen das Ergebnis. Diese werden auch als die 7M bezeichnet. Die Einflussfaktoren werden häufig auch im Ishikawa-Diagramm dargestellt.

9 Schlagen Sie die 7M-Störgrößen nach und tragen Sie diese in die Tabelle ein:

7M-Störgrößen		

10 Bei der Fertigung besteht daher immer die Gefahr, dass es zu Fehlern kommen kann. Die Fehler werden nach ihren Folgen in Fehlerklassen eingeteilt. Beschreiben Sie den kritischen Fehler, den Hauptfehler und den Nebenfehler in der Tabelle.

Kritischer Fehler	Hauptfehler	Nebenfehler

11 Welche Fehler könnten an der Biegemaschine nach Ihrer Meinung vorkommen. Nennen Sie für die einzelnen Fehler Beispiele.

Kritischer Fehler:

Hauptfehler:

Nebenfehler:

Prozesskennwerte aus Strichprobenprüfung, Aufgaben

Urliste

Die Flachkopfschraube mit Ansatz für die Aufnahme der Biegerollen, wird in einer größeren Stückzahl auf einer CNC-Drehmaschine gefertigt. Der Absatz hat einen Durchmesser von 12–0,1 mm. Damit eine Aussage über die Qualität der Schraube, hier speziell zum Passmaß, gemacht werden kann, wird eine Stichprobe von 40 Teilen vermessen. Die Durchmesser (Messwerte) werden in einer Urliste dokumentiert.

Urliste für den ø12–0,1 mm

	X1	X2	X3	X4	X5	X6	X7	X8	X9	X10
Teile 1 – 10	11,959	11,935	11,952	11,922	11,962	11,958	11,961	11,974	11,966	11,942
Teile 11– 20	11,935	11,967	11,951	11,939	11,971	11,959	11,946	11,949	11,946	11,955
Teile 21 –30	11,959	11,965	11,971	11,959	11,975	11,981	11,972	11,963	11,959	11,982
Teile 31 –40	11,980	11,985	11,978	11,972	11,968	11,969	11,999	11,992	11,971	11,984

Strichliste

Die Werte sind in einer Zahlentabelle schlecht überschaubar. Um die Lage der Messwerte besser auswerten zu können, werden diese zusätzlich in einer Strichliste (Verteilungsliste) festgehalten. Der grundsätzliche Aufbau einer Strichliste ist nebenstehend beispielhaft dargestellt, bezieht sich jedoch nicht auf die obige Urliste.

Für die Flachkopfschraube soll eine Strichliste mit den Werten der Urliste erstellt werden. Für die Eintragung in eine Strichliste sind vorher noch einige Berechnungen notwendig.

Klassenweite ≥ bis <	absolute Häufigkeit n_j	
0 bis 4	II	2
4 bis 8	~~IIII~~	5
8 bis 12	~~IIII~~ ~~IIII~~ II	12
12 bis 16	~~IIII~~ ~~IIII~~ ~~IIII~~ III	18
16 bis 20	~~IIII~~ IIII	9
20 bis 24	III	3
24 bis 28	I	1
28 bis 32		

12 Die Abstände in denen die Messwerte aufgeteilt werden, nennt man Klassen.

Bestimmen Sie die Anzahl der Klassen aus der Urliste nach folgender Formel.

(Das Ergebnis wird auf eine ganze Zahl gerundet)

$k \approx \sqrt{n}$ k = Anzahl der Klassen
n = alle Teile der Urliste

Anzahl der Klassen $k \approx \sqrt{n}$

13 Die Klassenweite wird mit der Spannweite und der Anzahl der Klassen berechnet. Die **Spannweite (Range) R** ist die Differenz zwischen dem größten und kleinsten Wert aller Werte der Urliste.

a) Unterstreichen Sie die Werte für die Spannweite in der Urliste und tragen Sie diese ein.

größter Durchmesser x_{max}:

kleinster Durchmesser x_{min}:

Berechnen Sie die Spannweite R und die Klassenweite w:
(Runden Sie w auf die 3. Stelle hinter dem Komma)

Spannweite (Range) R: $R = x_{max} - x_{min}$
Klassenweite w: $w \approx R/k$

b) Tragen sie die Klassweite w, beginnend mit dem kleinsten Durchmesser, ansteigend in die Tabelle (S. 59) ein.

14 a) Erstellen Sie mit den Messwerten der Urliste (S. 58) eine Strichliste.

b) Geben Sie in der Tabelle die **absolute Häufigkeit n_j**, d.h. die Anzahl der Teile in der jeweiligen Klasse, an. Berechnen Sie anschließend den Prozentsatz der einzelnen Klassen aus der Gesamtmenge und tragen Sie diesen in die Spalte **relative Häufigkeit h_j** ein.

Strichliste (Verteilungsliste)

Anzahl der Klassen	Klassenweite ≥	Klassenweite <	Strichliste	n_j absolute Häufigkeit	h_j relative Häufigkeit [%]
			Σ =		

Säulendiagramm (Histogramm)

Eine weitere Möglichkeit die Messergebnisse übersichtlich darzustellen ist das Säulendiagramm. Die Höhe der Säulen stellt entweder die Prozentsätze oder die Anzahl der Teile dar.

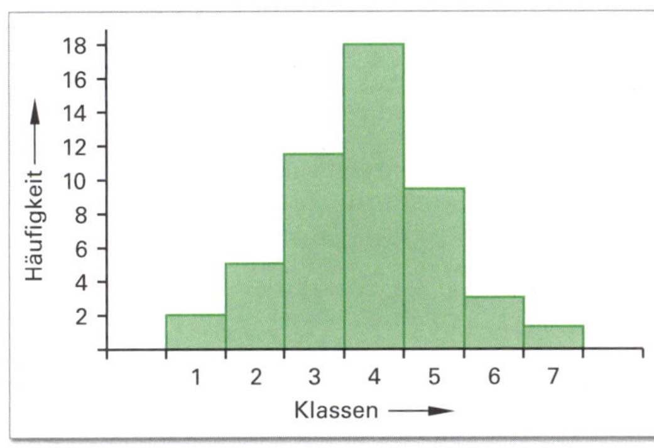

15 Nehmen Sie die Einteilung in der x-Achse und in der y-Achse vor. Erstellen Sie ein Säulendiagramm mit den Werten aus der Strichliste. Zeichnen Sie den oberen und unteren Grenzwert (Toleranzgrenzen) OGW und UGW in das Säulendiagramm ein.

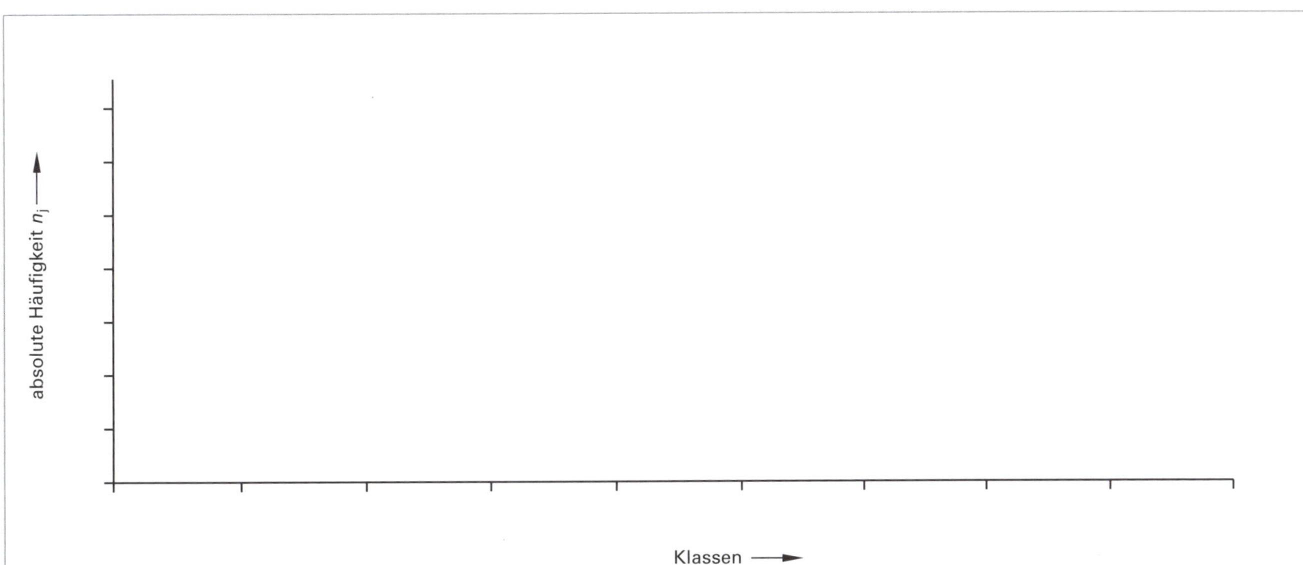

16 Sind nach dem Säulendiagramm bestimmte Teile außerhalb der Toleranz?

Normalverteilung (Gauß`sche Glockenkurve)

Überträgt man die Strichliste in ein Säulendiagramm, so lässt sich eine Erhöhung in der Mitte und ein gleichmäßiges Abfallen der Kurve an beiden Seiten mit flachem Auslauf erkennen. Solche Kurven unterliegen einer Gesetzmäßigkeit, die bereits **Karl-Friedrich Gauß 1777 - 1855** mathematisch beschrieben hat. Diese Kurve stellt in den meisten Fällen eine Normalverteilung dar.

Der Flächeninhalt der Kurve entspricht der Anzahl aller Teile.

±1 s = 68,26 %	±2 s = 95,44 %
±3 s = 99,73 %	±4 s = 99,994 %

17 Zeichnen Sie die Flächenprozente in die Glockenkurve ein.

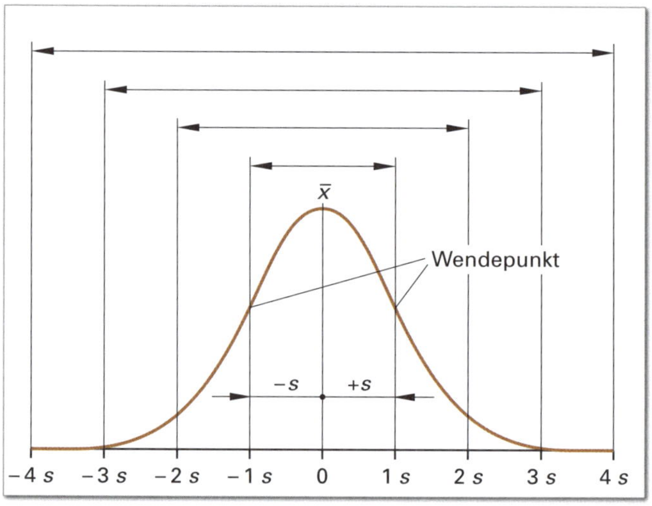

Arithmetischer Mittelwert $\bar{x}$

Bei der Normalverteilung ist der arithmetische Mittelwert $\bar{x}$ (sprich x-quer), der Hochpunkt in der Glockenkurve. Ermittelt wird der arithmetische Mittelwert aller Werte durch Addititon der einzelnen Werte und anschließendem Teilen durch die Anzahl der Messungen n.

a) Berechnen Sie den artithmetischen Mittelwert $\bar{x}$ aller Durchmesser (Tabelle S. 58)

$$\bar{x} = \frac{x_1 + x_2 + x_3 + \dots\ x_i}{n}$$

Standardabweichung s

Um die Breite der Kurve zu bestimmen, muss die **Standardabweichung s** berechnet werden. Die Standardabweichung ist der Abstand vom Hochpunkt bis zum **Wendepunkt** der Kurve. An diesem Punkt ändert die Kurve ihren Verlauf. An der Standardabweichung wird erkannt, wie groß die Streuung der Teile im Fertigungsprozess ist.

Formel für die Standardabweichung s:

$$s = \sqrt{\frac{\sum (x_i - \bar{x})^2}{n - 1}}$$

x_i = Wert des Merkmals (Einzelmesswert)
$\bar{x}$ = Arithmetischer Mittelwert
n = Anzahl der Einzelwerte

Hinweis: Einfacher und schneller ist man jedoch mit dem Taschenrechner. Mit den meisten Taschenrechnern ist es möglich den arithmetischen Mittelwert $\bar{x}$ und die Standardabweichung s relativ einfach zu berechnen.

18 a) Beschreiben Sie für Ihren Taschenrechner die Tastenkombination zur Berechnung der Standardabweichung s und den Mittelwert $\bar{x}$.

Tastenkombinationen Taschenrechner für $\bar{x}$ und s

b) Berechnen Sie mit Ihrem Taschenrechner die Standardabweichung s und den arithmetischen Mittelwert $\bar{x}$.

s = ____________ **$\bar{x}$ =** ____________

Normalverteilung

19 Tragen Sie die bekannten und berechneten Werte für die Flachkopfschraube ein.

Spannweite *R*: ____________ **Arithmetischer Mittelwert $\bar{x}$:** ____________

Standardabweichung *s*: ____________ **Toleranz *T*:** ____________

20 Vervollständigen Sie die Normalverteilung mit folgenden Eintragungen:

a) Lage des arithmetischen Mittelwertes $\bar{x}$ (Hochpunkt) und die Standardabweichung *s* in der Normalverteilung.

b) Zeichnen Sie die Grenzwerte (Toleranzgrenzen) oberer Grenzwert OGW und unterer Grenzwert UGW in das Diagramm ein.

c) Zeichnen Sie den Abstand des Hochpunktes $\bar{x}$ zur Toleranzmitte ein. Geben Sie den Wert an.

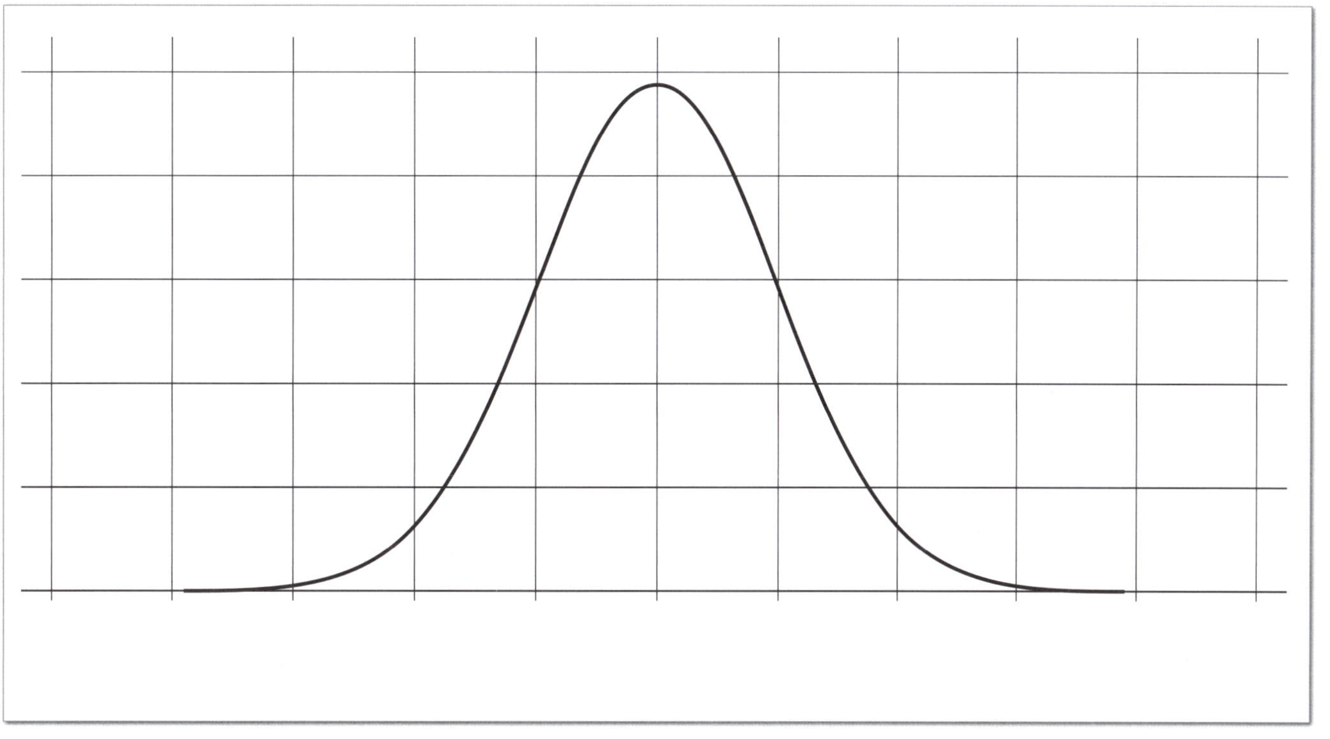

21 a) Welcher Zusammenhang besteht zwischen der Fertigungsstreuung und der Standardabweichung *s*?

b) Welche Maßnahme bezüglich der Lage der Kurve, müsste der Maschinenbediener treffen?

c) Stellen Sie fest, ob bei dieser Streuung und dieser Toleranz eine Fertigung der Flachkopfschraube möglich wäre (Begründen Sie Ihre Aussage).

Ursache-Wirkungs-Diagramm

In der Fertigung wurde festgestellt, dass die Lage der Normalverteilung nicht in der Mitte der Toleranz liegt. Es soll nun untersucht werden, welche Einflüsse auf einen Fertigungsprozess einwirken.

Dies wird mit Hilfe des **Ursache-Wirkungs-Diagramms**, auch **Ishikawa-Diagramm** oder **Fischgrätendiagramm** genannt, untersucht. (benannt nach Prof. Dr. Karuo Ishikawa, 1912-1989)

- Rechts an der Pfeilspitze wird das gemeinsam definierte Kriterium für die Untersuchung (Problem) eingetragen.
- Mögliche Ursachen, welche für das Problem in Frage kommen, werden in der Gruppe gesammelt.
- Die gesammelten Einflüsse werden dann den M-Störgrößen zugeordnet.
- Mögliche Einteilung der M-Einflüsse sind z. B.:

  5 M-Einflüsse: Mensch, Maschine, Methode, Material, Mitwelt

  7 M-Einflüsse: Mensch, Maschine, Methode, Material, Mitwelt, Management, Messung

22 Führen Sie eine solche Untersuchung für das angegebene Problem durch.

Ursache-Wirkungs-Diagramm

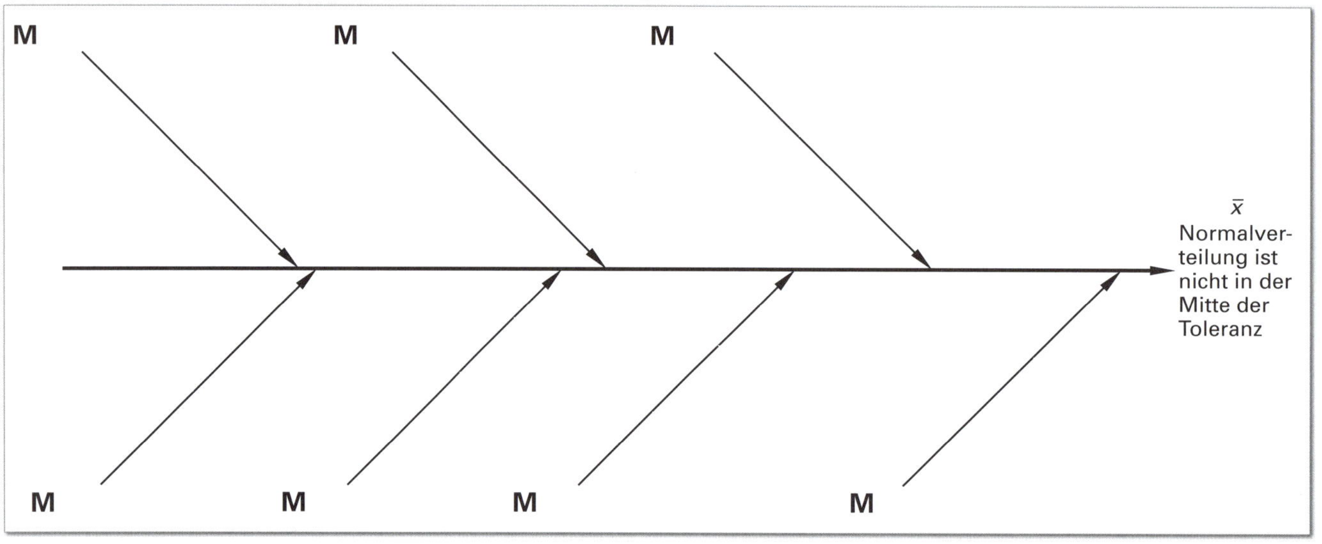

23 a) In welchem Bereich sehen Sie die größten Einflussfelder. Markieren sie diese mit einem Buntstift.

b) Welche Fertigungseinflüsse haben einen systematischen und welche einen zufälligen Einfluss?

systematische Einflüsse	zufällige Einflüsse

c) Wie beeinflussen die systematischen und zufälligen Einflüsse die Glockenkurve?

d) Welche Messunsicherheit nach der goldenen Regel der Messtechnik darf ein Messgerät für die Flachkopfschraube höchstens haben und welcher Skalenteilungswert ergibt sich daraus?

EUROPA LEHRMITTEL

Maschinenfähigkeitsuntersuchung MFU

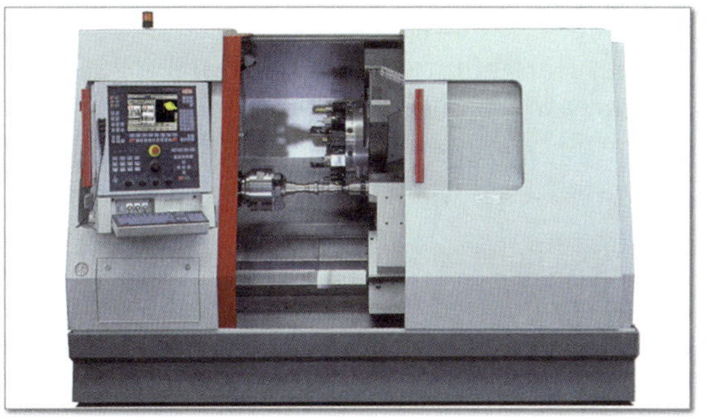

Mit Maschinenfähigkeitsuntersuchung wird untersucht, mit welcher Genauigkeit eine Maschine ein bestimmtes Teil in der Serie herstellen kann. Es sollten mind. 50 Teile direkt hintereinander gefertigt werden.

Eine MFU kann z. B. aus folgenden Gründen notwendig werden:

- Überprüfen einer bestehenden Maschine
- Forderung des Kunden
- Beim Neukauf einer Maschine

24 Welche Prozesseinflüsse müssen während einer MFU konstant sein, bzw. sollen vermieden werden:

Definition: Maschinenfähigkeitsindex C_m und C_{mk}

c_m: Die Maschine gilt als fähig wenn die Toleranz T mindestens zehnmal der Standardabweichung s entspricht.

c_{mk}: Die Lage des arithmetischen Mittelwertes $\bar{x}$ (Hochpunkt) muss min. fünfmal einer Standardabweichung s von der oberen Toleranzgrenze OGW und der unteren Toleranzgrenze UGW entfernt sein.

25 Tragen Sie die erste Anforderung C_m in die linke Abbildung und die zweite C_{mk} in die rechte Abbildung ein.

C_m	C_{mk}
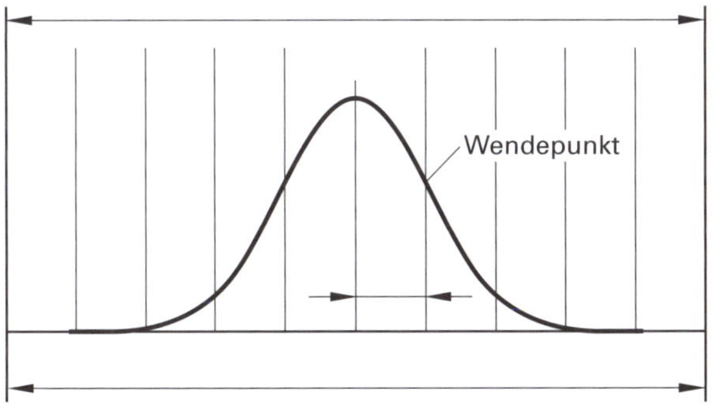	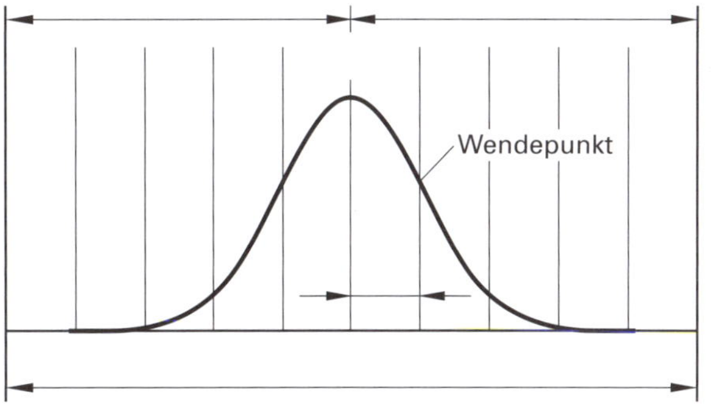

Wenn diese Anforderungen erfüllt sind, so ist der C_m-Wert $\geq$ 1,67 und der C_{mk}-Wert $\geq$ 1,67.

26 Schlagen Sie die Formel zur Berechnung der Werte nach und tragen Sie diese in die Rahmen ein.

Bei einer Maschinenfähigkeitsuntersuchung wird von den geforderten 50 Teilen, je nach Größe und Kosten des Teils auch davon abgewichen.

Es wird in manchen Bereichen auch schon eine Fähigkeit von sechs Standardabweichungen gefordert. Diese Qualitätsanforderung nennt man „six-sigma“ und entspricht einer C_m und C_{mk} von 2.

Maschinenfähigkeitsuntersuchung

Bei der Herstellung des Außendurchmessers 12 – 0,1 mm am Bolzen des Biegewerkzeuges soll eine Maschinenfähigkeitsuntersuchung durchgeführt werden. Bei der Entnahme einer Losgröße von 50 Teilen wurden folgende Werte ermittelt:

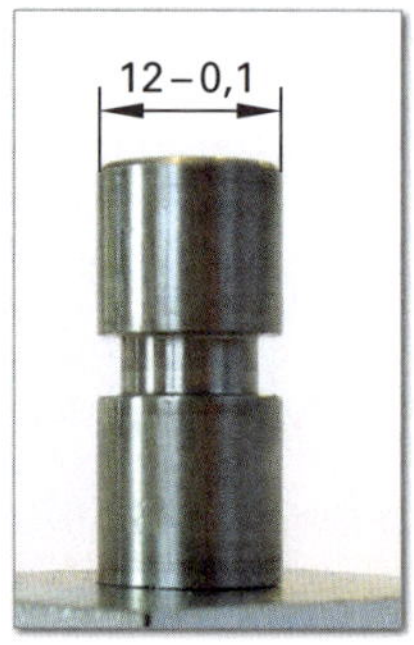

Arithmetischer Mittelwert $\bar{x}$ = 11,960 mm **Standardabweichung s = 0,008 mm**

27 a) Zeichnen Sie die Toleranzgrenzen und den Abstand zum Mittelwert $\bar{x}$ in die Normalverteilung ein.

b) Tragen Sie die Standardabweichung s und den Hochpunkt $\bar{x}$ in das Schaubild ein.

c) Berechnen Sie die Maschinenfähigkeit C_m und den kritischen Maschinenfähigkeitskennwert C_{mk} und tragen diese in die Kurve ein.

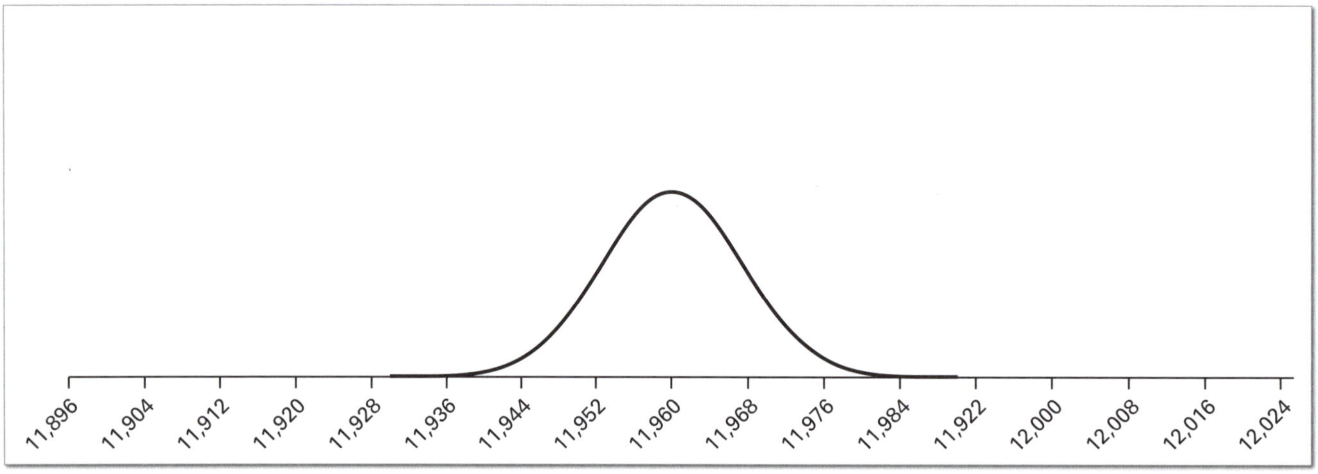

d) Ist die Maschine für diesen Fertigungsprozess geeignet (Begründung)?

28 Geben Sie für die abgebildeten Beispiele der Verteilungen die Größe von C_m und C_{mk} an. (Zur Berechnung soll s = 1 sein. Die Toleranz T wird der Grafik entnommen.

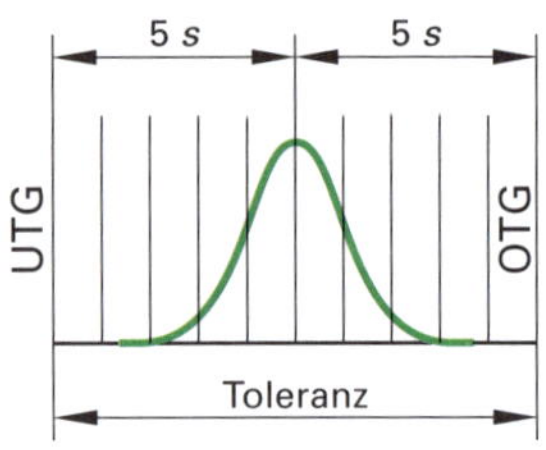

C_m = ________ C_{mk} = ________

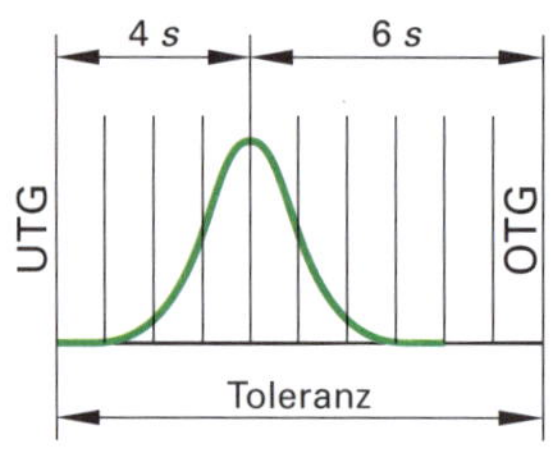

C_m = ________ C_{mk} = ________

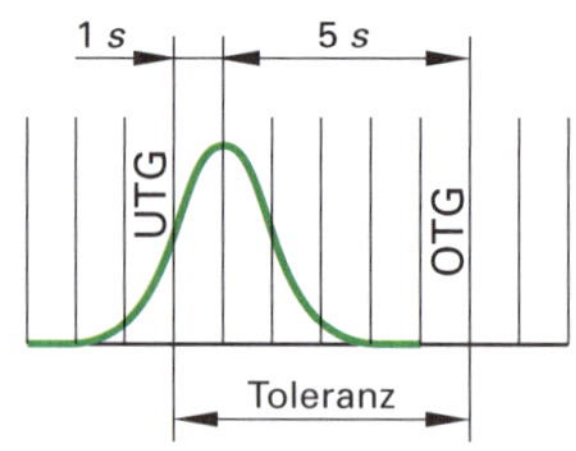

C_m = ________ C_{mk} = ________

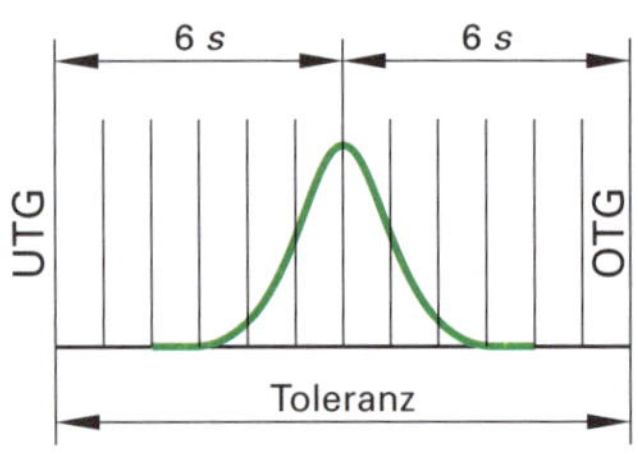

C_m = ________ C_{mk} = ________

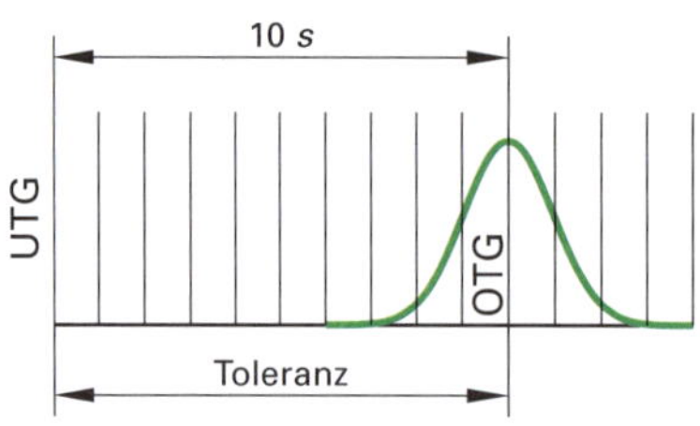

C_m = ________ C_{mk} = ________

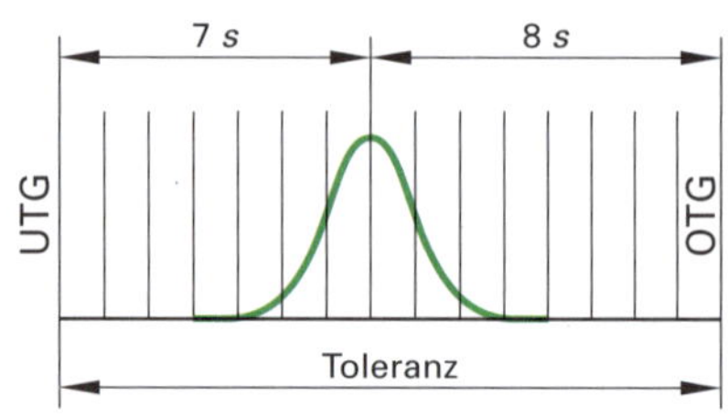

C_m = ________ C_{mk} = ________

Bei der **vorläufigen Prozessfähigkeit P_p, P_{pk}** wird der Prozess ca. 8 Stunden und bei der **Langzeit-Prozessfähigkeit C_p, C_{pk}** werden Teile über 20 Tage ausgewertet. Die mind. Forderung von **P_p, P_{pk}, C_p, C_{pk} liegt bei 1,33.**

Lernfeld 11
Lernsituation Biegewerkzeug

Einzel- und Summenhäufigkeit, Wahrscheinlichkeitsnetz

Wenn ein Prozess sich nach der Gesetzmäßigkeit der Normalverteilung verhält, besteht die Möglichkeit die Standardabweichung s und die Lage vom Hochpunkt $\bar{x}$ auch über das Wahrscheinlichkeitsnetz zu kontrollieren.

An der Fräsmaschine wird der Schieber für das Biegewerkzeug gefertigt. Das Breitenmaß ist mit 40 – 0,2 mm angegeben. In der Urliste wurden folgende Prüfwerte dokumentiert.

Urliste für das Maß 40 – 0,2 mm

	X1	X2	X3	X4	X5	X6	X7	X8	X9	X10
Entnahme 1 – 10	39,900	39,985	39,935	39,910	39,935	39,905	39,920	39,940	39,945	39,945
Entnahme 11 – 20	39,950	39,920	39,925	39,885	39,880	39,900	39,915	39,925	39,930	39,935
Entnahme 21 – 30	39,960	39,955	39,930	39,925	39,970	39,975	39,995	39,975	39,935	39,955

29 Berechnen Sie für die Strichliste die Anzahl der Klassen k und die Klassenbreite w.

Strichliste der Einzel- und Summenhäufigkeiten

absolute Einzelhäufigkeit n_j	Bei der absoluten Einzelhäufigkeit werden die einzelnen Messungen (Anzahl der Teile) als Zahlenwert in die jeweilige Klasse eingetragen.
relative Einzelhäufigkeit h_j in %	Bei der relativen Einzelhäufigkeit h_j wird der prozentuale Anteil der Teile innerhalb der Klasse angegeben.
absolute Summenhäufigkeit G_j	Bei der absoluten Summenhäufigkeit werden die absoluten Einzelhäufigkeiten n_j jeder Klasse fortlaufend aufaddiert.
relative Summenhäufigkeit F_j	In der Spalte der relativen Summenhäufigkeit F_j werden die Prozentwerte der Einzelhäufigkeiten h_j jeder Klasse aufaddiert.

30 Bestimmen Sie die Einzelhäufigkeiten n_j, h_j, Summenhäufigkeit G_j und F_j und tragen diese in die Strichliste ein.

Strichliste (Verteilungsliste)							
Anzahl der Klasse n	**Klassenbreite** von – bis	unter	**Strichliste**	**Einzelklassenhäufigkeit** absolut n_j	relativ h_j in %	**Summenhäufigkeit** absolut G_j	relativ F_j in %

Histogramm (Säulendiagramm)

31 Erstellen Sie zwei Säulendiagramme mit den Werten des Schiebers aus der Strichliste (S. 65). Einmal mit der relativen Einzelhäufigkeit h_j und einmal mit der Summenhäufigkeit F_j. Die Abstände auf der X-Achse (Abszisse) entsprechen der Einteilung der Klassenbreite in der Strichliste.

Säulendiagramm mit der relativen Einzelhäufigkeit h_j

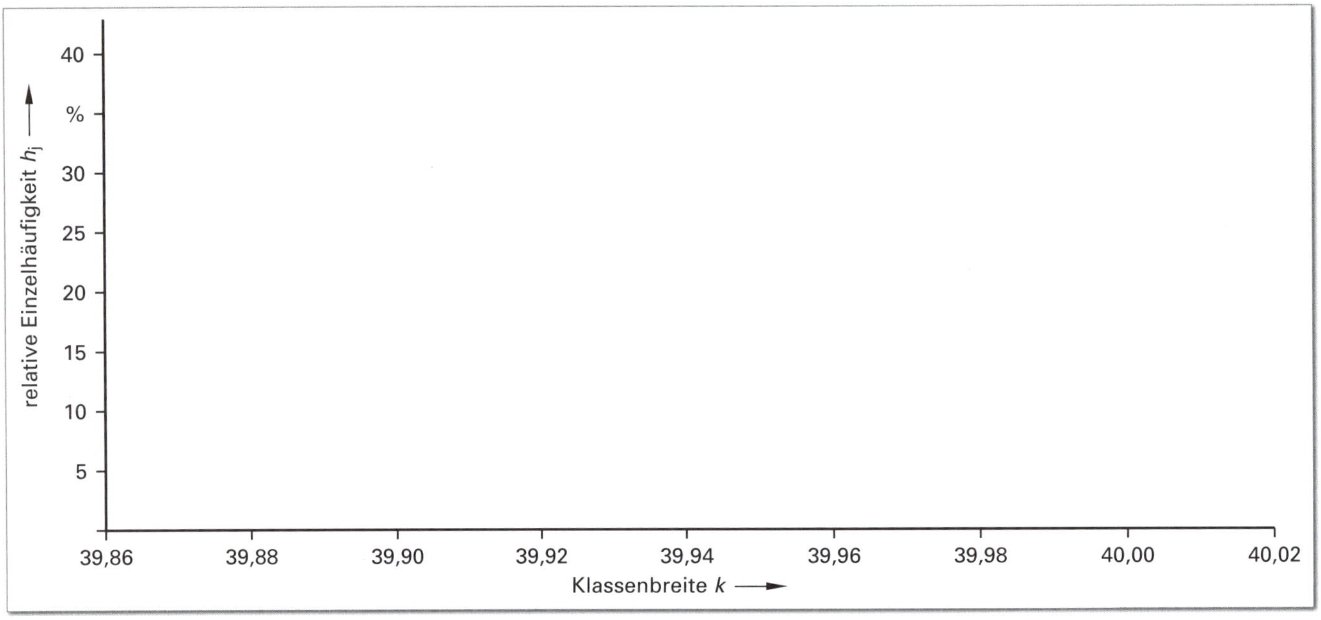

Säulendiagramm mit der Summenhäufigkeit F_j

Bei einem Diagramm mit der Summenhäufigkeit werden die Werte bei jeder folgenden Säule aufaddiert.

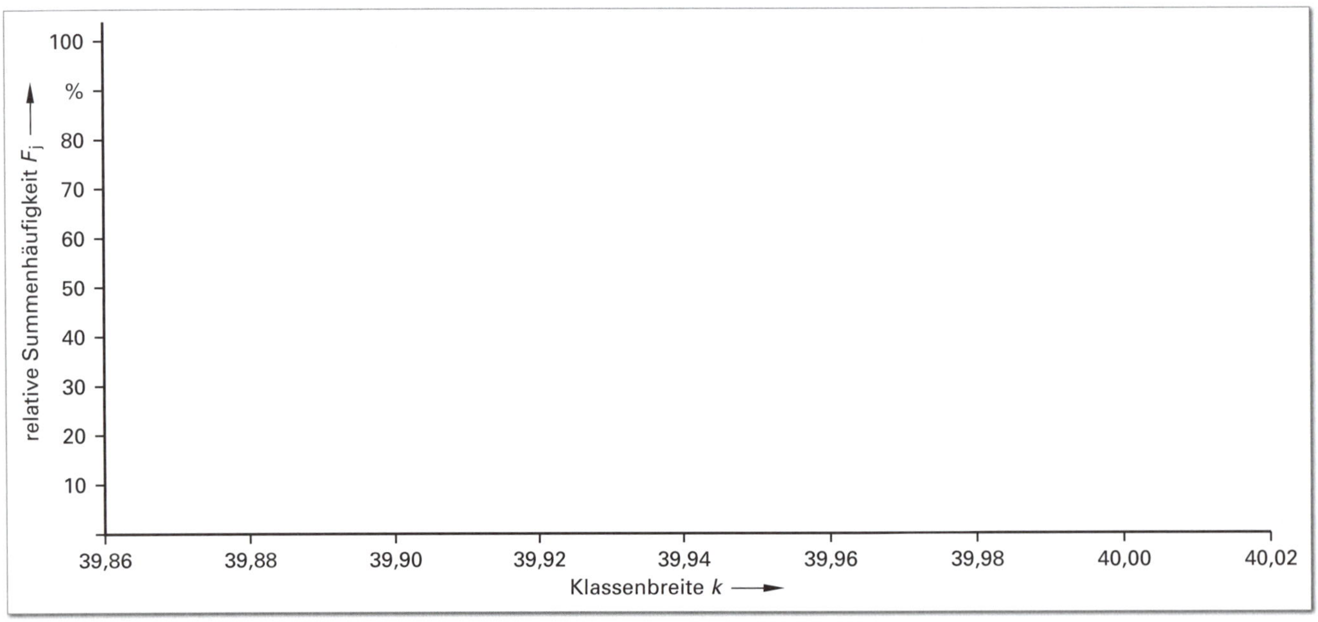

32 Welche Vorteile haben grafische Darstellungen gegenüber Zahlenreihen?

Normalverteilung und Summenverteilung

33 Ermitteln Sie die in der Tabelle benannten Größen. Verwenden Sie dazu die Werte aus der Urliste (S. 65).

Spannweite *R*: ______________

Standardabweichung *s*: ______________

Toleranz *T*: ______________

Arithmetischer Mittelwert: Hochpunkt $\bar{x}$: ______________

Klassenbreite *w*: ______________

34 Tragen Sie die Lage des Hochpunktes $\bar{x}$, die Standardabweichung *s* und die Lage vom Mittelpunkt zu den Toleranzgrenzen OGW, UGW in die Abbildung ein.

Der Flächeninhalt in den Grenzen von ± 8 *s* beinhaltet 99,994 % aller Teile. Der Verlauf kann genau berechnet werden.

Normalverteilung (Kurve auf CD)

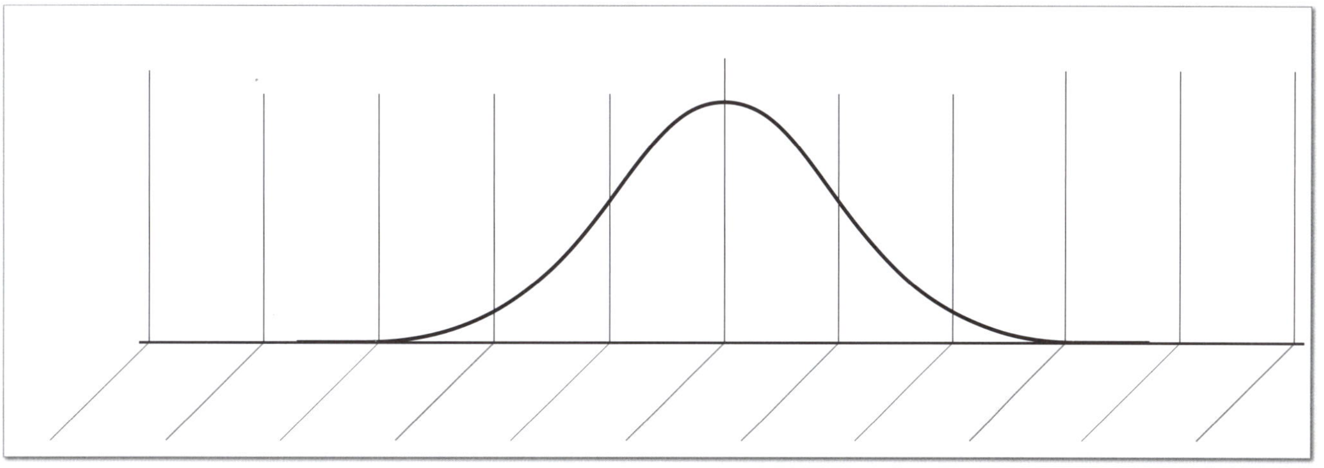

Werden in der Normalverteilung alle Einzelwerte an jeder Stelle der X-Achse aufaddiert, so entsteht wie im Säulendiagramm mit der Summenhäufigkeit F_j, eine Kurve (Graph) der Summenhäufigkeit (Abbildung unten). Diese ist jedoch auf Grund der mathematischen Berechnungen viel genauer und deshalb eindeutig.

Auf der **Y-Achse (Ordinate)** ist die Summenhäufigkeit in Prozent angegeben.
Auf der **X-Achse (Abszisse)** ist die Unterteilung für das Merkmal (Maß) angegeben.
Der Abstand entspricht der Standardabweichung *s*.

35 a) Bezeichnen Sie die X-Achse wie oben und tragen Sie $\bar{x}$ ein.

Summenverteilung Diagramm zur Summenhäufigkeit

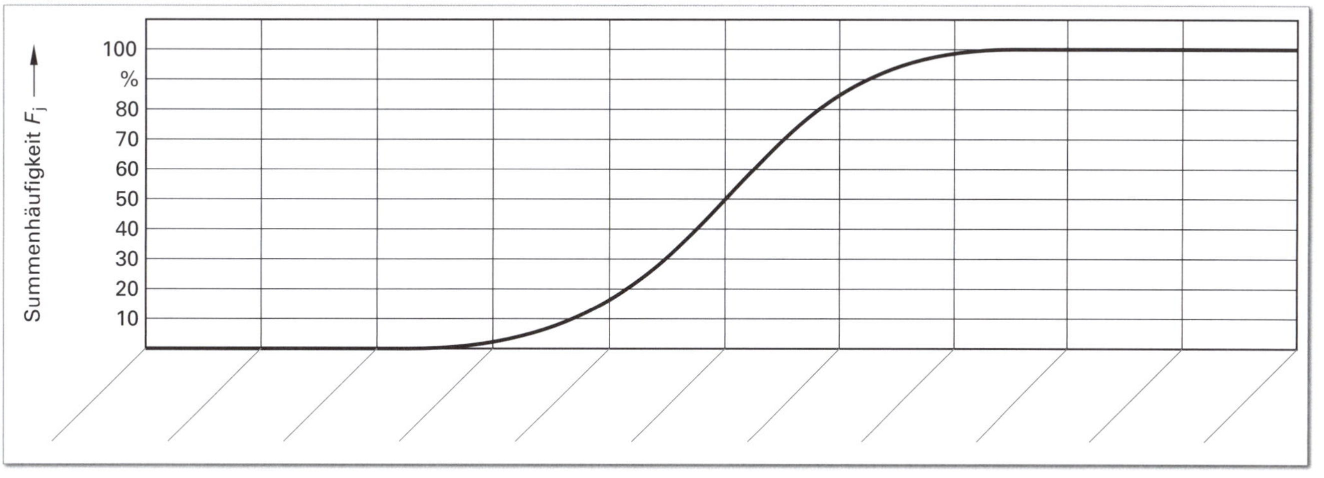

b) Bei wieviel Prozent schneidet eine waagerechte Linie die Summenkurve beim arithmetischen Mittelwert?

____

c) Zeichnen Sie diese waagerechte Linie in das Diagramm mit der Summenkurve ein.

Aufbau des Wahrscheinlichkeitsnetzes

An einem Beispiel soll der Aufbau des Wahrscheinlichkeitsnetzes erklärt werden. Mit Hilfe des Wahrscheinlichkeitsnetzes ist es möglich, relativ unkompliziert einen Prozess auf die Normalverteilung hin zu untersuchen. Hierzu wird eine Stichprobe genommen und eine Strichliste mit der Summenhäufigkeit erstellt.

36 Bestimmen Sie die fehlenden Angaben in der Strichliste.

Strichliste (Verteilungsliste) Fertigungsmaß: 8 – 0,5 mm							
Anzahl der Klasse *n*	Klassenbreite von – bis	unter	Strichliste	Einzelklassenhäufigkeit absolut n_j	relativ h_j in %	Summenhäufigkeit absolut G_j	relativ F_j in %
1	7,65	7,70	I				
2	7,70	7,75	III				
3	7,75	7,80	~~IIII~~ ~~IIII~~ II				
4	7,80	7,85	~~IIII~~ ~~IIII~~ ~~IIII~~ III				
5	7,85	7,90	~~IIII~~ ~~IIII~~ I				
6	7,90	7,95	IIII				
7	7,95	8,00	I				

37 Ordnen Sie die Bezeichnungen, in dem Text mit Hilfe der Zahlen dem Wahrscheinlichkeitsnetz zu.

Im **Wahrscheinlichkeitsnetz (1)** ist die Y-Achse im oberen und unteren Bereich so verändert (gestreckt), dass aus der s-förmigen Summenkurve eine Gerade wird.

Auf der Y-Achse ist die **standardisierte Normalverteilung u (2)** aufgetragen, daneben ist die **Summenhäufigkeit (3)** in Prozent zu sehen.

Auf der X-Achse ist eine Einteilung des **Merkmalswertes (Maßeinteilung) (4)** eingetragen.

Wenn die einzelnen **Summenhäufigkeiten F_j (5)** nach dem Eintragen auf einer Gerade liegen, kann von einer Normalverteilung ausgegangen werden. Diese Gerade wird **Wahrscheinlichkeitsgerade (6)** genannt.

Wird eine Waagerechte an der **Normalverteilung u = 0 (7)** bis zum Schnittpunkt der Wahrscheinlichkeitsgeraden gezogen, so kann auf der X-Achse der **Hochpunkt $\bar{x}$ (8)** abgelesen werden.

Eine Standardabweichung *s* entspricht jeweils einem Abstand auf der Y-Achse der standardisierten Normalverteilung u.

Werden die **Toleranzgrenzen (9)** mit in das Wahrscheinlichkeitsnetz aufgenommen, kann dies gleich Auskunft über zu erwartende bzw. vorhandene Ausschussteile bringen.

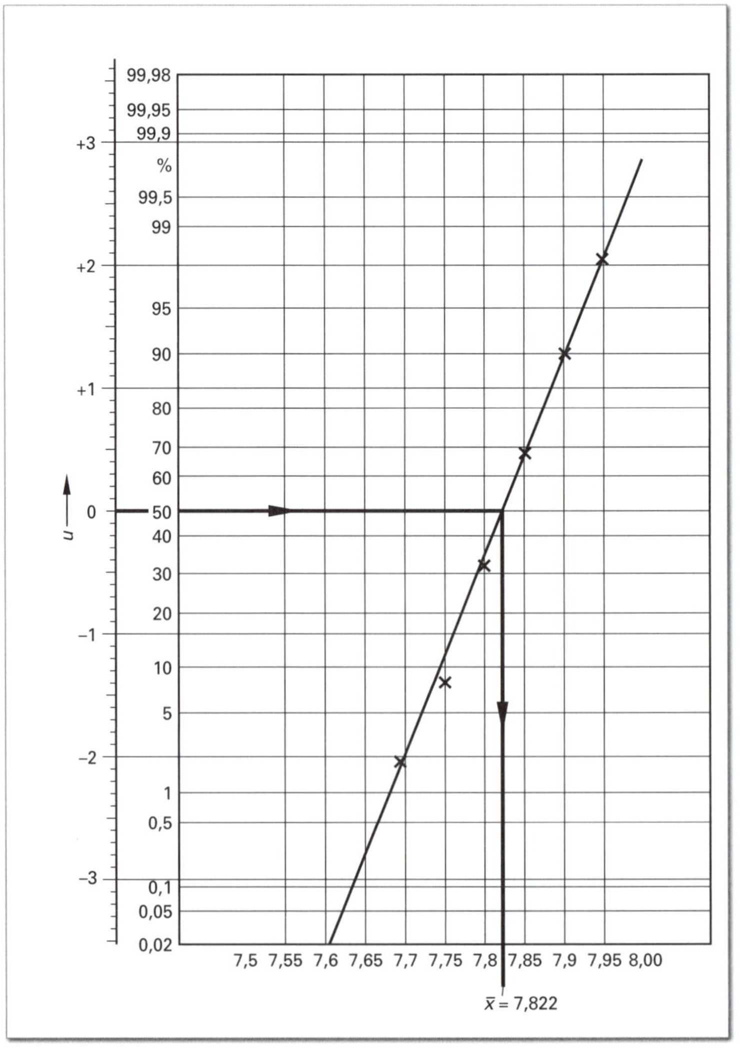

Wahrscheinlichkeitsnetz

38 Die Stichprobe des Schiebers soll mit Hilfe des Wahrscheinlichkeitsnetzes auf eine Normalverteilung überprüft werden.

a) Legen Sie für die X-Achse eine Einteilung fest, welche die Toleranzgrenzen beinhaltet und tragen diese im Wahrscheinlichkeitsnetz ein.

b) Tragen Sie die Summenhäufigkeit ein und verbinden Sie die einzelnen Punkte zur Wahrscheinlichkeitsgeraden. Es wird jeweils der obere Wert der Klasseneinteilung eingetragen.

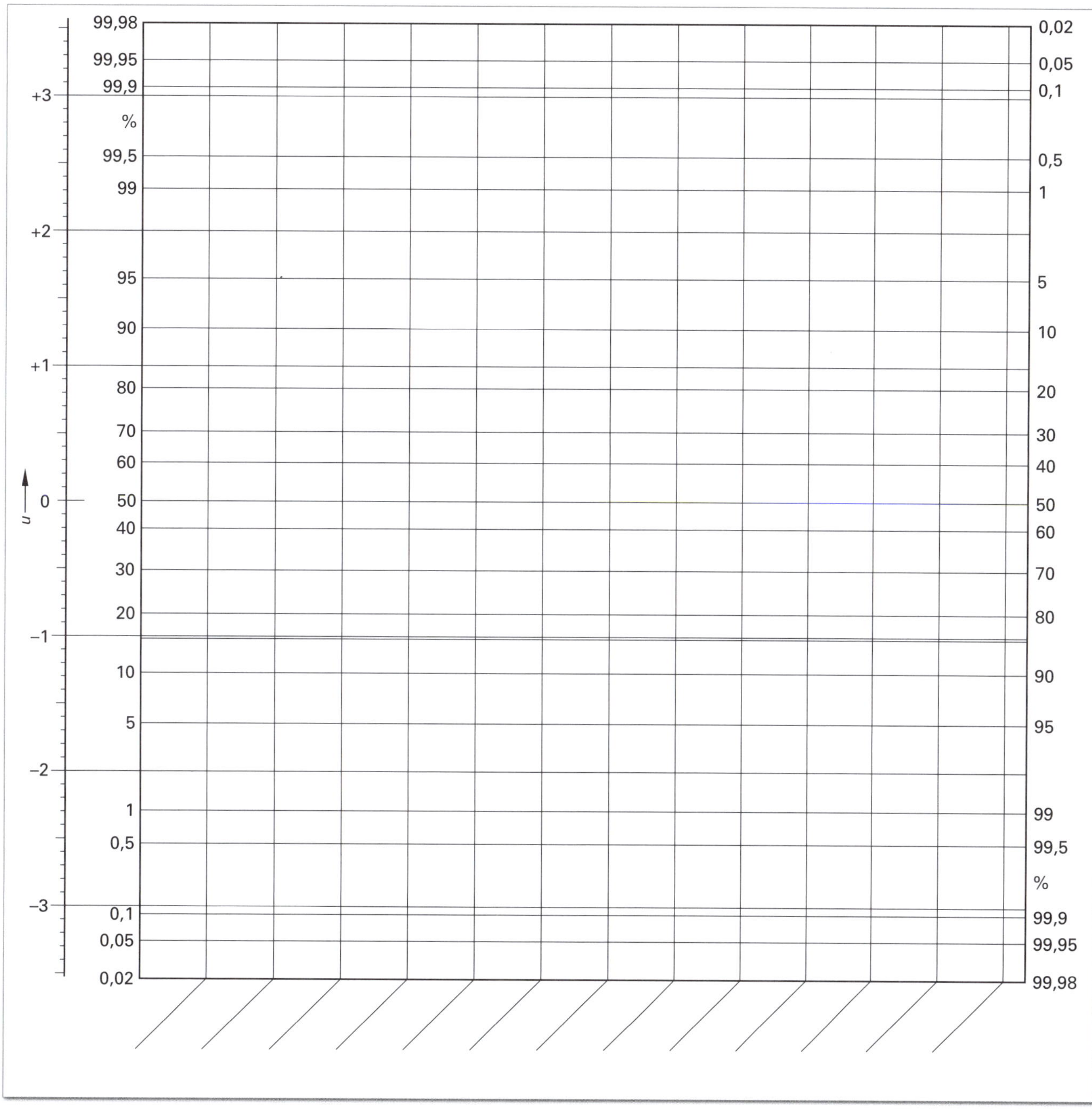

c) Liegt in der Stichprobe eine Normalverteilung vor?

d) Bestimmen Sie zeichnerisch den Hochpunkt $\bar{x}$ aus der Wahrscheinlichkeitsgeraden.
Ist mit fehlerhaften Teilen zu rechnen, wenn ja, zu wie viel Prozent?

Statistische Prozessregelung (SPC – Statistical Process Control), Aufgaben

Qualitätslenkung

Es genügt nicht, einen Fertigungsprozess einmal zu bewerten und ihn ohne weitere Kontrolle laufen zu lassen. Er muss kontinuierlich überwacht werden. Ein Prozess kann einmal, mit einer 100 %-Prüfung und einmal statistisch, durch Stichproben kontrolliert werden. Eine 100 %-Prüfung ist teuer und wird nur in begründeten Fällen angewandt. Um den Prüfaufwand und die dadurch entstehenden Kosten auf ein Minimum zu reduzieren, werden nur Stichproben untersucht. Dies setzt allerdings voraus, dass sich der Prozess nach der Normalverteilung verhält.

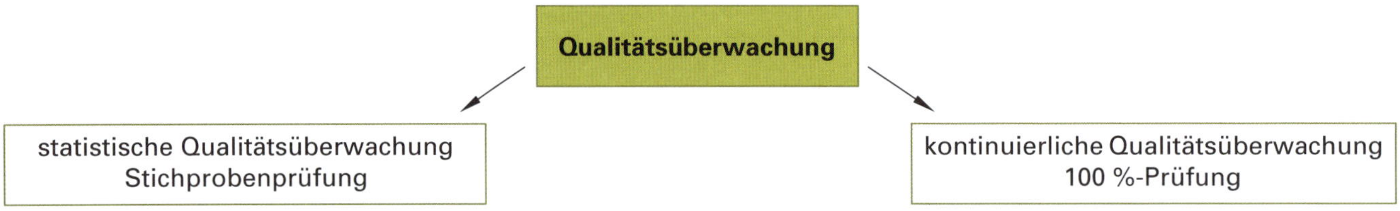

Statistische Prozessregelung (SPC – Statistical Process Control)

Zur Durchführung einer statistischen Prozesslenkung werden aus einem Fertigungsprozess Stichproben genommen und bewertet. Sollten diese nicht den Anforderungen entsprechen, wird eine Korrektur durchgeführt. Die Gründe warum ein Fertigungsprozess kontrolliert werden muss, liegen an den verschiedenen Einflüssen, die auf ihn wirken.

39 a) Ordnen Sie die Begriffe dem Fertigungsprozess in der Abbildung zu: Stichprobe, Rohmaterial, Korrektur, Beurteilung, gefertigte Teile, Einflüsse.

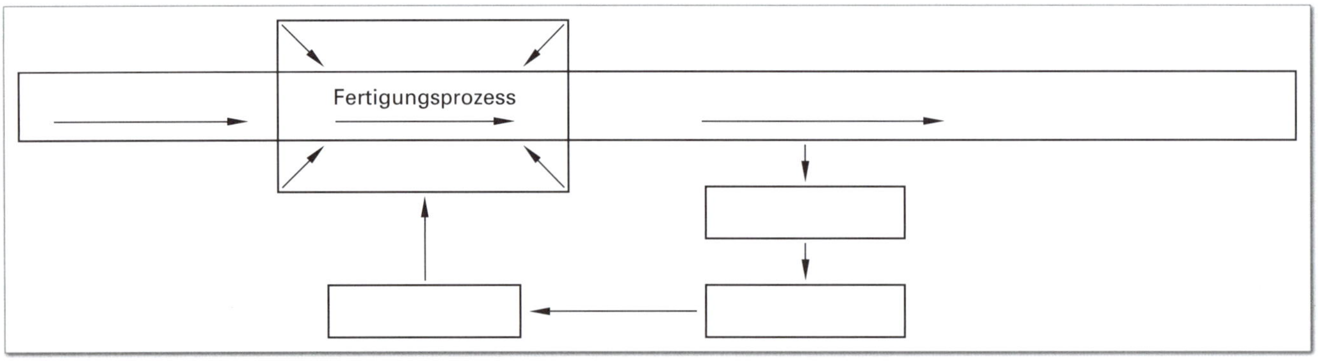

b) Weshalb wird die statistische Prozessregelung der 100 %-Prüfung vorgezogen?

c) Welche Maßnahmen müssen getroffen werden, wenn bei einer Stichprobe Ausschussteile festgestellt wurden?

d) Wie verfahren Sie in Ihrer Firma mit Teilen, die fehlerhaft sind oder nachgearbeitet werden müssen?

e) Welche Gefahr geht von fehlerhaften Teilen aus?

Qualitätsregelkarten

Die Antriebsrollen werden in einem Durchlaufhärteofen gehärtet. Um die richtige Härte zu garantieren wird der Prozess fortlaufend überprüft und in Regelkarten dokumentiert. Es gibt grundsätzlich zwei Arten von Regelkarten:

Annahmeregelkarten: Diese dienen dazu Abweichungen festzustellen, die z. B. ein Maß haben darf, damit es noch gut ist. Die Warn- und Eingriffsgrenzen werden über die Toleranz berechnet.

Prozessregelkarten (Shewartkarten)

Bei großen Prozessen (Stückzahlen) soll überwacht werden ob die Lage und die Breite der Kurve konstant bleiben. Die Warn- und Eingriffsgrenzen werden über bereits gewonnene Prozessdaten berechnet. Es wird ein Prozess überwacht der schon länger und sicher läuft. Fährt man einen Prozess zum ersten Mal an, so ergeben sich die Parameter aus dem Vorlauf.

Beispiel einer zweispurigen Regelkarte

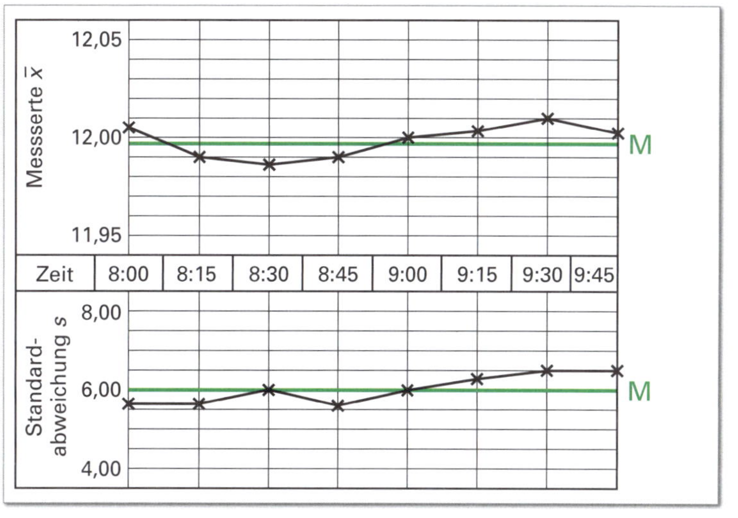

In der oberen Spur (Kurve) wird der Mittelwert $\bar{x}$ beobachtet. Die Mittellinie entspricht dem Wert $\bar{\bar{x}}$ (x-doppelquer) der Mittelwert aller Proben der aus vorhandenen Prozessdaten ermittelt wurde (grüne Vollinie).

Die untere Warngrenze (UWG) und obere Warngrenze ist mit einer roten schmalen Strichlinie eingezeichnet. Die obere (OEG) und die untere Eingriffsgrenze (UEG) ist mit einer breiten roten Strichlinie eingetragen.

Senkrecht wird die Maßeinteilung und waagerecht die zeitliche Entnahme notiert. Die einzelnen Eintragungen entsprechen den Merkmalen einer Stichprobe n ($\bar{x}$, s)

In der unteren Spur wird die Standardabweichung s dokumentiert. Die Mittellinie ist der Mittelwert $\bar{s}$ (quer) der bereits ermittelten Standartabweichungen s.

Berechnung der Warn- und Eingriffsgrenzen

In Europa gelten für die Berechnung der Warn- und Eingriffsgrenzen folgende Vorgaben:

Zwischen der oberen Warngrenze **OWG** und der unteren Warngrenze **UWG** liegen **95%** aller Teile

Zwischen der oberen Eingriffsgrenze **OEG** und der unteren Eingriffsgrenze **UEG** liegen **99%** aller Teile.

Da sich diese Grenzen bei unterschiedlichen Stichprobenumfang n verändern, werden sie mit Hilfe von Faktoren berechnet.

Faktoren zur Berechnung der Regelgrenzen und der Prozessabweichung bei einer Stichprobe $n = 5$

n	C_E	C_W	A_E	A_W	D_{OEG}	D_{UEG}	D_{OWG}	D_{UWG}	d_n	B_{OEG}	B_{UEG}	B_{OWG}	B_{UWG}	a_n
5	1,379	1,049	1,152	0,877	4,886	0,555	4,197	0,850	2,326	1,927	0,227	1,669	0,348	0,940

Für die Berechnung müssen aus dem Vorlauf mind. 25 Stichproben $m \geq 25$ mit der Anzahl von mind. $n \geq 5$ Teilen (Stichprobenumfang) entnommen werden.
Aus dem Durchschnitt $\bar{x}$ der 5 Teile, die mind. 25-mal entnommen werden wird wieder der Durchschnitt berechnet, den man $\bar{\bar{x}}$ (x-doppelquer) nennt.

Um bei den Berechnungen die Werte nicht zu verwechseln wird aus $\bar{\bar{x}}$ (doppelquer) → $\hat{\mu}$ (mü-Dach) und aus $\bar{s}$ (s-quer) → $\hat{\sigma}$ (sigma-Dach).

Werte aus dem Vorlauf: Mittelwert $\bar{\bar{x}} = \hat{\mu} = 672$ HV Stichprobenumfang $n = 5$
Standardabweichung $\bar{s} = \hat{\sigma} = 9$

Regelgrenzen bei Prozessregelkarten für quantitative Merkmale nach DGQ

Regelkarte, Regelspur	**Eingriffsgrenzen (99 %)**		**Warngrenzen (95 %)**		**Mittenmaß, Mittellinie M =**	Faktoren
	OEG =	UEG =	OWG =	UWG =		
$\tilde{x}$	$\hat{\mu} + C_E \cdot \hat{\sigma}$	$\hat{\mu} - C_E \cdot \hat{\sigma}$	$\hat{\mu} + C_W \cdot \hat{\sigma}$	$\hat{\mu} - C_W \cdot \hat{\sigma}$	$\hat{\mu}$	C_E, C_W, A_E, A_W, D_{OEG}, D_{UEG}, D_{OWG}, D_{UWG}, B_{OEG}, B_{UEG}, B_{OWG}, B_{UWG}, a_n mit Einheit [1], siehe nachfolgende Tabelle
$\bar{x}$	$\hat{\mu} + A_E \cdot \hat{\sigma}$	$\hat{\mu} - A_E \cdot \hat{\sigma}$	$\hat{\mu} + A_W \cdot \hat{\sigma}$	$\hat{\mu} - A_W \cdot \hat{\sigma}$	$\hat{\mu}$	
R	$D_{OEG} \cdot \hat{\sigma}$	$D_{UEG} \cdot \hat{\sigma}$	$D_{OWG} \cdot \hat{\sigma}$	$D_{UWG} \cdot \hat{\sigma}$	$d_n \cdot \hat{\sigma}$	
s	$B_{OEG} \cdot \hat{\sigma}$	$B_{UEG} \cdot \hat{\sigma}$	$B_{OWG} \cdot \hat{\sigma}$	$B_{UWG} \cdot \hat{\sigma}$	$a_n \cdot \hat{\sigma}$	

Mittelwert-Standardabweichungskarte $\bar{x}$-*s*

Bei der Härteprüfung der Antriebsrollen wurden folgende Messergebnisse festgestellt:

Stichprobe	Messwerte in HV						
	1	2	3	4	5	$\bar{x}$	s
8:00 Uhr	683	662	680	674	667		
9:00 Uhr	685	667	665	674	672		
10:00 Uhr	666	664	672	684	674		
11:00 Uhr	670	674	684	664	662		
12:00 Uhr	667	681	672	659	663		
13:00 Uhr	667	657	673	653	663		

41 a) Berechnen Sie den arithmetischen Mittelwert $\bar{x}$ und die Standardabweichung s für die einzelnen Stichproben und tragen Sie diese in die Tabelle ein.

Berechnen Sie mit den Werten von Seite 71 die Eingriffs- und die Warngrenzen und bestimmen Sie die Einteilung der Karte und zeichnen Sie diese ein.

Zeichnen Sie den Mittelwert M $\hat{\mu}$ und den Mittelwert der Standardabweichung M $\hat{\sigma}$ von Seite 71 ein und ergänzen Sie die Karte mit den Werten aus der Tabelle.

Qualitätsregelkarte $\bar{x}$-σ	Prüfung: Härteprüfung nach Vickers	Nennwert: 670 HV
Teilbezeichnung:	Messgröße:	Höchstwert: 690 HV
Teilnummer:	Stichprobenumfang: n =	Mindestwert: 650 HV
Prüfdatum:	Werte von Prozess $\hat{\mu}$ =	Prozess σ =

arithmetischer Mittelwert $\bar{x}$

Uhrzeit Probenummer	8:00	9:00	10:00	11:00	12:00	13:00	14:00	15:00

Standardabweichung σ

b) Werden in dem Prozess Eingriffsgrenzen überschritten?

c) Welche Maßnahmen sollten bei dieser Prozessbeobachtung vorgenommen werden?

d) Welche Ursache könnte der Verlauf des Mittelwertes haben?

Regelkarte: Median-Spannweitenkarte $\tilde{x}$-R

Die Messwerte in der Serienfertigung werden häufig mit elektronischen Messeinrichtungen erfasst und dokumentiert. Die Median-Spannweitenkarte kann ohne Rechenoperation meist bei ungeraden Proben und kleinem Probenumfang eingesetzt werden.

Der Medianwert $\tilde{x}$ (x-Welle) ist der Zentralwert (mittlerer Wert) einer Stichprobe. Die Spannweite R (engl. Range = Reichweite) ist die Differenz zwischen dem größten und kleinsten Wert einer Stichprobe.

42 a) Kennzeichnen Sie den Medianwert $\tilde{x}$ und die Werte der Spannweite R in der Tabelle Seite 72 der Stichprobe und tragen Sie die Werte in die Tabelle ein.

Berechnen Sie die für den Medianwert $\tilde{x}$ und die Spanweite R die Warn- und Eingriffsgrenzen und tragen diese in die Karte ein.

Stichprobe	**Messwerte in HV**					
Uhrzeit	**8:00 Uhr**	**9:00 Uhr**	**10:00 Uhr**	**11:00 Uhr**	**12:00 Uhr**	**13:00 Uhr**
$\tilde{x}$						
R						

Qualitätsregelkarte $\tilde{x}$-R	Prüfung: Härteprüfung nach Vickers	Nennwert: 670 HV
Teilbezeichnung:	Messgröße:	Höchstwert: 690 HV
Teilnummer:	Stichprobenumfang: n =	Mindestwert: 650 HV
Prüfdatum:	Prozesswert $\hat{\mu}$ =	Vorlauf $\hat{\sigma}$ = 21

Medianwert $\tilde{x}$								
Uhrzeit	8:00	9:00	10:00	11:00	12:00	13:00	14:00	15:00
Spannweite R								

b) Welche Merkmale der Normalverteilung werden mit dem Medianwert $\tilde{x}$ und dem arithmetischen Mittelwert $\bar{x}$ überwacht?

c) Welche Merkmale werden mit der Spannweite R und der Standardabweichung s überwacht?

d) Welche Werte werden durch zufällige und welche durch systematische Einflüsse verändert: $\tilde{x}$, s, R, $\bar{x}$?

Prozessverlauf

Während der Überwachung von Prozessabläufen können unterschiedliche Störungen auftreten. Diese Störungen schlagen sich in markanten Kurvenverläufen nieder. Dadurch können sie schon früh erkannt werden.

43 a) Schlagen Sie die verschiedenen Möglichkeiten von Prozessverläufen im Fachbuch oder im Internet nach und tragen Sie diese mit ihrem typischen Merkmal in die Tabelle ein.

Prozessverläufe		

b) Benennen Sie die zwei Prozessverläufe (Bild 1 und 2), die sich bei einem Drehprozess ergeben haben.

c) Welche Ursachen könnten dafür verantwortlich sein und welche Maßnahmen sind in den Prozessverläufen zu treffen?

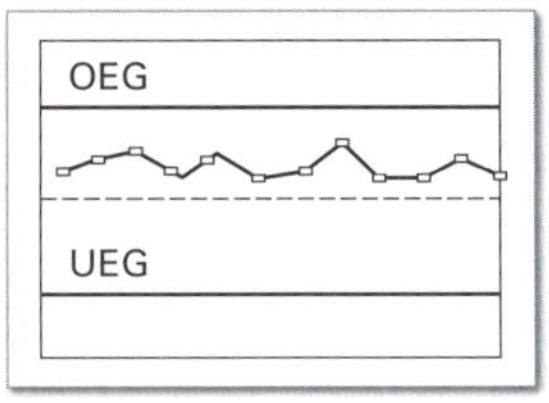

Bild 1

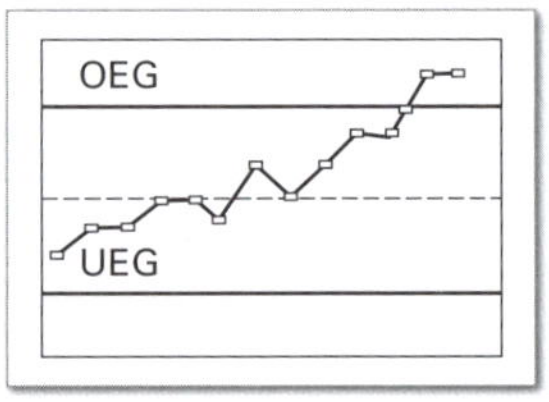

Bild 2

Bild 1:

Bild 2:

Fehlersammelkarte

Fehlersammelkarten setzt man dort ein, wo an montierten Geräten bzw. Einzelteilen nicht messbare Fehler erfasst werden sollen. In solchen Fällen gibt es keine Messwerte mit statistischer Auswertung. Es werden Fehler nach ihrer Häufigkeit des Vorkommens dokumentiert und bewertet.

Fehlersammelkarte: Montage Biegewerkzeug	
Arbeitsplatz: Einzelmontage	Einschichtbetrieb
Stichprobenumfang je Entnahme : 20 Stck.	Prüfintervall: 4 Std.

Woche: 32		Montag			Dienstag			Mittwoch			Donnerstag			Freitag				
	Montageplatz:	A	B	C	A	B	C	A	B	C	A	B	C	A	B	C	Σf	f %
Nr.	Fehlerart	/	/	/	/	/	/	/	/	/	/	/	/	/	/	/		
F1	schlecht entgratet	1						1				1						
F2	Rollenverstellung schwergängig	2		1		1	2		3		1	4		1	3	1		
F3	Rollen laufen schwer	1							2					1		1		
F4	Feststellung läuft schwer											1						
F5	Kurbel lose	1																
F6	Lackschäden		1						1			2						
F7	Gummiverklebung löst sich	2	2	1		1	2	1	3	1	1	3	1	1	3	2		
F8	Schrauben lose			2	1				2			1			1			
Σ	Summe der Fehler																	

44 a) Bilden Sie die Einzel- und Gesamtsumme der Fehlerarten, und tragen Sie diese dann in die Spalte Σf ein.
b) Bestimmen Sie den Fehleranteil in Prozent und halten ihn in der Spalte f % fest.
c) Erstellen Sie ein Säulendiagramm mit den einzelnen Fehlerarten.

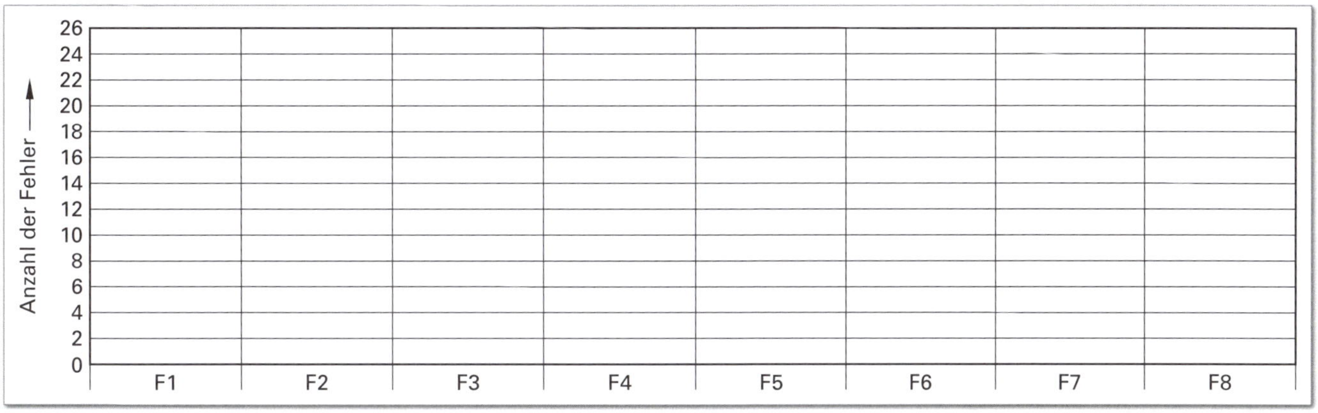

Pareto-Analyse

Die Pareto-Analyse soll im Qualitätsmanagement Ursachen herausarbeiten die am stärksten zur Fehlerzahl beitragen. Das Pareto-Diagramm zeigt anschaulich welcher Fehler am häufigsten vorkommt. Dadurch ist es möglich, kleinere Ursachen auszugrenzen.

Das Pareto-Prinzip besagt, dass ca. 20 % der Fehlerarten für 80 % der Fehlerfolgen und dadurch auch für die Kosten verantwortlich sind.

Vorteile der Pareto-Analyse

- Übersichtlich und eine einfache Erstellung
- Nach der Gewichtung sortiert
- Eingrenzung der Fehler möglich

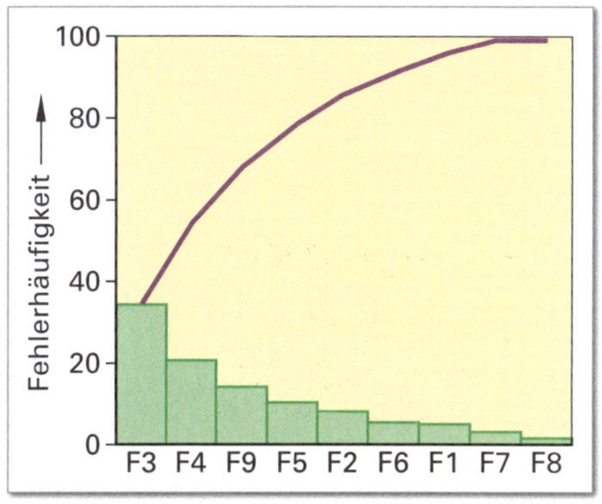

45 a) Tragen Sie in das Säulendiagramm die Fehler nach der prozentualen Häufigkeit des Vorkommens ein.
Erstellen Sie in dem Säulendiagramm eine Summenkurve, wie in dem Beispiel dargestellt.

Pareto-Diagramm

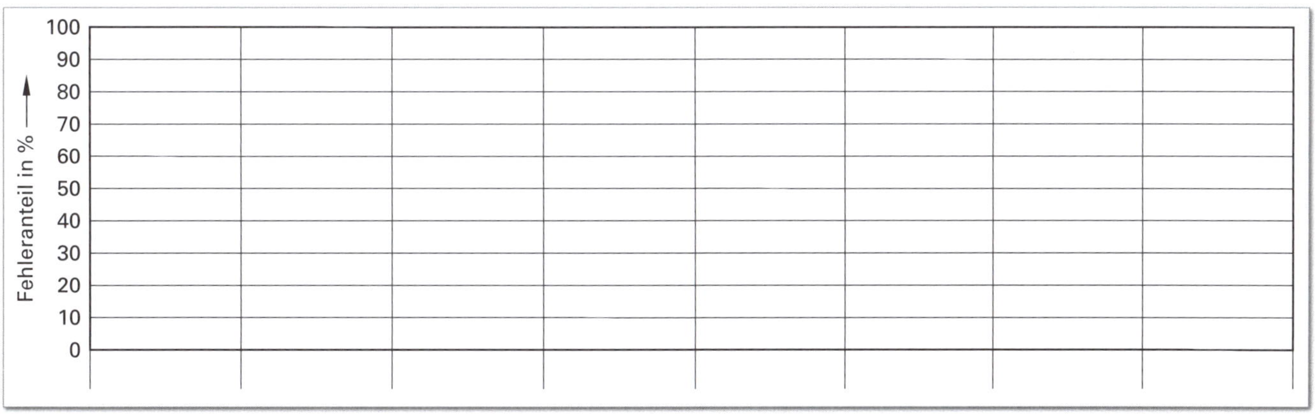

b) Worin könnte die Ursache für den Fehler F7 ihrer Meinung nach liegen.

c) An welchem Montageplatz kommen die meisten Fehler vor?

d) Welche Ursache könnte diese Häufung von Fehlern an diesem Arbeitsplatz haben?

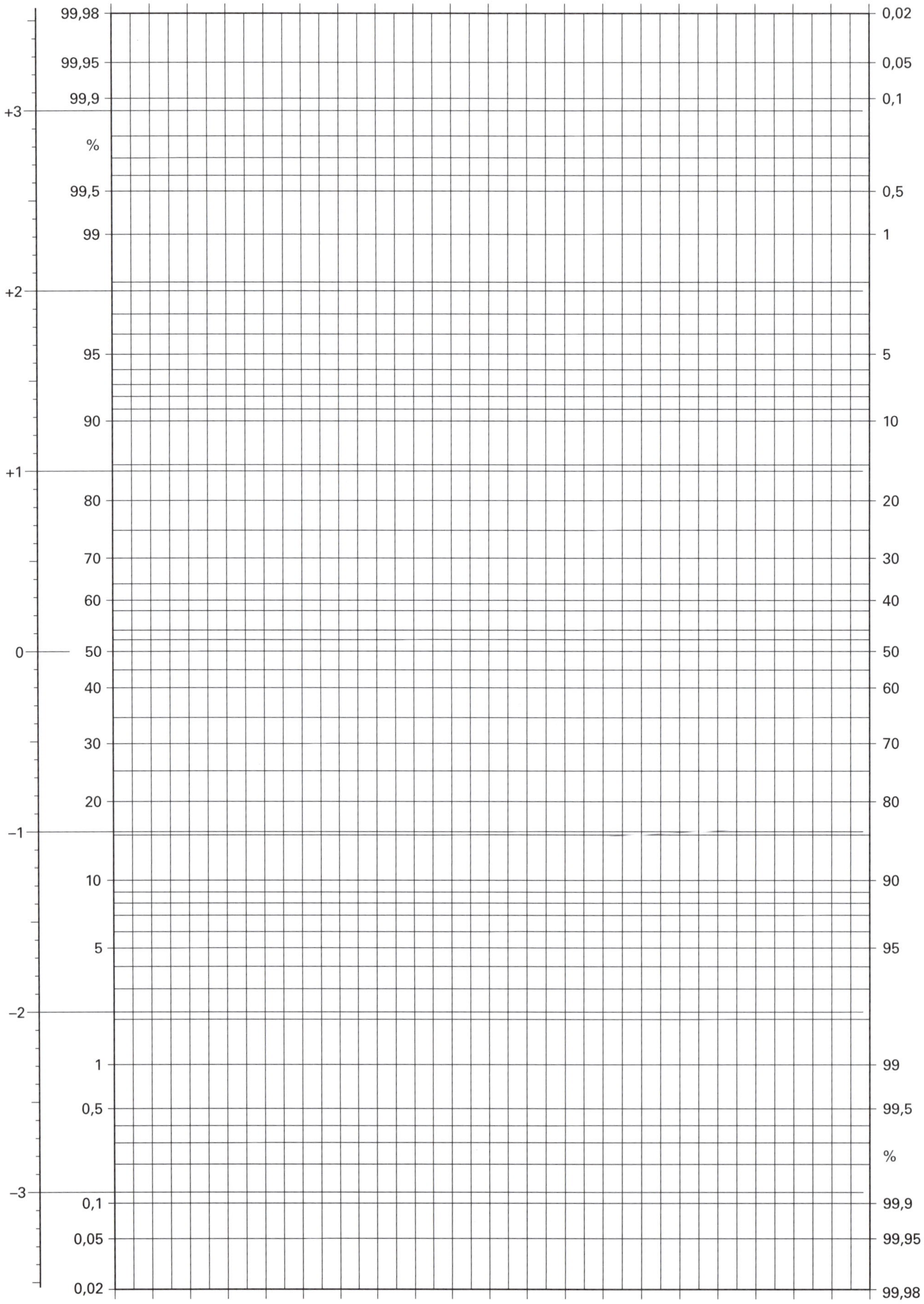
+3
+2
+1
0
–1
–2
–3
99,98
99,95
99,9
%
99,5
99
95
90
80
70
60
50
40
30
20
10
5
1
0,5
0,1
0,05
0,02
0,02
0,05
0,1
0,5
1
5
10
20
30
40
50
60
70
80
90
95
99
99,5
%
99,9
99,95
99,98

Produktionssystem für elektronische Steuerungen

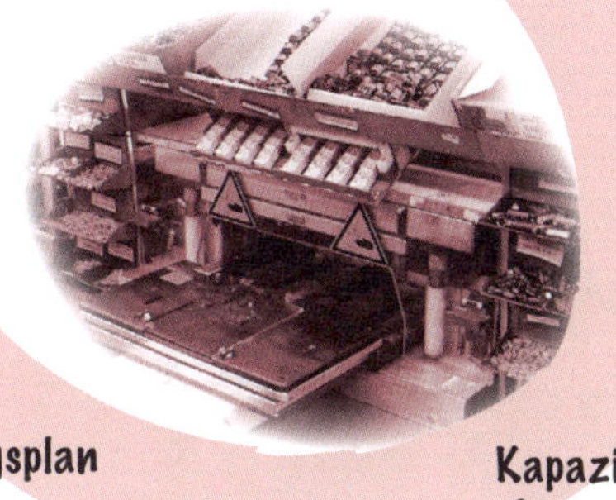

Lötverfahren

Arbeitsplan

Vorgabezeiten, Kalkulation

Kapazitätsplanung einer Lötanlage

Teilzeichnung Biegestift

Fertigungsplan

Schadensanalyse

Schadensarten und -ursachen

Grundlagen der Instandhaltung

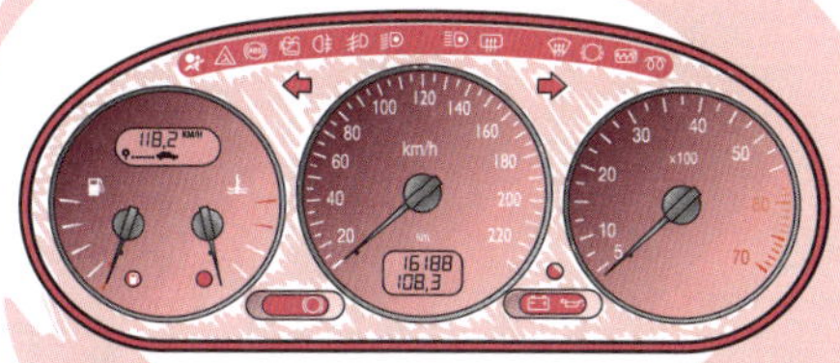

Maßnahmen der Instandhaltung

Wartungsplan

Instandhaltungskonzepte

Werkstoffprüfung

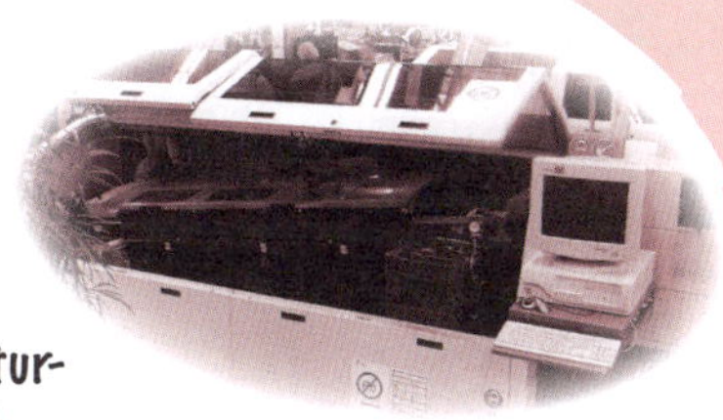

Rockwell-Härteprüfung

Brinell-Härteprüfung

Vickers-Härteprüfung

Kerbschlagbiegeversuch

Vergüten

Kohlenstoffgehalt und Härtbarkeit von Stählen

Härteversuche

Temperaturverlauf beim Härten

Fe-C-Diagramm

Stirling-Motor

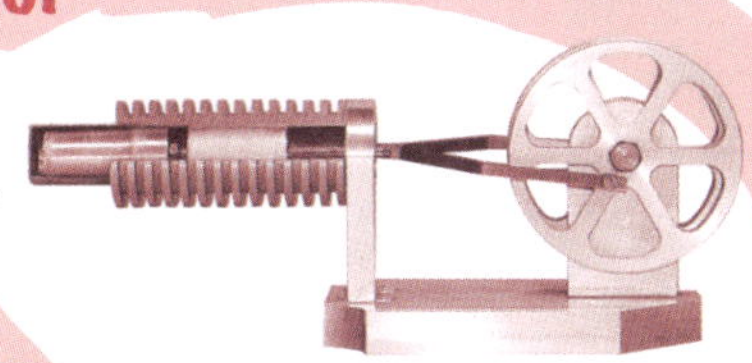

Schneidwerkzeug

Scherkraft

Scherfestigkeit

Kundenanforderungen

Stempel und Ziehring

Betriebsanweisung

Heizzylinder

Lötanlage, Biegestift

Qualitätsanforderungen an ein Produkt

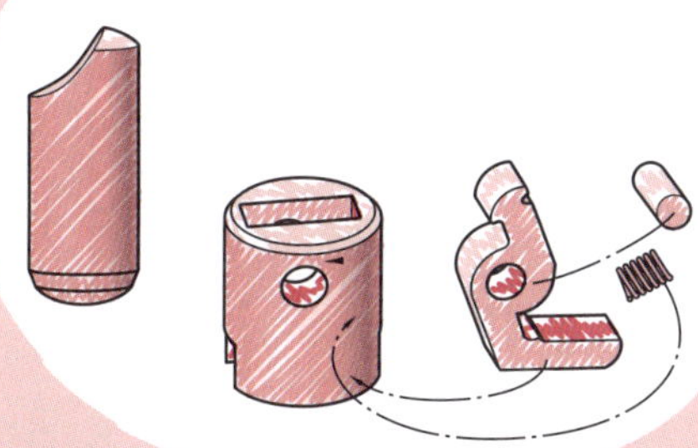

Instandhaltungskosten

Pareto-Analyse

Fehlersammelkarte

Grafische Darstellung

Herstellerpflichten

Produkthaftung

Mängelbeseitigung

Schadensfolgekosten

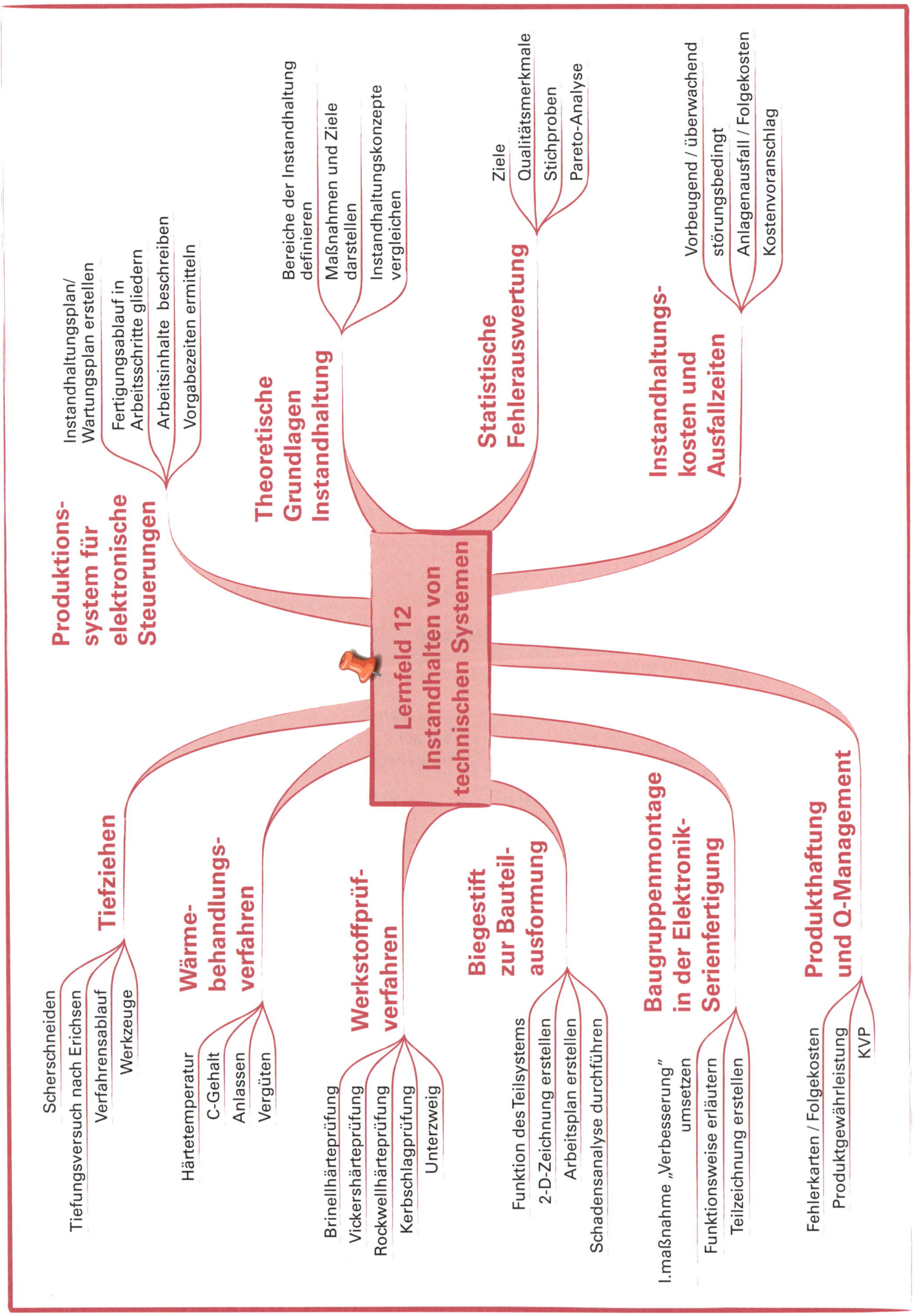
Lernfeld 12 Instandhalten von technischen Systemen
Produktions-system für elektronische Steuerungen
Instandhaltungsplan/ Wartungsplan erstellen
Fertigungsablauf in Arbeitsschritte gliedern
Arbeitsinhalte beschreiben
Vorgabezeiten ermitteln
Theoretische Grundlagen Instandhaltung
Bereiche der Instandhaltung definieren
Maßnahmen und Ziele darstellen
Instandhaltungskonzepte vergleichen
Statistische Fehlerauswertung
Ziele
Qualitätsmerkmale
Stichproben
Pareto-Analyse
Instandhaltungs-kosten und Ausfallzeiten
Vorbeugend / überwachend
störungsbedingt
Anlagenausfall / Folgekosten
Kostenvoranschlag
Tiefziehen
Scherschneiden
Tiefungsversuch nach Erichsen
Verfahrensablauf
Werkzeuge
Wärme-behandlungs-verfahren
Härtetemperatur
C-Gehalt
Anlassen
Vergüten
Werkstoffprüf-verfahren
Brinellhärteprüfung
Vickershärteprüfung
Rockwellhärteprüfung
Kerbschlagprüfung
Unterzweig
Biegestift zur Bauteil-ausformung
Funktion des Teilsystems
2-D-Zeichnung erstellen
Arbeitsplan erstellen
Schadensanalyse durchführen
Baugruppenmontage in der Elektronik-Serienfertigung
I.maßnahme „Verbesserung“ umsetzen
Funktionsweise erläutern
Teilzeichnung erstellen
Produkthaftung und Q-Management
Fehlerkarten / Folgekosten
Produktgewährleistung
KVP

Lernsituation Grundlagen der Instandhaltung

Beschreibung der Lernsituation

Technische Anlagen und Systeme, wie Werkzeugmaschinen und Produktionsanlagen, sind aufgrund der großen Anzahl von Bauteilen störanfälliger.
Die Auslastung der Anlagen wird immer höher, Stillstandszeiten für Instandhaltungsmaßnahmen immer kürzer. Bei einer Verkettung von Anlagen fallen bei der Störung einer Maschine gleich mehrere andere Maschinen aus und führen zu erheblichen Kosten.
Die optimale Instandhaltungsstrategie für technische Systeme soll sicherstellen, daß mit minimalem Einsatz von Mitteln der funktionsfähige Zustand erhalten bleibt oder bei Ausfall schnellstmöglich wieder hergestellt wird.

Aufgaben

1 In welche 4 Bereiche können alle Maßnahmen der Instandhaltung von technischen Anlagen und Systemen untergliedert werden?

Welche Maßnahmen umfassen die Bereiche? Nennen Sie jeweils Beispiele dazu:

Bereich 1	**umfasst alle Maßnahmen zur … von technischen Systemen.**
Beispiele:	
Bereich 2	**umfasst alle Maßnahmen zur … von technischen Systemen.**
Beispiele:	
Bereich 3	**umfasst alle Maßnahmen zur … von technischen Systemen.**
Beispiele:	
Bereich 4	**umfasst alle Maßnahmen zur … von technischen Systemen.**
Beispiele:	

2 Unterscheiden Sie die Bereiche und ihre Funktion hinsichtlich Vorausschaubarkeit und Planbarkeit.

Bereich	Funktion	Vorausschaubarkeit	Planbarkeit

3 Nennen Sie mindestens 5 Ziele der Instandhaltung:

4 Instandhaltungsarbeiten für technische Systeme und Anlagen werden häufig im Instandhaltungs- oder Wartungsplan festgehalten und in regelmäßigen Abständen durchgeführt.

Wie muss ein Instandhaltungs- oder Wartungsplan aufgebaut sein? Leiten Sie aus dem nebenstehenden Beispiel für ein Leichtkraftrad ab, welche Informationen prinzipiell enthalten sein müssen? Benennen Sie die wesentlichen Inhalte mit Beispielen anhand des technischen Systems „Fahrrad".

Wartungsplan Leichtkraftrad

I = inspizieren und W/R, falls erforderlich
W = reinigen, schmieren, nachstellen
R = auswechseln, reparieren

km-Stand: Datum:
Fach-Werkstatt: Unterschrift:

Häufigkeit		zurückgelegte Wegstrecke (Hinweis 2)				
		x 1000 km	1	4	8	12
Gegenstand		Monat		6	12	18
Kraftstoffleitungen				I	I	I
Kraftstofffiltersieb				W	W	W
Gasdrehgriffbetätigung				I	I	I
Luftfilter				W	W	W
Zündkerzen				I	R	I
Ventilspieleinstellung			I	I	I	I
Motoröl			R	R	R	R
Motorölsieb						W
Motoröl-Schleuderfilter						W
Vergaserleerlaufdrehzahl			I	I	I	I
Antriebskette			I alle 1000 km			
Abnutzung d. Bremsbeläge				I	I	I
Bremssystem			I	I	I	I
Bremslichtschalter				I	I	I
Scheinwerfereinstellung				I	I	I
Kupplungssystem			I	I	I	I
Aufhängung				I	I	I
Muttern, Schrauben, Befestigungsteile			I		I	
Räder/Reifen			I	I	I	I
Steuerkopflager			I			I

5 Erstellen Sie beispielhaft den Entwurf eines Instandhaltungsplanes für Ihr Fahrrad. Inb. = vor Inbetriebnahme, Mon. = monatlich, Jährl. = jährlich, Bed. = bei Bedarf, Fa = Fachhändler oder fachkundige Person, X = Fahrer

Wartungs-/Instandhaltungsplan Fahrrad	Inb.	Mon.	Jährl.	Bed.
1.0 Rahmen, Gabel, Lenker, Vorbau, Sattel				
2.0 Antrieb: Kette, Zahnkranz, Ritzel				
3.0 Laufräder, Felgen, Reifen				

Lernfeld 12

Lernsituation Grundlagen der Instandhaltung

Die zustandsüberwachende Instandhaltung – die Inspektion – wird z. B. durch die Automobilindustrie für deren Produkte sehr stark vorangetrieben durch eine kontinuierliche Erfassung unterschiedlicher Daten bzw. Merkmale und deren Vergleich mit Sollwerten.

Kühlflüssigkeitstemperatur
Bei normalem Fahrbetrieb darf der Zeiger die eng schraffierte Zone nicht erreichen. Nur bei extremer Belastung darf der Zeiger für kurze Zeit in diesem Bereich stehen. Gefahr besteht nur, wenn die Warnlampe aufleuchtet.

Überhitzung des Katalysators
Die Warnlampe leuchtet auf beim Einschalten der Zündung und erlischt, sobald der Motor läuft. Leuchtet sie beim Fahren auf, müssen Sie unbedingt anhalten. Wenden Sie sich an eine Werkstatt.

Verschleiß der vorderen Bremsbeläge. Leuchtet diese Lampe bei Betätigung des Bremspedals auf, müssen Sie baldmöglichst die Stärke der Bremsbeläge überprüfen lassen.

Störung der Elektronik
Die Warnlampe leuchtet beim Einschalten der Zündung auf und erlischt nach 3 Sekunden. Leuchtet sie beim Fahren, liegt eine Störung in der Einspritzanlage, im Automatikgetriebe in der Servokupplung o.ä. vor. Wenden Sie sich baldmöglichst an eine Werkstatt.

Motoröldruck
Die Warnlampe leuchtet auf beim Einschalten der Zündung und muss erlöschen, sobald der Motor läuft. Leuchtet sie beim Fahren auf, müssen Sie unbedingt sofort anhalten und die Zündung ausschalten. Überprüfen Sie den Ölstand. Ist dieser normal, liegt eine andere Störung vor. Wenden Sie sich an eine Werkstatt.

Batterie-Ladekontrolle
Die Lampe leuchtet auf beim Einschalten der Zündung und muß erlöschen, sobald der Motor läuft. Leuchtet sie beim Fahren auf, müssen Sie anhalten. Die Spannung im Ladestromkreis ist zu hoch oder zu niedrig. Lassen Sie den Ladestromkreis überprüfen.

Beim Aufleuchten dieser Warnlampen unter Berücksichtigung der Verkehrssituation sofort anhalten

6 Instandhaltungskonzepte

Die Zusammenfassung aller Maßnahmen der vier Instandhaltungsbereiche zur Steigerung der Verfügbarkeit einer technischen Anlage nennt man Instandhaltungskonzept.

Moderne Instandhaltungskonzepte sind nach folgenden wesentlichen Prinzipien ausgerichtet:

- Die zustandsüberwachende Instandhaltung ist zu maximieren, d. h. durch permanente Überwachung werden Schäden an Komponenten bereits in der Entstehung erkannt.
- Die vorbeugende, d.h. planbare Instandhaltung ist zu minimieren. Die Wartungsarbeiten werden nur nach Bedarf ausgeführt und können rechtzeitig geplant werden.
- Die nichtplanbare Instandhaltung ist zu optimieren, d. h. durch konstruktive Verbesserungsmaßnahmen werden Fehlerquellen vermieden.

Nennen Sie die Vor- und Nachteile der 3 nachfolgenden Instandhaltungskonzepte:

1. „Bis zum Bruch fahren" = Korrektive Instandhaltung, d. h. Instandsetzung nach Störung bzw. Ausfall

Vorteil:

Nachteil:

2. Vorbeugende Instandhaltung mit festen Wartungsintervallen

Vorteil:

Nachteil:

3. Zustandsorientierte Instandhaltung

Vorteil:

Übersichtsdarstellung Lötanlage

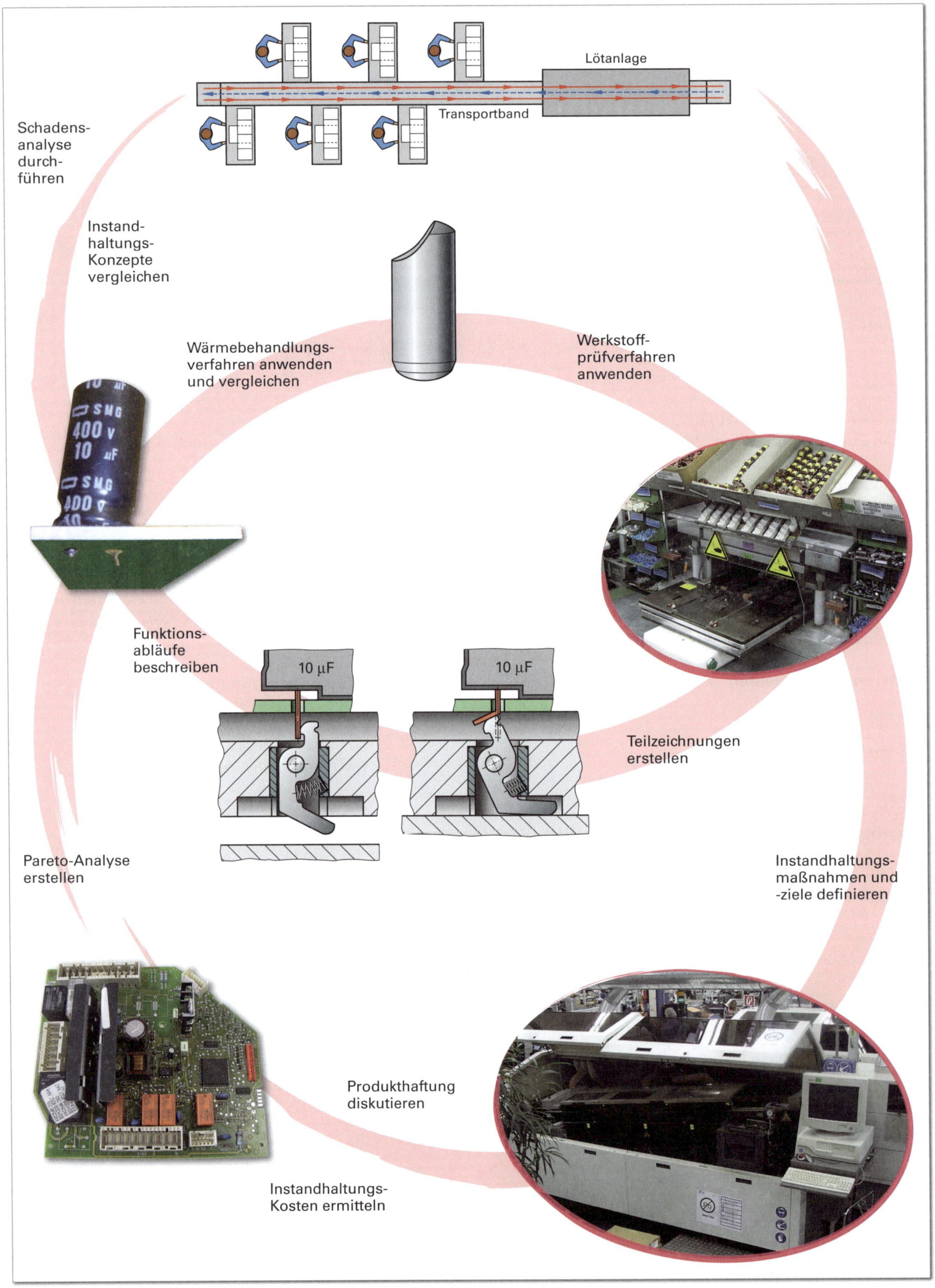

Beschreibung der Lernsituation

Ziel des Projektes ist die Planung und Durchführung von Instandhaltungsmaßnahmen zur Verbesserung der Verfügbarkeit und Zuverlässigkeit an einer Fertigungseinrichtung in der Elektronik-Serienproduktion. Im Rahmen einer Schadensanalyse soll die Funktion einer Biegevorrichtung untersucht und optimiert werden. Mit Hilfe der Biegevorrichtung werden die Anschlussbeinchen von elektronischen Bauteilen bei der manuellen Bestückung von Flachbaugruppen in eine definierte Form gebogen.

Äußerer Aufbau und Funktionsdarstellung Lötanlage

Produktionsanlage für das Bestücken und Löten elektronischer Baugruppen

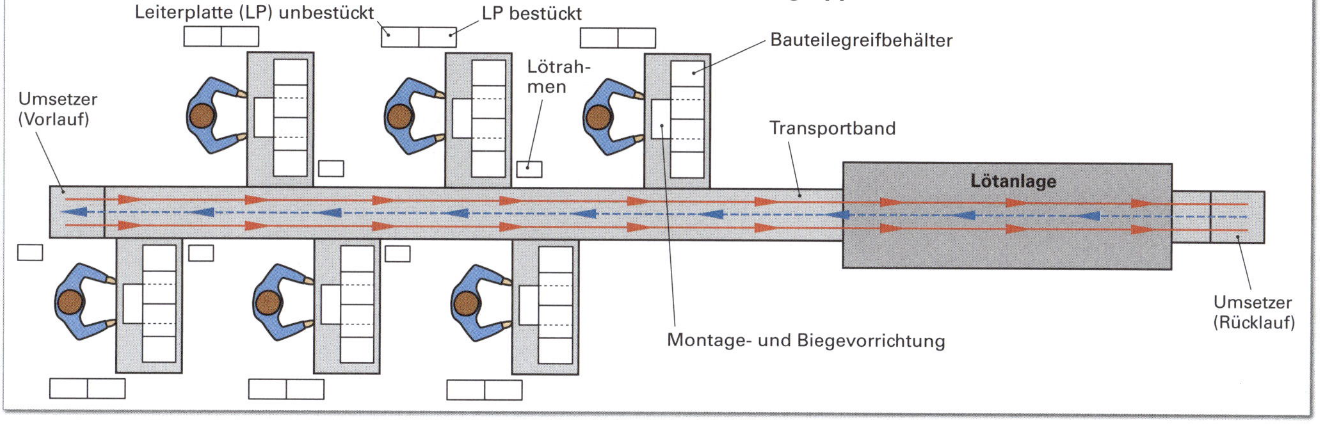

3D-Darstellung Biegestift

Biegestift zur Bauteilausformung

Explosionsdarstellung Biegeeinsatz

Biegeeinsatz zur Bauteilausformung

Pos. 1	Hülse
Pos. 2	Biegehebel
Pos. 3	Druckfeder
Pos. 4	Zylinderstift

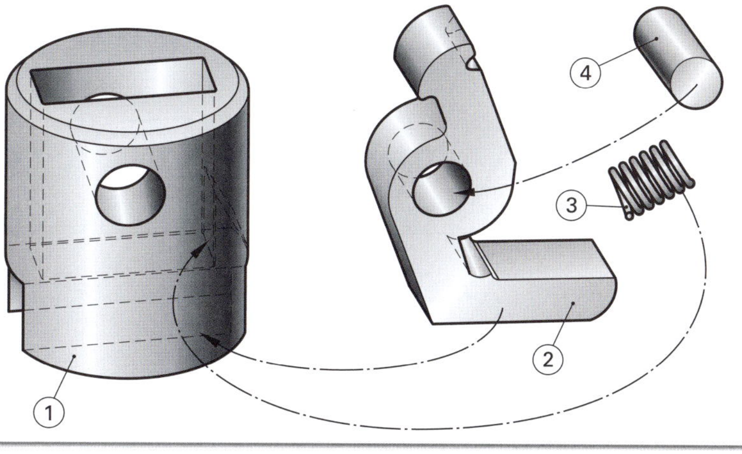

Lötanlage

Betrachtet wird im folgenden das technische System „Manuelle Bestückung und Maschinenlöten von elektronischen Bauteilen" bei der Produktion von elektronischen Steuerungen.

Elektronische Steuerungen und Systeme werden mittlerweile in beinahe allen technischen Bereichen eingesetzt und ersetzen mechanische und elektromechanische Baugruppen und Systeme.

In großen Hausgeräten, wie Waschmaschinen, Spülmaschinen und Wäschetrocknern übernehmen elektronische Steuerungen alle Funktionen zur Steuerung und Regelung von Verbrauchern, wie Antriebsmotor, Heizung, Ventile, Pumpen usw.

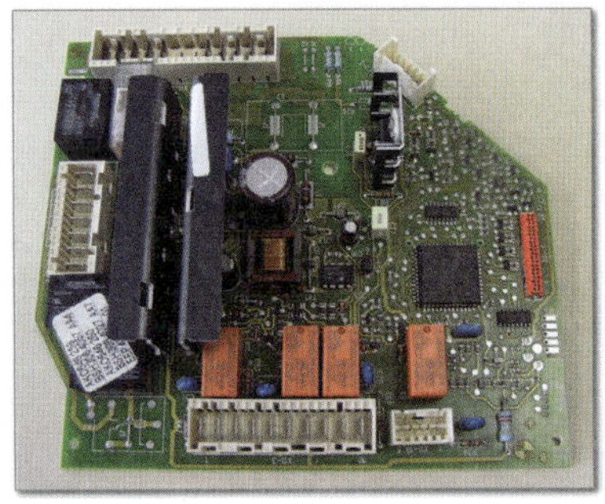

Aufgaben

Mit Hilfe von mechanischen Biegevorrichtungen **(Bild 1)** werden die manuell zu bestückenden Bauteile auf der Leiterplatte **(Bild 2)** vorfixiert. Dabei werden die Bauteilanschlüsse während des Bestückens durch einen Biegevorgang ausgeformt.

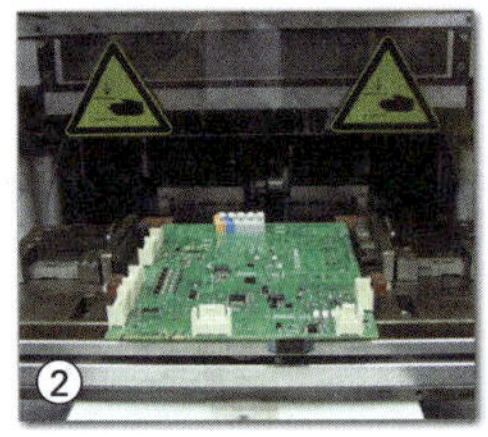

Anschließend werden die bestückten Leiterplatten auf einer Wellenlötanlage **(Bild 3 und 4)** unter Stickstoffatmosphäre maschinell gelötet.

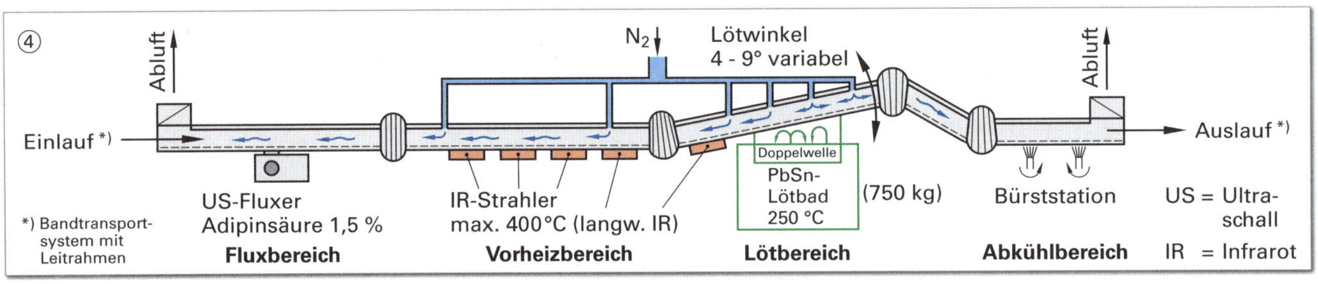

7 a) Welche Lötverfahren kommen dabei zur Anwendung? Streichen Sie die nichtzutreffenden Verfahren.

Hartlöten | Weichlöten | Hochtemperaturlöten
Kolbenlöten | Flammlöten | Lotbadlöten

b) Erstellen Sie einen Verfahrensvergleich Weichlöten – Hartlöten in Tabellenform.

Merkmal	Weichlöten	Hartlöten
Arbeitstemperatur		
Flussmittel erforderlich		
Löt-Atmosphäre		
Belastbarkeit der Lötverbindung		
Lot-Arten		
Verwendung		

Lernsituation Produktionssystem für elektronische Steuerungen

Im Bild unten sind die erforderlichen Arbeitsschritte bei der Handbestückung und Maschinenlötung von elektronischen Steuerungen schematisch dargestellt.

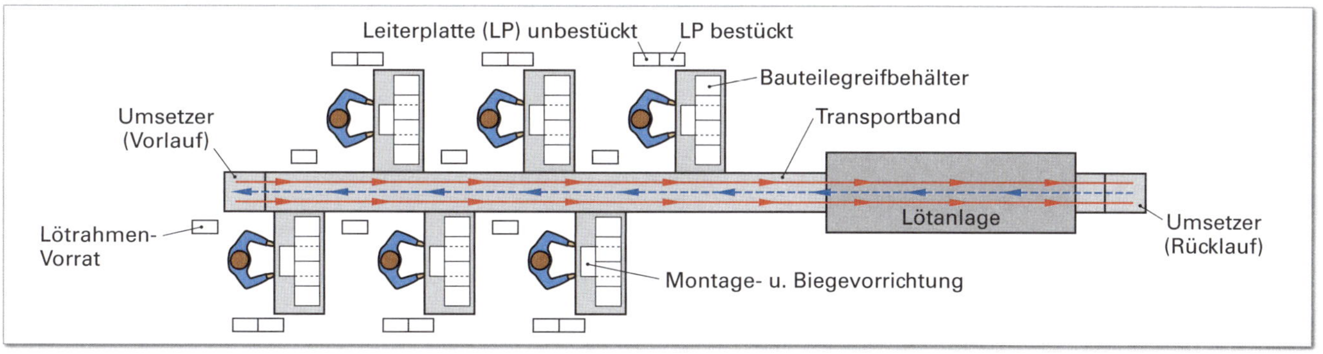

8 Nachfolgend sind die Arbeitsschritte beschrieben.

Welche Arbeitsschritte sind maschinen (M) – und welche personenrelevant (P)?
Die dritte Spalte enthält Schätzwerte für die personenrelevanten Fertigungszeiten in Sekunden bzw. Minuten für nachfolgende Berechnungen.

Arbeitsschritt	**P/M**	t_e
Entnahme der Leiterplatte (LP) aus Transportbehältnis und Einlegen der LP in die Bestück- und Biegevorrichtung.		10 sec; 0,16 min
Elektronische Bauteile aus Greifbehältnissen aufnehmen und bestücken (Fügen) per Hand in entsprechende LP-Bohrungen. (Die Bauteilanschlüsse werden beim Fügevorgang über die Kurvenflächen der Biegestifte gedrückt und damit ausgeformt.)		8 sec; 0,13 min
Entnehmen der bestückten LP und einsetzen in Lötrahmen, der über ein Transportband zur Lötanlage transportiert wird.		10 sec; 0,16 min
Maschinelle Lotbad-Lötung der bestückten LP mit Aufheiz - und Abkühlphase.		–
Automatischer Rücktransport der gelöteten Flachbaugruppe zum Bestückplatz über das Transportband.		–
Manuelle optische Prüfung der Lötstellen und Ablegen der bestückten LP in das Transportbehältnis.		12 sec; 0,2 min

9 Für die Erstellung des Arbeitsplanes müssen die Arbeitsvorgänge bezeitet werden.

Die Leiterplatte muss mit 15 elektronischen Bauteilen manuell bestückt werden. Berechnen Sie die Ausführungszeit t_a für den Vorgang Handbestückung von 1000 Stück (t_e1000) mit den Handhabungszeiten aus Aufgabe 8.

Die Dauer des Fügevorgangs bei beidhändigem Bestücken ist für alle Bauteile gleich. Daraus ergeben sich acht Fügevorgänge zum Bestücken der 15 Bauteile.
Der Erholungszuschlag ist 8 %, der Verteilzeitprozentsatz 5 %.

Grundzeit t_g:

Erholungszeit t_{er}:

Verteilzeit t_v:

Zeit je Einheit t_e:

Ausführungszeit für 1000 Stück t_{a1000}:

10 a) Die Förderstrecke des Transportbandes einschließlich des Durchlaufes durch die Lötanlage ist 20 m lang. Die Bandgeschwindigkeit beträgt 4 m/min.

Der Abstand der Lötrahmen auf dem Band muss mindestens 1 m betragen. Die Lötrahmenlänge beträgt 0,4 m. Wie groß ist die maximale Ausbringung der Lötanlage in min/Lötrahmen und in Lötrahmen/Std?

b) Wie viele Bestückplätze dürfen maximal an der Lötanlage installiert werden, um ein Aufstauen der Lötrahmen zu vermeiden? Die Ausführungszeit t_e1000 beträgt 30 Stunden. Durchschnittlich wird mit einem Leistungsgrad von 120 % an diesem Bestückplatz gearbeitet.

Um einen Stau der Lötrahmen auf der Lötanlage zu vermeiden, darf maximal alle 0,35 min ein Lötrahmen mit bestückter Leiterplatte (LP) auf das Transportband aufgesetzt werden.

10 c) Die Bandgeschwindigkeit muss beibehalten werden, um die Prozesssicherheit beim Lotbadlöten zu gewährleisten. Wie kann die Ausbringung an der Lötanlage dennoch gesteigert werden?

10 d) Welche technische Voraussetzung in der Lötanlage ist dazu notwendig?

11 Welche Jahreskapazität ist auf der Lötanlage für diese Leiterplatte maximal verfügbar bei 1- bzw. 2-schichtigem Betrieb und 220 Arbeitstagen pro Jahr?

Im 1-Schicht-Betrieb werden 7 im 2-Schicht-Betrieb 14 Stunden pro Tag gearbeitet. Die maximale Anlagen-Ausbringung beträgt 0,35 Minuten pro Stück.

12 Wir betrachten die Station Fügen näher, d.h. den Arbeitsschritt der manuellen Bestückung von bedrahteten elektronischen Bauteilen in die Leiterplatte und das Ausformen der Bauteilanschlüsse mit Hilfe eines Biegestiftes.

Der Biegestift ist in die Biegevorrichtung integriert. Über seine Kurvenfläche wird beim Bestückvorgang der Anschlussdraht des Bauteiles in eine definierte Form gebracht.

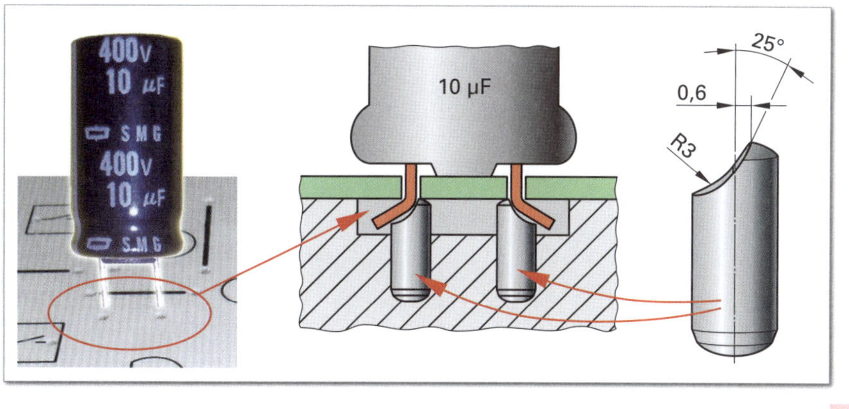

Erstellen Sie mit Hilfe der 3D-Darstellung und der vorgegebenen Vorderansicht die Seitenansicht von links und die Draufsicht. Die Kurvenfläche wird poliert. Die Schräge am Kopf des Zylinderstiftes DIN EN ISO 2338 4m6×10 ist unter 25°±10' zur Senkrechten geneigt. Die Teilzeichnung ist im Maßstab 10:1 anzufertigen.

M 10:1

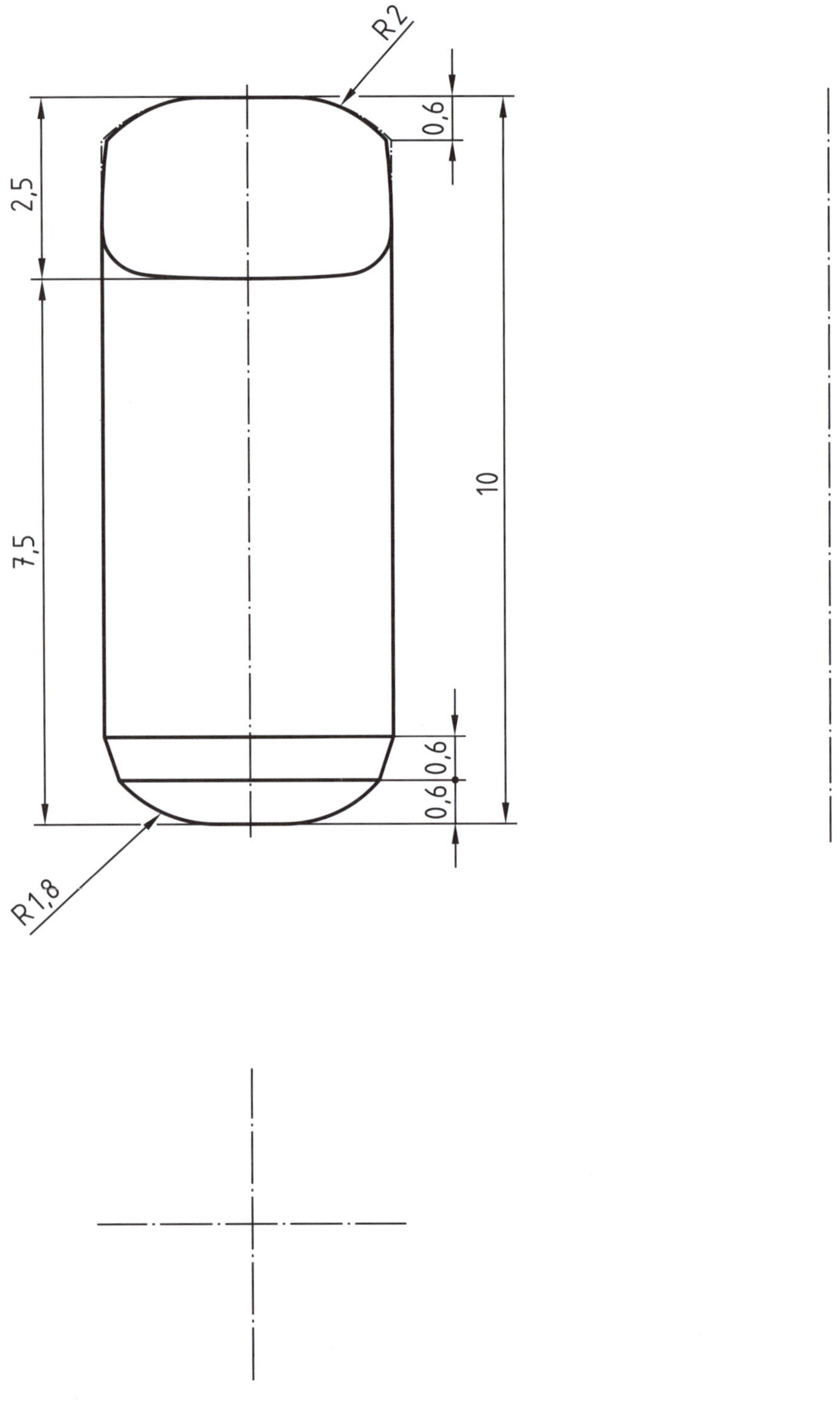

13 Wozu ist die Ausformung der Bauteilanschlüsse in der Leiterplatte erforderlich?

Trotz konsequenter Einhaltung des Wartungsplanes der Lötanlage und der Biegevorrichtung tritt immer wieder ein ähnliches Fehlerbild auf:

Bei der manuellen optischen Prüfung der Lötstellen der elektronischen Steuerung wird erkannt, dass Bauteilanschlüsse nicht korrekt durch die Leiterplattenbohrungen hindurchgeführt sind.

Die Ausformung der Anschlüsse ist fehlerhaft. Der Lötkegel ist nicht wie vorgegeben ausgebildet. Die Lötung ist nicht korrekt.

Beispiel: Schadhafte Lötstelle, deren vorgesehene Funktion beeinträchtigt bzw. eine Beeinträchtigung zu erwarten ist.

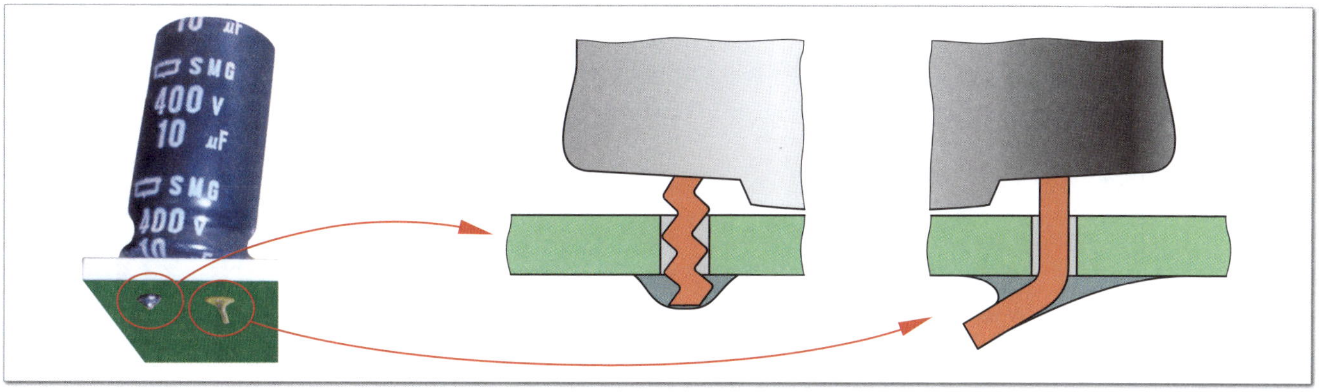

14 Aufgrund des gehäuften Auftretens von schadhaften Lötungen wird eine Schadensanalyse durchgeführt.
Was verstehen Sie unter einer Schadensanalyse?

Ablauf zur Durchführung einer Schadensanalyse

Vorgang	Vorgangsbeschreibung	Ergebnis
Aufnahme des Schadensbildes	äußerer Zustand des schadhaften Bauteils: Veränderungen am Bauteil, Verfärbungen, Bruchbild	Schadensbild
Beurteilen und Klassifizieren des Schadens	Art der Überbelastung: Mechanische Belastung, thermische Belastung, chemisch/korrosive Belastung, tribologische Belastung, Kombinationen von Belastungen	Schadensart
Ermittlung der Schadensursache	Summe der schadensauslösenden Einflüsse	Schadensursache
Ermittlung der primären Schadensursache	auslösende Fehlerart: mechanische Beeinträchtigung, Korrosion, thermische Schädigung, tribologische Schädigung	Primäre Schadensursache
Instandhaltungsmaßnahmen	Maßnahmen zur Vermeidung von Wiederholungen des Schadens	Maßnahmen zur Vermeidung des Schadens

15 Erstellen Sie eine Schadensanalyse am Beispiel der schadhaften Lötstelle am Kondensator-Anschluss mithilfe der nachfolgenden Abbildungen.

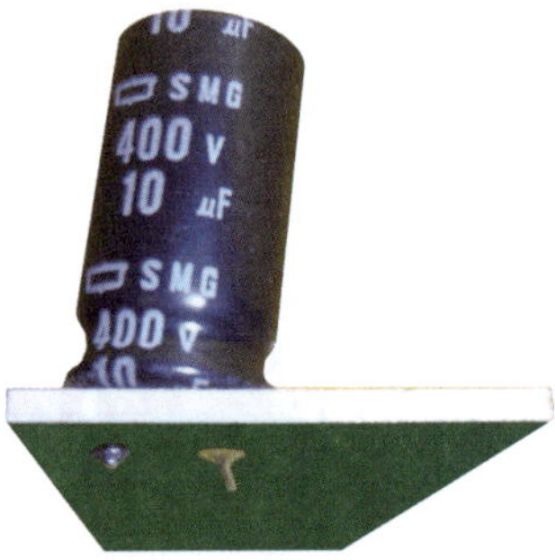		
Fehlerhafte Lötstelle wegen fehlerhafter Ausformung der Bauteilanschlüsse	Mechanische Beeinträchtigung als Folgeschaden	Riefenbildung an der Kurvenfläche des Biegestiftes = mechanische Schädigung

Vorgang	Vorgangsbeschreibung	Ergebnis

Instandhaltungsmaßnahme Verbesserung: Eine alternative konstruktive Lösung stellt der nachfolgende Biegeeinsatz dar, welcher die Funktion des Biegestiftes übernimmt.

Über die Betätigung eines Biegehebels wird der Bauteileanschluss geformt. Ein mechanischer Verschleiß am Biegehebel kann ausgeschlossen werden.

Die Fehlerquelle bzw. primäre Schadensursache – Biegestift mit Riefen an der Kurvenfläche – wird damit ausgeschaltet.

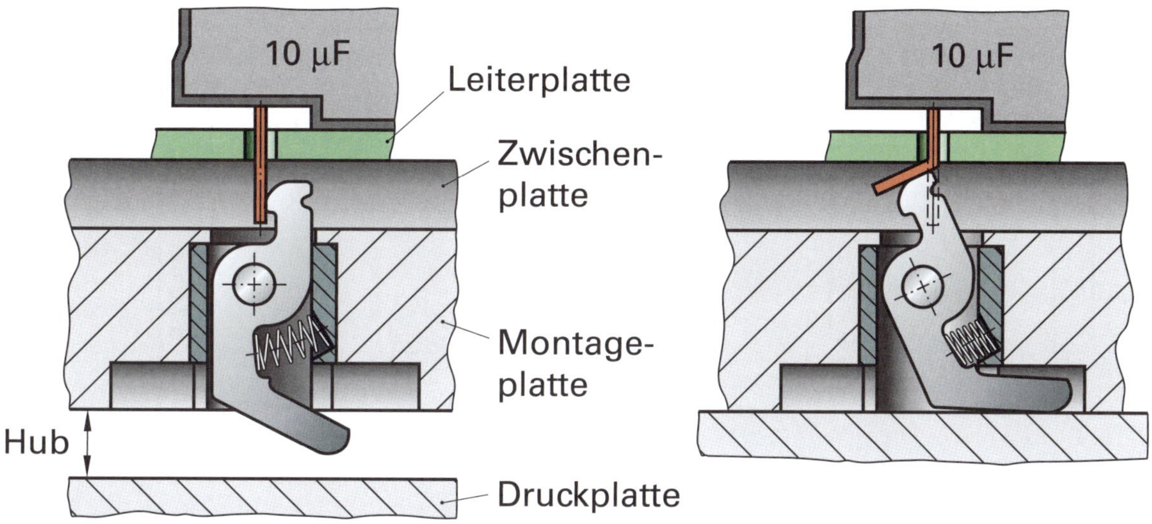

Biegeeinsatz „unbetätigt"

Biegeeinsatz „betätigt"

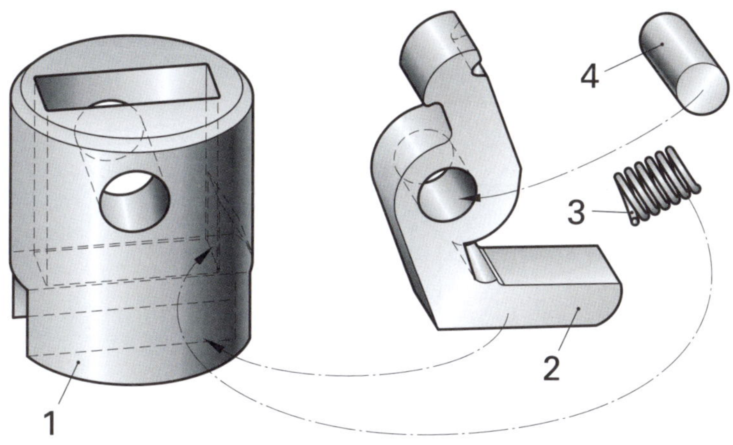

Biegeeinsatz	
Pos. 1	Hülse
Pos. 2	Biegehebel
Pos. 3	Druckfeder
Pos. 4	Zylinderstift

16 Beschreiben Sie den Ablauf der Einzelschritte beim Bestücken (Montage- und Biegevorgang) mit Hilfe des oben dargestellten Biegeeinsatzes.

17 a) Vervollständigen Sie die Teilzeichnung der Hülse des Biegeeinsatzes (Pos. 1) im Maßstab 5:1.
Folgende Form- und Lagetoleranzen sind zu ergänzen:

- Die Bohrung steht mit einer Toleranz t = 0,03 mm rechtwinklig zur Bezugsfläche A.
- Die Mittelebene der Nut und die Außenkontur der Hülse sind mit einer Toleranz t = 0,1 mm symmetrisch zur Mittelebene der Bezugsfläche A.

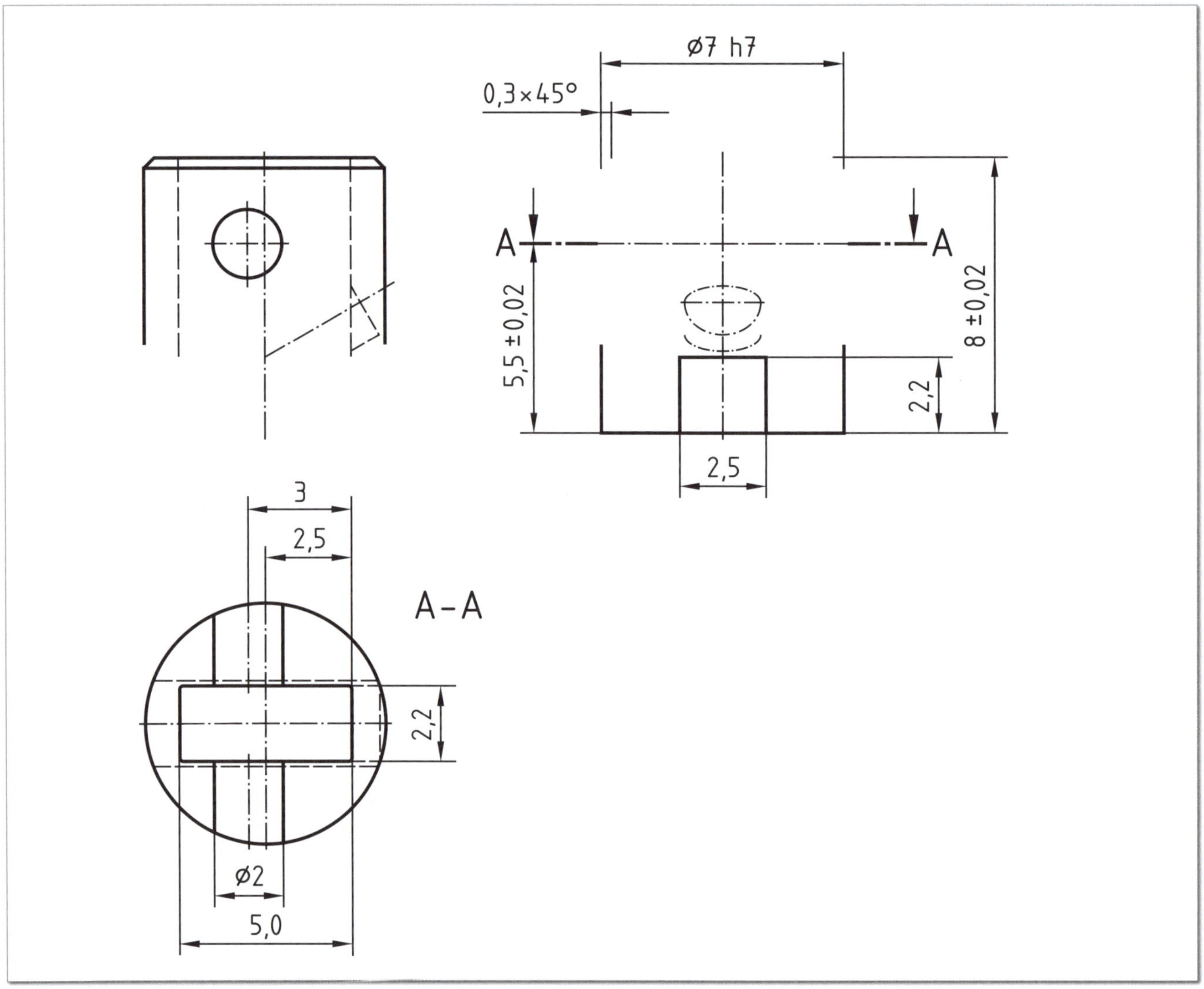

b) Schreiben Sie einen Fertigungsplan nach den Fertigungsmöglichkeiten, die Ihnen zur Verfügung stehen. Erstellen Sie sich am PC ein Formular zum Eintragen.
Vorlage:

Fertigungsplan		
Bauteil:	Baugruppe:	
Nr.	Fertigungsschritt	Werkzeug, Hilfsmittel, Verfahren

18 Die Instandhaltung von technischen Systemen hat einen wesentlichen Einfluss auf die Streuung von Merkmalswerten von Maschinen und Anlagen und von Fertigungsverfahren und damit letztlich auf die Qualität der Produktion und der Produkte.

a) Wie hängen die Qualitätsanforderungen mit den Kundenanforderungen zusammen?

b) Welche Qualitätsanforderungen können unterschieden werden?

19 Im Rahmen der Qualitätssicherung wird durch Qualitätsprüfungen in den Prozessschritten festgestellt, inwieweit die Qualitätsanforderungen erfüllt sind.

Dabei werden die festgelegten Qualitätsmerkmale geprüft, um gegebenenfalls Fehler frühestmöglich festzustellen.

Ein wesentliches Werkzeug der Qualitätssicherung ist dabei die Pareto-Analyse. Nennen Sie mindestens 4 weitere Werkzeuge der Qualitätssicherung:

Der italienische Wirtschaftswissenschaftler Vilfredo Pareto (1848 – 1923) hat beobachtet, dass die meisten Folgen von Problemen oft auf nur wenige Ursachen zurückzuführen sind. Daraus abgeleitet hat er die 80/20-Regel, die besagt, dass 20 % der Ursachen oft 80 % der Probleme erzeugen.

Das Pareto-Diagramm ist eine bildliche Darstellung, mit der man aus einer Vielzahl von Einflussgrößen diejenigen herausfindet, die unter einem bestimmten Gesichtspunkt die bedeutendsten sind. Somit erhält man eine Entscheidungshilfe, in welcher Reihenfolge Ursachen von Problemen bekämpft werden sollen.

Vorgehensweise:

① Alle Fehlerarten zusammentragen, z. B. mittels Brainstorming, Erfahrung.

② Das Merkmal festlegen, welches beim vorliegenden Problem über die Rangfolge bzw. Gewichtung der Fehlerarten zu entscheiden hat, z. B. Kosten, erforderliche Nacharbeit, relative Häufigkeit.

③ Für jede Fehlerart wird der Anteil an der Gesamtwirkung und der Prozentanteil errechnet.

④ Die Reihenfolge nach fallendem Wirkungsanteil wird ermittelt.

⑤ Für jede Fehlerart wird entsprechend der Reihenfolge die Wirkung aufaddiert.

⑥ Die Wirkungssummen werden in dieser Reihenfolge graphisch dargestellt.

20 Pareto-Analyse: Ein Fahrradgeschäft bezieht regelmäßig „vormontierte Räder", die angeblich nur noch ausgepackt werden müssen. Da die zusätzlichen Arbeiten bei der Montage mit erheblichen zusätzlichen Kosten verbunden sind, wurden bei einem namhaften Hersteller und Zulieferer die Mängel aufgelistet. Es ergab sich ein für deutsche Produktionsstätten beschämendes Bild.

Fehler an vormontierten Rädern im Untersuchungszeitraum (Anzahl der Räder: 87) und Zeit für zusätzliche Arbeiten.

Fehler	Anzahl	Zeit in h
Licht brennt nicht	35	0,5
Speichen locker	9	0,3
Reifen sitzt nicht richtig	7	0,3
Keine Felgenbänder eingelegt (Schlauch nach Aufpumpen platt)	31	0,8
Gabelschaftrohr zu kurz (kein Kontern der Steuersatzmutter möglich)	3	3
Schrauben schief eingeschraubt	3	0,3
Bremszüge zu kurz abgelängt (Lenker lässt sich nicht vollst. Einschlagen)	10	0,6
Knacken im Tretlager (Schalen sind ungefettet eingeschraubt)	49	1
Federung verliert Öl	20	0,6
Lackschäden, Äußerlichkeiten	2	0,5

a) Erstellen Sie eine Darstellung im Pareto-Diagramm.

Bearbeiten Sie die Aufgabe nach der auf Seite 93 beschriebenen Vorgehensweise mit den Punkten ① bis ⑥.

Aufstellung der Fehlerart:

Fehlerart (Ist-Aufnahme, Erfahrung) ①	Anzahl der Defekte	Nacharbeitszeit in h (= Merkmal) ②	Nacharbeitszeit Insgesamt (h) ②

Berechnung der Fehleranteile an der Gesamtwirkung und der Sortierung nach der Fehlerreihenfolge.

Nr. ④	Fehlerart ④	absolut [Std] ③	prozentual [%] ③	kumuliert [%] ⑤

Übertragen Sie die prozentualen Werte ③ und die kumulierten Werte ⑤ in die grafische Darstellung des Pareto-Diagramms: ⑥

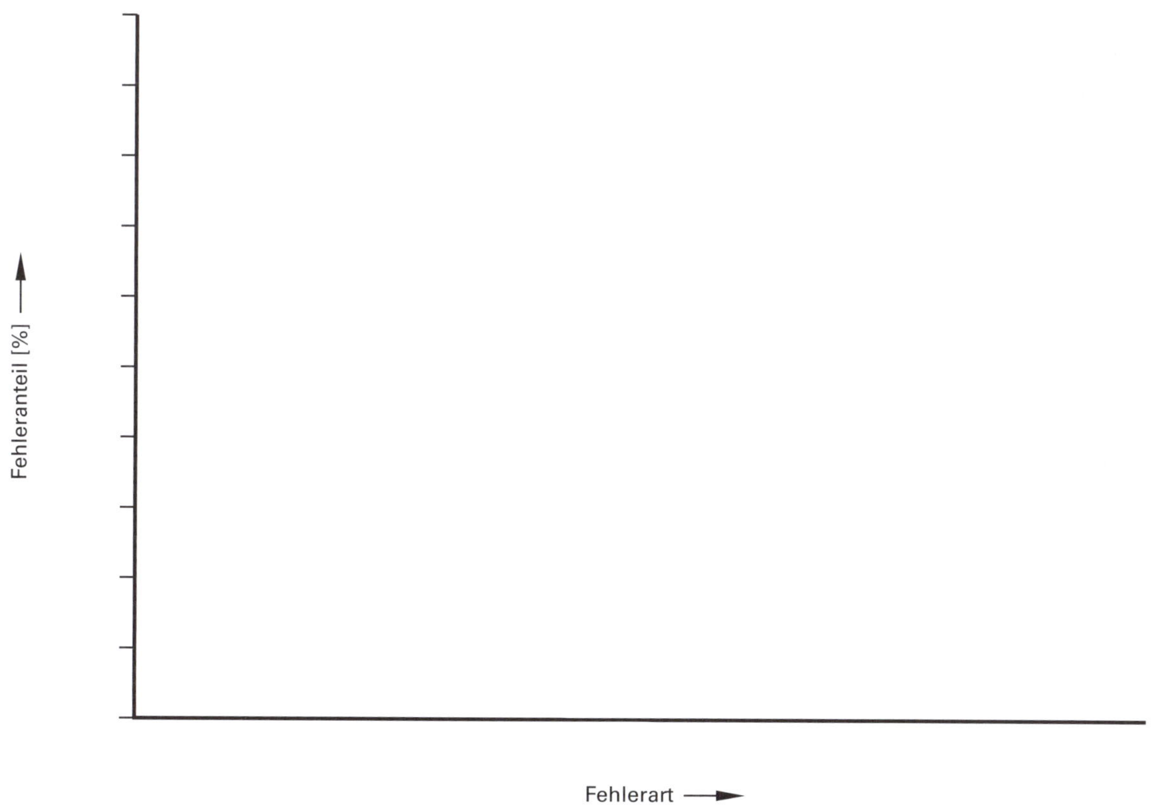

prozentualer Fehleranteil: ×

prozentualer Fehleranteil kumuliert: ☐

20 b) Welche Mängel muss der Hersteller nach der 80/20-Regel als erstes abstellen, um schnell die zusätzlichen Arbeiten wesentlich zu reduzieren?

21 Ein wesentliches Ziel der Instandhaltung ist die Minimierung der Instandhaltungskosten. Die Erreichung dieses Zieles muss durch ein geeignetes Instandhaltungskonzept sichergestellt werden.

Es können direkte und indirekte Instandhaltungskosten unterschieden werden:

Direkte Instandhaltungskosten sind Kosten, die für die Erhaltung von Betriebsmitteln in einsatzfähigem Zustand erforderlich sind.

Indirekte Kosten der Instandhaltung sind Kosten, die im Schadensfall als Kosten der Betriebsunterbrechung und als sonstige Schadensfolgekosten entstehen.

Nennen Sie Beispiele für direkte und indirekte Kosten der Instandhaltung:

Direkte Instandhaltungskosten:

Wartungskosten	
Inspektionskosten	
Instandsetzungskosten	
Allgemein	

Indirekte Instandhaltungskosten:

Kosten der Betriebsunterbrechung, Stillstandskosten	
Sonstige Schadensfolgekosten	

22 Aufgrund eines Defektes an einer Maschinenlötanlage kommt die Elektronikproduktion eines Steuerungsherstellers zum Stillstand. Das erforderliche Ersatzteil, ein Antriebsmotor für das Leiterplatten-Transportband, ist erst nach 24 Stunden verfügbar und ausgetauscht.

Dadurch kommt die Produktion des Kunden, eines Herstellers von Geschirrspülern, ebenfalls zum ungeplanten Stillstand:

Die Mitarbeiter einer Fertigungslinie des Spülmaschinenwerkes müssen in einer Schicht wegen fehlender Einsatzmöglichkeit wieder nach Hause geschickt werden. Die Personalkosten pro Werker betragen 48 EUR pro Stunde bei 7 Stunden pro Schicht. An der Fertigungslinie sind 70 Mitarbeiter im Einsatz.

a) Mit welchen Schadensfolgekosten wird dieser Kunde den Elektronikproduzenten mindestens belasten?

b) Welche weiteren Schadensfolgekosten und Kosten der Betriebsunterbrechung können bei dem Elektronikproduzenten anfallen?

c) Wie sollte eine Maßnahme zur Vermeidung ähnlicher Schadensfälle festgelegt werden, falls mithilfe vorbeugender Instandhaltungsmaßnahmen keine sichere Abhilfe geschaffen werden kann?

Häufig werden Instandhaltungsarbeiten durch externe Dienstleister ausgeführt. Diese Arbeiten können zu vorab vereinbarten Fixtarifen abgerechnet werden (monatliche oder jährliche fixe Instandhaltungsgebühr) oder individuell angeboten und beauftragt werden.

Bei Instandhaltungsaufträgen im Rahmen einer Fremdleistung sind Kostenvoranschläge wie rechtsverbindliche Angebote zu sehen.

23 Welche Informationen muss ein Kostenvoranschlag für einen Instandhaltungsauftrag beinhalten?

24 Fehlerhafte Produkte, auch aufgrund mangelhafter Instandhaltung von Maschinen und Anlagen, können für den Hersteller neben massiven wirtschaftlichen Auswirkungen und dem Imageschaden auch gravierende rechtliche Folgen nach sich ziehen.

Im Rahmen der Produkthaftung muss ein Hersteller nachweisen können, dass er die 7 Herstellerpflichten erfüllt hat. Hersteller kann dabei der Produzent, der EU-Importeur und/oder der Händler sein.

Fall: Autobastler schwer verletzt

Am 12. Mai erlitt ein 38 jähriger Mann aus S. bei dem Austausch eines Auspuffs eine schwere, offene Gesichtsschädelfraktur mit schweren kosmetischen Folgen und dem Verlust des rechten Augenlichts. Er hatte seinen Pkw auf zwei Stützböcke gestellt, die er per Katalog bei einer Versandfirma bezogen hatte. Beim Ausbau des verrosteten Auspuffs musste er viel Kraft anwenden, die Stützböcke sanken seitlich im unbefestigten Erdboden ein und der Pkw rutschte herunter. Dabei traf das Getriebe den Mann ins Gesicht. Nur durch schnelle Hilfe konnte dem Mann das Leben gerettet werden. Seit dem Unfall ist er arbeitsunfähig.

Urteil Im Namen des Volkes:

Der Geschäftsführer der Fa. XY-Konstruktionen – **W. S.**, und der Geschäftsleiter der Handelsgesellschaft HG GmbH – **R. M.**, werden zu gleichen Teilen zu einer Ersatzleistung von Folgeschäden an dem Pkw des Holger F. in Höhe von 4800 EUR, zur Übernahme der Kosten für die Wiederherstellung der Gesundheit des Geschädigten, sowie zur Zahlung einer Rente in der Höhe von 80 % des bisherigen Nettoeinkommens des Geschädigten und zu Schmerzensgeld in Höhe von 120 000 EUR verurteilt.

Nachfolgend sind die 7 Herstellerpflichten aufgelistet. Beschriften Sie die Pfeile zu den Definitionen mit der jeweiligen Nummer der Herstellerpflicht.

Ein Produkt muss ordnungsgemäß, sach- und zweckgerecht konzipiert werden, um Schadensursachen bereits auf planerischer Ebene zu vermeiden.

Der Hersteller muss eine Betriebsstruktur organisieren, die eine ordnungsgemäße Betriebsführung ermöglicht.

Produkte müssen fehlerfrei gefertigt und auf ihre fehlerfreie Beschaffenheit überprüft werden.

Der Hersteller muss seine Mitarbeiter so qualifizieren, anleiten und überwachen, dass eine ordnungsgemäße Verrichtung erfolgen kann. Ansonsten haftet er für seine Mitarbeiter.

7 Herstellerpflichten

1. Konstr. & Planungspflichten
2. Fertigungspflichten
3. Zulieferungspflichten
4. Instruktionspflichten
5. Prod. & Beobachtungspflichten
6. Betriebs-Organisationspflicht
7. Haftung für Betr. Angehörige

Der Hersteller darf nur solche Zulieferteile weiterverarbeiten, von deren ordnungsgemäßer Beschaffenheit er sich überzeugt hat.

Er muss Sicherheits- und Warnhinweise in geeigneter Weise am Produkt bzw. in der Bedienungsanleitung anbringen, um vor möglichen Gefahren des Produktes zu warnen, die für den Benutzer nicht ersichtlich sind.

Auch nach dem in Verkehr bringen der Produkte muss der Hersteller beobachten, wie sich seine Produkte im Einsatz verhalten. Er muss einschreiten, wenn er erkennt, dass von seinem Produkt eine Gefahr ausgehen könnte.

Haftungsausschluss, und damit ein Ausbleiben rechtlicher Folgen, ist nur möglich in den folgenden Fällen:

Haftungsausschluss möglich:

1. Das Produkt wurde nicht in den Verkehr gebracht.
2. Der Fehler ist später entstanden.
3. Das Produkt war nicht zum Verkauf bestimmt.
4. Das Produkt war z. Zt. des Inverkehrbringens rechtsvorschriftengemäß.
5. Wenn der Fehler z. Zt. der Herstellung nach dem Stand von Technik und Wissen nicht erkannt werden konnte.

Versuche und Übungen

Härteprüfung nach Rockwell HRC

Das Werkzeug, welches für die Biegung der Drähte verantwortlich ist, funktionierte am Anfang der Serie fehlerfrei. Nach einer gewissen Zeit (ca. 1000 Hüben) begannen sich die Drähte nicht mehr sauber zu Biegen. Die Drähte stauchten sich und die Bauteile hielten dadurch nicht mehr auf der Platine. Bei der Fehlersuche stellte man fest, dass der Draht die Oberfläche des Stiftes beschädigte und durch die größere Reibung nicht mehr sauber gebogen wurde. Mit polieren der Oberfläche konnte man etwas mehr Teile fertigen, aber mit der Zeit tauchte der gleiche Fehler wieder auf.

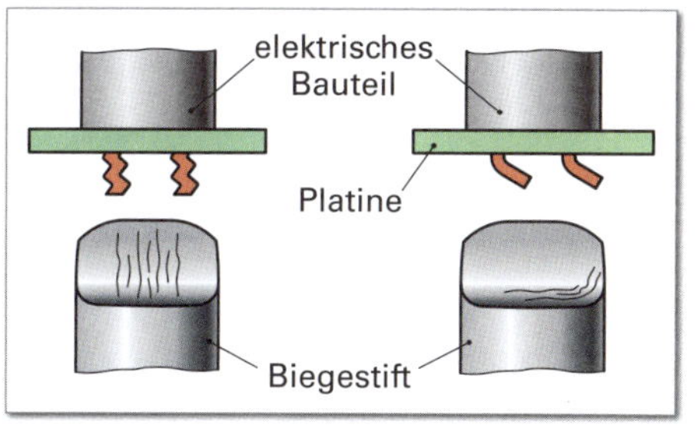

1 a) Auf Grund der neuerlichen Probleme, soll die Härte des Biegestiftes überprüft werden. Die Härtebestimmung wird mit dem Rockwell Härteprüfverfahren durchgeführt.

b) Beschreiben Sie in der Tabelle die einzelnen Arbeitsschritte der Rockwell Härteprüfung :

Werkstoff des Stiftes: ____________

HRC laut Hersteller bei 200° angelassen: ____________

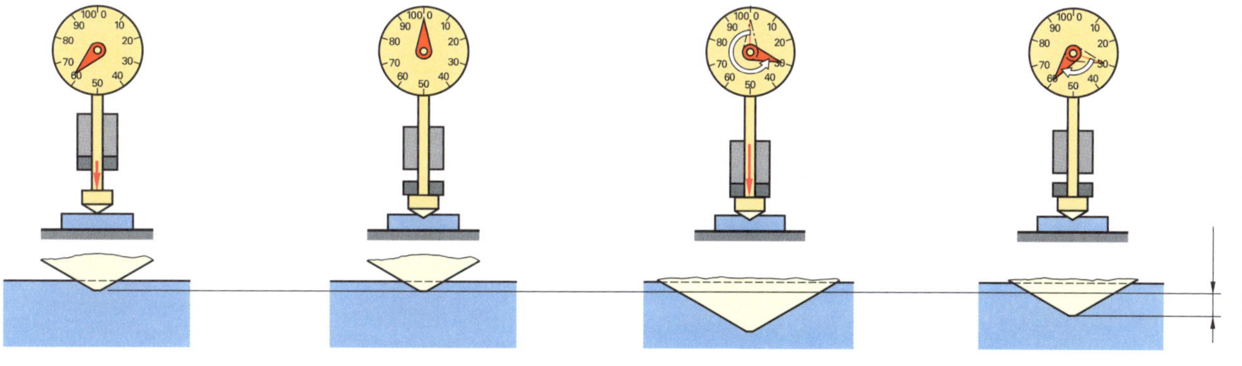

c) Welche Größe wird bei der Prüfung gemessen? (Zeichnen Sie die Messung in die Abbildung ein)

d) Wie ist die Rockwellhärte definiert?

e) In welchem Bereich sind die Angaben der Rockwellhärte zulässig?

f) Ermitteln Sie die Härte des Stiftes und vergleichen Sie diese mit den Angaben des Herstellers.

g) Welche geometrische Form hat der Eindringkörper und welchen Spitzenwinkel?

Härteprüfung nach Vickers

2 Härteangaben werden nicht nur in der Rockwellhärte sondern auch in der Vickershärte angegeben. Der Biegestift der Lötanlage soll ebenfalls mit der Vickersmethode gemessen werden.

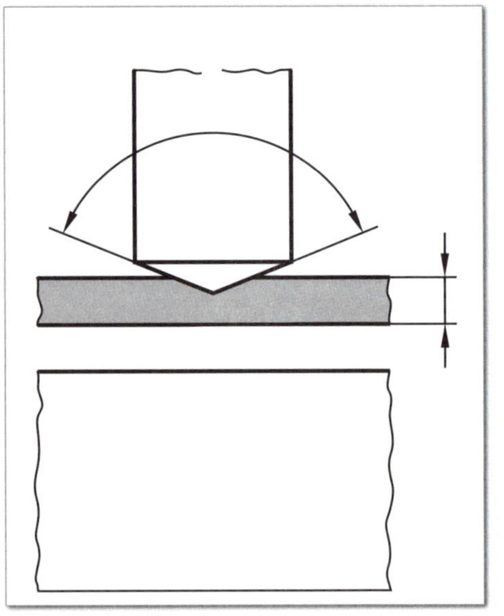

a) Beschreiben Sie die Form des Eindringkörpers, der bei der Vickers Härteprüfung eingesetzt wird:

b) Ergänzen Sie die nebenstehende Abbildung, skizzieren Sie den entstehenden Abdruck des Eindringkörpers ein.

c) Für welche Werkstoffe ist die Härteprüfung nach Vickers geeignet?

d) Eine zu raue Oberfläche würde das Ergebnis aufgrund der Unebenheiten zu stark verfälschen. Welche Oberflächengüte ist hierbei einzuhalten?

e) Welche Größe wird bei der Härteprüfung nach Vickers gemessen? (in Abbildung eintragen)

f) Welcher Wert wird aus dem Gemessenen berechnet?

g) Geben Sie die Definition der Vickershärte an:

h) Wonach richtet sich die Prüfkraft die bei der Prüfung einzustellen ist?

i) Der Biegestift, der aus dem Werkstoff C105U gefertigt wurde, soll auch mit der Härteprüfung nach Vickers auf seine Härte überprüft werden. Bestimmen Sie diese.

k) Erklären Sie dieses Ablesebeispiel:

320 HV 50/30

Härten und Anlassen

3 Der Stift wurde aus einem Werkzeugstahl gefertigt. Der Stift müsste allerdings eine wesentlich höhere Härte besitzen. Der Stahl wurde anhand des Lieferscheins und mit Restmaterial auf seine Richtigkeit hin untersucht. Ursächlich werden jetzt Fehler beim Härten vermutet bzw. sollen überprüft werden.

a) Aus welchen Arbeitschritten setzt sich das Härten zusammen?

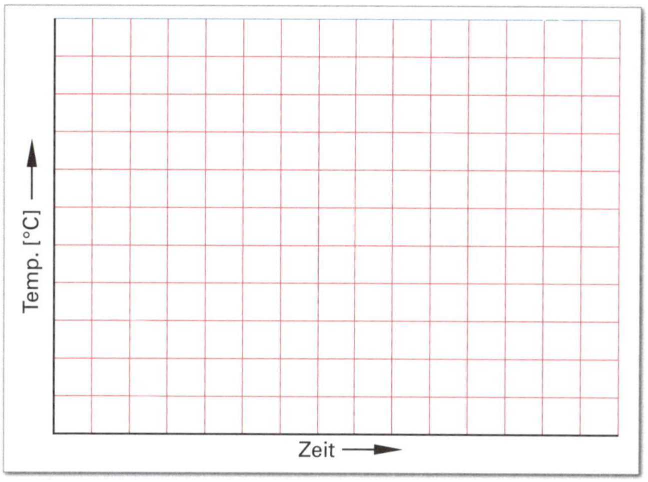

b) Zeichnen Sie den Temperaturverlauf für das Härten in das nebenstehende Diagramm ein und benennen Sie die Arbeitsschritte.

Als erstes soll der Einfluss der Härtetemperatur beim Härten auf die Härte des Stiftes untersucht werden.

c) Schlagen Sie die Härtetemperaturen und das empfohlene Abschreckmittel für den Werkstoff nach und tragen Sie diese in die Tabelle ein.

Werkstoff	Härtetemperatur	Abschreckmittel	Anlasstemperatur

d) **Versuchsbeschreibung**

Härten Sie die Proben mit den unterschiedlichen Temperaturen ohne sie anzulassen. Stellen Sie anschließend die Härte fest.

Trennen Sie die Proben an der Sollbruchstelle und beurteilen Sie das Aussehen des Gefüges an der Bruchfläche.

Proben-Nr.					
Härtetemperatur					
Härte in HRC					
Aussehen der Bruchfläche					

e) Ordnen Sie die Gefügebilder den einzelnen Proben zu:

f) Bei welcher Temperatur wurden die größte Härte und das feinste Gefüge erreicht?

4 Nach dem Härten müssen die Werkstücke angelassen werden. Die Sprödigkeit, welche nach dem Härten vorhanden ist, wird dadurch herabgesetzt. Untersuchen Sie den Einfluss der Anlasstemperatur auf die Härte des Werkstoffes.

Die Anlasstemperaturen können mitunter an den blanken Flächen durch die entstehenden Anlassfarben bestimmt werden.

a) Ordnen Sie den angelassenen Proben die entsprechenden Temperaturen zu.

b) Erwärmen Sie die einzelnen Versuchsstücke bis die jeweilige Anlassfarbe erreicht ist.

c) Bestimmen Sie anschließend jeweils die Härte der Probe und tragen Sie diese in die Tabellen ein.

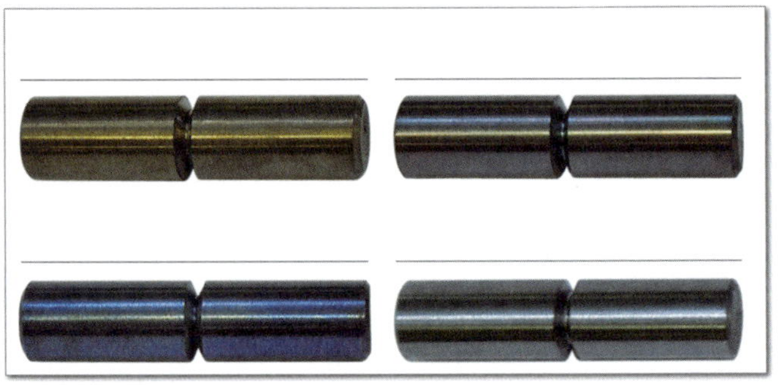

Temperatur					
Anlassfarbe					
Härte in HRC					
Härte in HRC laut Hersteller					

d) Tragen Sie die ermittelte Härte, aus dem Versuch und die Härte, die der Hersteller bei den jeweiligen Anlasstemperaturen angibt, in das Diagramm ein.

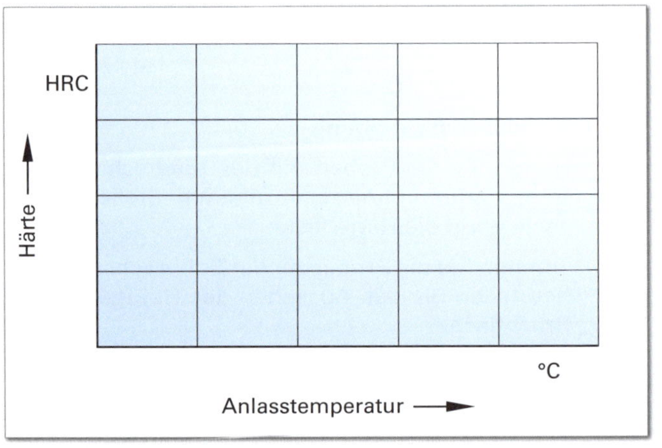

e) Wie verhält sich die Härte mit zunehmender Anlasstemperatur?

f) Welche Ursachen könnten nach Ihrer Meinung für die nicht erreichte Härte des Biegestiftes in Frage kommen?

5 Beim Nachschleifen von Werkzeugen wird die Werkzeugschneide an der Schleifscheibe stark erwärmt. Es besteht die Gefahr, dass sich die Werkzeugschneide überhitzt.

a) Ermitteln Sie an einem alten Werkzeug, wie groß ein solcher Härteverlust sein kann, wenn das Werkzeug falsch geschliffen wurde.

Härte vor der Erwärmung:	
Härte nach der Erwärmung:	
Härteverlust:	

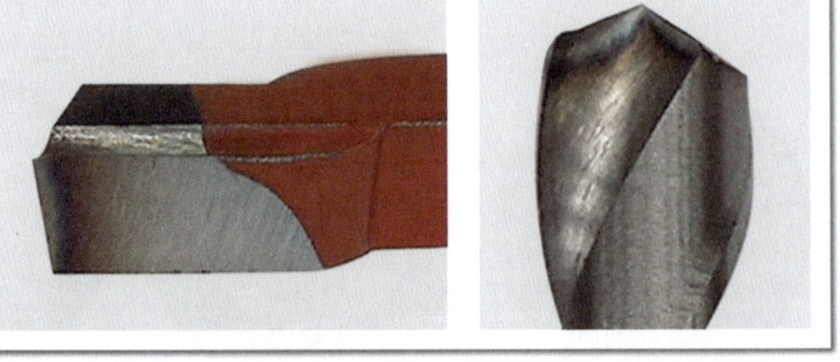

Bild: Erwärmte Werkzeuge durch Nachschleifen

b) Welche Auswirkung hat der Härteverlust auf die Standzeit des Werkzeuges?

6 Als Werkstoff für den Biegestift der Lötanlage wählte man einen Werkzeugstahl mit einem hohen C-Gehalt. Nachfolgend soll geprüft werden, ob eine höhere Härte mit einem anderen Kohlenstoffstahl erreicht werden kann.

Der Versuch soll zeigen welchen Einfluss der C-Gehalt auf die Härte eines Stahls beim Härten hat. Es stehen Proben mit verschiedenem Kohlenstoffgehalt zur Verfügung.

a) Tragen Sie in das Eisen-Kohlenstoff-Zustandsdiagramm die Temperaturlinie mit den entsprechenden Punkten ein, die für das Härten wichtig sind.

b) Legen Sie den Bereich bunt an, auf den die C-Stähle zum Härten erwärmt werden müssen.

c) Mit welchem Abschreckmittel können alle Proben abgeschreckt werden?

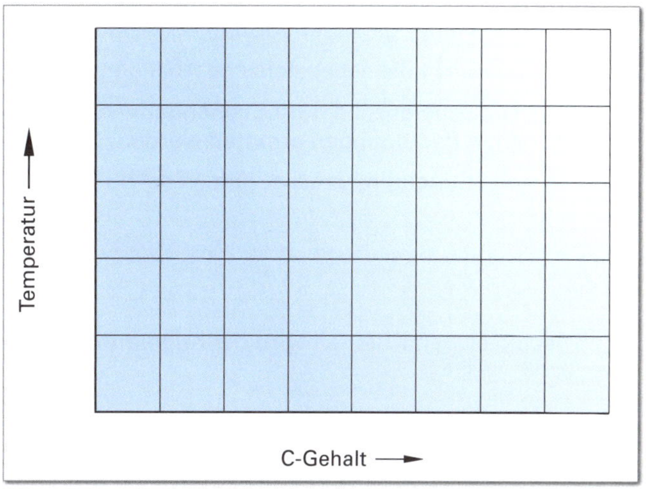

d) Tragen Sie die Proben-Nr. und den jeweiligen C-Gehalt in die Tabelle ein.

Probennr.:					
Werkstoff					
C-Gehalt					
Härtetemp. in °C					
Härte in HRC					

e) Bestimmen Sie mit Hilfe Ihres Fachbuches bzw. dem Diagramm die Härtertemperaturen für die einzelnen Stähle.

f) Härten Sie die Proben und bestimmen Sie die Härte nach Rockwell.

g) Tragen Sie die Rockwellhärte in Abhängigkeit vom C-Gehalt in das Diagramm ein.

h) Wie verhält sich die Rockwellhärte der Probe bei zunehmendem C-Gehalt?

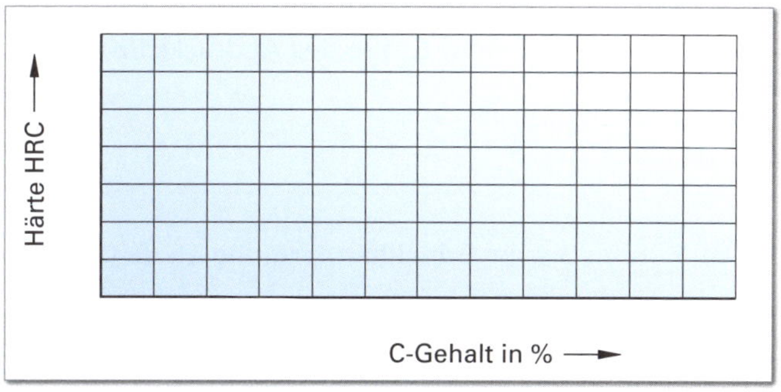

i) Welche Einteilung kann bei den C-Stählen nach dem Kohlenstoffgehalt gemacht werden?

k) Weshalb eignen sich die C-Stähle nicht für größere Werkstückabmessungen?

l) Welche Ursachen können in Frage kommen, wenn ein Werkstoff nach dem Härten nicht die geforderte Härte erreicht?

Härteprüfung nach Brinell

7 Ungehärtete Stähle, vergütete Stähle und Ne-Metalle werden häufig mit der Brinellhärte angegeben. Die Brinellhärte ist für weiche und mittelharte Metalle geeignet.

Es wird hierbei eine Kugel aus Hartmetall (Stahlkugeln sind nicht mehr erlaubt) mit einer gewissen Kraft in das Material eingedrückt.

a) Tragen Sie in die nebenstehende Abbildung die zu messende Größe ein.

Die Härtezahlen sind nur miteinander vergleichbar wenn sie unter den gleichen Bedingungen ermittelt werden. Deshalb sind diese genormt.

b) Welche Kugeldurchmesser gibt es bei der Brinellhärteprüfung?

Vorder-ansicht

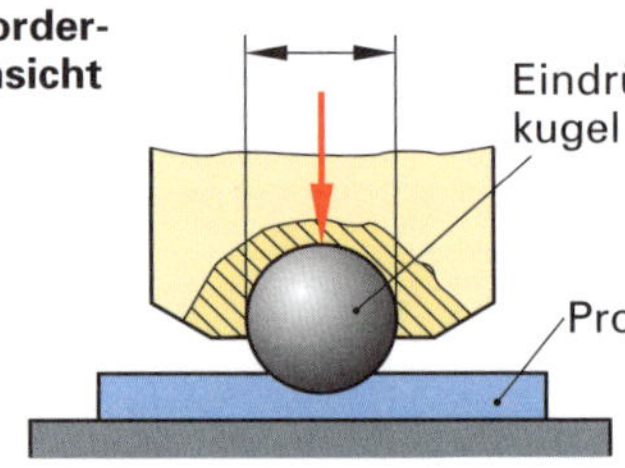

Draufsicht Probenoberfläche

c) Nach welchen Kriterien wird der Kugeldurchmesser ausgewählt?

d) Orden Sie den angegebenen Werkstoffen den dazugehörenden Belastungsgrad zu.

Prüfkraftberechnung der Brinellprüfung: $F = 9{,}81 \times \textbf{Belastungsgrad} \times D^2$

St; GG; GS	Al-Leg, CuZn-Leg.; CuSn-Leg.	Zn; weiche Cu-Leg.	weiche Alu-Leg.	Pb; Sn

e) Wie verhält sich der Belastungsgrad zur Härte des zu prüfenden Werkstoffs?

f) Worauf ist bei der Größe des Abdrucks im Vergleich zum Kugeldurchmesser zu achten?

g) Führen Sie die Brinellhärteprüfung an den Werkstoffen in der Tabelle durch.

Kugeldurchmesser	

Werkstoff:				
Belastungsgrad:				
Eindruckdurchmesser				
Brinellhärte:				

Vergrößerung eines Abdrucks in Aluminium

h) Wie verhält sich die Brinellhärte bei ungehärteten Stählen mit höherem C-Gehalt?

i) Worauf ist bei der Brinellprüfung von Blechen zu achten?

k) Geben Sie für die erste Probe den Härtewert normgerecht an und erklären Sie die Abkürzungen:

Vergüten

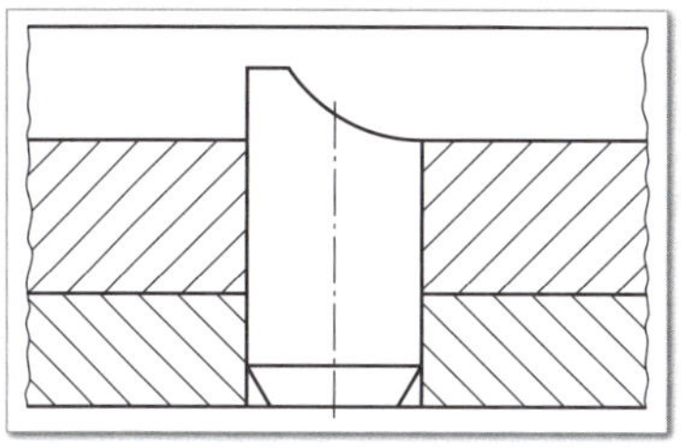

8 Die Bohrungen der Halteplatte, in der die Biegestifte eingepasst sind, dürfen durch den Aus- und Einbau der Stifte und der Betriebskräfte nicht verschleißen. Um dies zu gewährleisten muss die Halteplatte eine höhere Festigkeit als die anderen Platten des Werkzeuges haben. Dies wird durch Vergüten erreicht.

a) Welche Werkstoffeigenschaften sollen durch das Vergüten erreicht werden?

b) Welchen C-Gehalt haben im Allgemeinen Vergütungsstähle?

c) Beschreiben Sie kurz den Vergütungsvorgang:

d) Wählen Sie einen geeigneten Vergütungsstahl für die Halteplatte.

9 Der Einfluss auf die Werkstoffeigenschaften (Zähigkeit) beim Vergüten soll untersucht werden. Hierfür eignet sich der Kerbschlagbiegeversuch. Um diesen Versuch durchzuführen werden Kerbschlagbiegeproben benötigt.

a) Skizzieren Sie eine Normalprobe mit V-Kerbe für den Kerbschlagbiegeversuch und bemaßen Sie diese:

Skizze:

Bezeichnung der Probe: ____________

b) Die Proben werden gehärtet und mit unterschiedlichen Temperaturen angelassen

Bei welcher Temperatur und mit welchem Abschreckmittel wird dieser Stahl gehärtet?

c) Härten Sie die Kerbschlagbiegeproben und lassen Sie diese auf die angegebenen Temperaturen an.

d) Führen Sie anschließend bei den Proben eine Rockwellhärteprüfung durch und tragen Sie die Ergebnisse in die nebenstehende Tabelle ein.

Probennr.	Anlasstemperatur	HRC

e) Wie verhält sich die Rockwellhärte mit steigender Anlasstemperatur?

f) Wie hoch liegen im Durchschnitt die Anlasstemperaturen beim Vergüten

g) Nennen Sie typische Teile, welche vergütet werden?

Kerbschlagbiegeversuch

10 Die Festigkeit der Proben soll nun mit dem Kerbschlagbiegeversuch auf die benötigte Biegearbeit hin überprüft werden. Beschreiben Sie kurz den Ablauf des Kerbschlagbiegeversuchs und ergänzen Sie die nebenstehende Skizze.

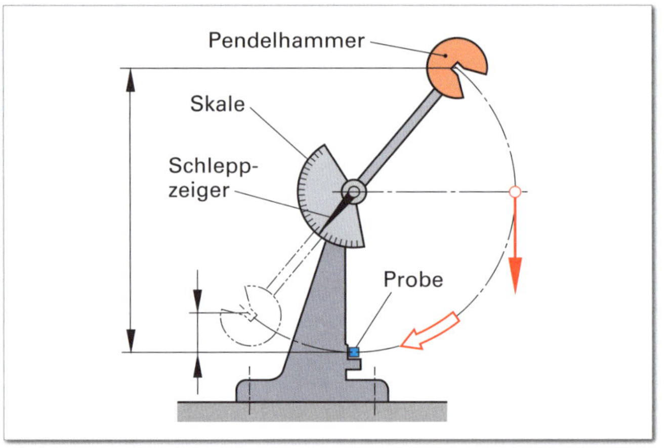

a) Führen Sie mit den Proben nun den Kerbschlagbiegeversuch durch und Tragen Sie die Ergebnisse in die nebenstehende Tabelle ein.

b) Um die Eigenschaften der Proben bei den jeweiligen Anlasstemperaturen besser zu erkennen, tragen Sie die Ergebnisse der Rockwellhärteprüfung und die des Kerbschlagbiegeversuchs in das nebenstehende Diagramm zweifarbig ein.

Probennr.	Biegearbeit in J	Probennr.	Biegearbeit in J

① ______ ③ ______

② ______

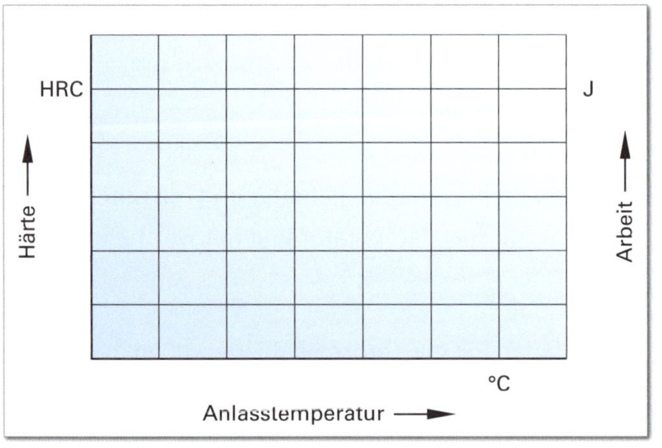

c) Weshalb wird bei der Probe, die nur gehärtet wurde am wenigsten Arbeit benötigt?

d) Wie verändert sich mit zunehmender Anlasstemperatur die Härte der Proben im Vergleich zur Zähigkeit?

Bei Stählen für den Stahlbau wird die Kerbschlagbiegearbeit temperaturabhängig angegeben. Kühlen Sie eine Normalprobe mit einem Eisspray ab und führen einen Kerbschlagbiegeversuch durch.

e) Wie verhält sich die gekühlte Probe zu der Probe die bei Zimmertemperatur 20° C getrennt wurde?

f) Welchen Einfluss hat dies auf Bauteile die der Witterung ausgesetzt sind?

Versuche und Übungen

Tiefziehen

11 Der Heizzylinder des Stirling-Motors soll durch Tiefziehen hergestellt werden. Es wird eine Ronde aus Stahlblech benötigt. Der Zuschnittdurchmesser dieser Ronde muss berechnet werden.

Als Werkstoff wird ein gängiges Stahlblech EN 10130-DC01-A-m, Dicke 1 mm ausgewählt.

a) In der Länge des Kühlzylinders soll ein Millimeter fürs Plandrehen dazugegeben werden. Berechnen Sie den Zuschnittdurchmesser.

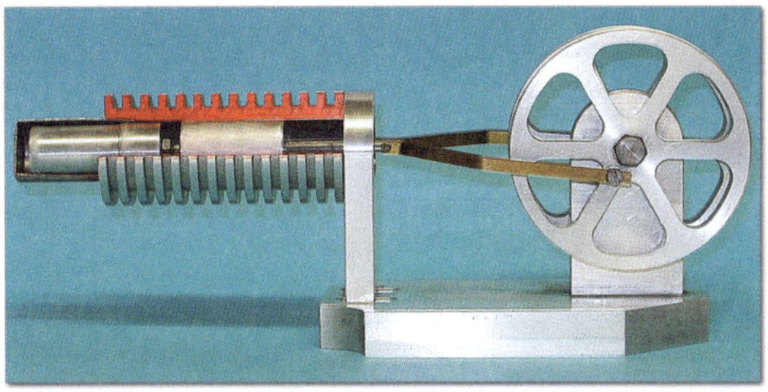

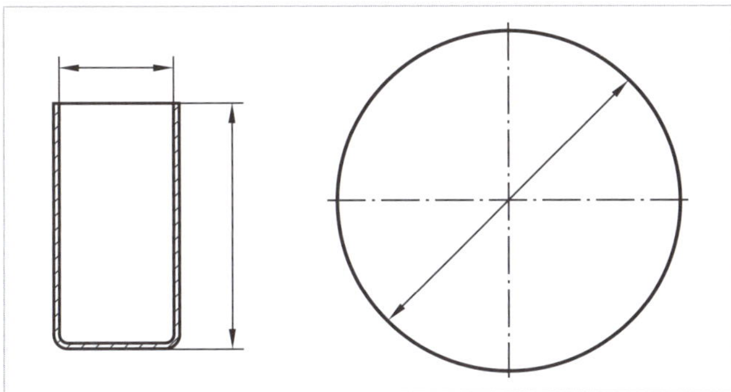

Für den Zuschnitt der Ronde aus dem Blech EN 10130-DC01-A-m Dicke 1 mm muss ein Schneidwerkzeug hergestellt werden. Es soll für eine kleinere bzw. mittlere Serie der Ronden geeignet sein.

b) Welche Bauarten von Schneidwerkzeugen kommen hier in Frage?

c) Wählen Sie das nach Ihrer Meinung kostengünstigste Werkzeug aus und begründen Sie Ihre Entscheidung.

d) Wie haben Sie den Schneidplattendurchbruch gewählt ? (Begründen Sie Ihre Auswahl)

e) Berechnen Sie die notwendigen Maße, welche für die Herstellung des Schneidwerkzeuges notwendig sind.

Stempeldurchmesser	
Schneidplattendurchmesser	
Schneidspalt	

f) Fertigen Sie eine Skizze des ausgewählten Schneidwerkzeuges an und bemaßen Sie den Stempel und die Schneidplatte

g) Welches Werkzeugteil erhält beim Lochen und welches beim Ausschneiden das Sollmaß ?

12 Die Ronde für den Stirling-Motor wird mit dem Schneidwerkzeug ausgeschnitten.

a) Welche Pressenkraft steht Ihnen zur Verfügung um die Ronden auszuschneiden?

Pressenkraft: ______________

b) Berechnen Sie die größte und die kleinste mögliche Scherkraft für das Ausschneiden der Ronde aus dem Blech EN 10130-DC01-A-m, Dicke 1 mm.

c) In welchem Bereich muss die Scherkraft beim Ausschneiden der Ronde liegen?

____

____

d) Ergänzen Sie die Berechnungen für die Blechstärken von 0,5 mm, 1 mm, 1,5 mm, 2 mm und halten Sie diese in der Tabelle fest.

e) Schneiden Sie die Ronden aus den verschiedenen Blechstärken und notieren sie die Scherkräfte in der Tabelle.

f) Tragen Sie die berechneten Werte und die Werte aus dem Versuch in das Diagramm ein.

Blechstärke	F_{max} in kN	F_{min} in kN	F_{Vers} in kN

Merke: Scherfläche bei richtigem Schneidspalt:
1/3 Schnittfläche, 2/3 Bruchfläche

Aussehen der Scherfläche bei einem Schneidspalt:		

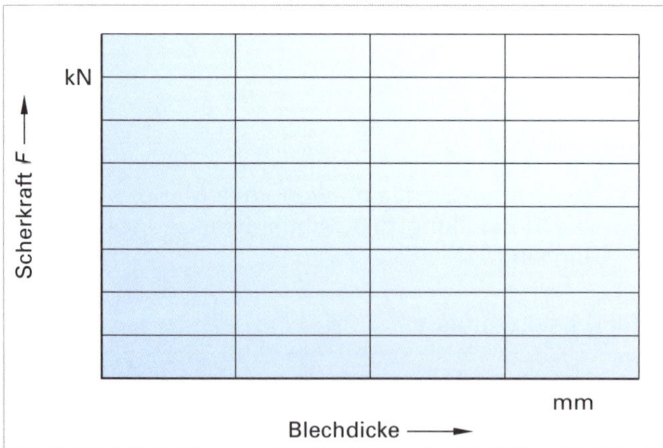

g) Wie muss sich die Größe des Schneidspalts zur Blechdicke verändern?

____

h) Werten Sie die Größe des Schneidspalts an diesem Werkzeug für die Blechdicken 0,5 mm, 1 mm und 2 mm.

____

____

i) Vergleichen Sie die Scherflächen aus dem Versuch und die der Abbildungen. Ordnen Sie die Aussage Schneidspalt: zu groß, zu klein und richtig zu.

13 Beim Tiefziehen des Heizzylinders für den Stirling-Motor wurden vermehrt Beschädigungen (Bodenreißer) an dem Tiefziehteil festgestellt. Um die Ursache der Fehler festzustellen, soll eine Werkstoffuntersuchung helfen.

Als erste Maßnahme der Fehleranalyse wird mit dem **Tiefungsversuch** nach Erichsen das Blech auf die vom Hersteller angegebenen Werte überprüft.

a) Beschreiben Sie den Tiefungsversuch in Stichworten:

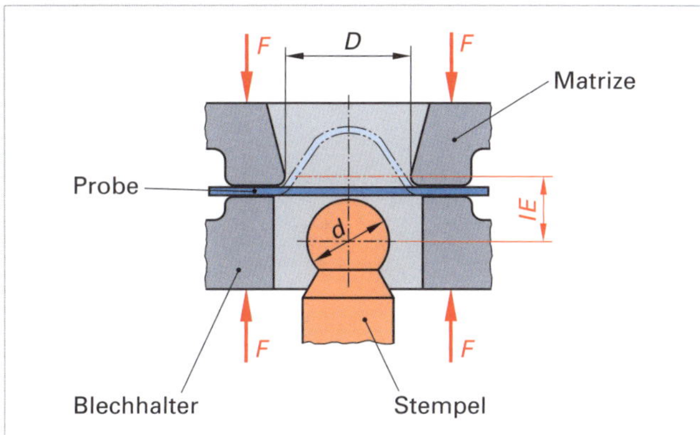

b) Welche Eigenschaft des Bleches soll durch diesen Versuch überprüft werden?

c) Es soll nicht nur das Blech DC01-A-m untersucht werden, sondern auch DC03-A-m und das Aluminiumblech EN AW-AL99,5. Schlagen Sie die Werte der fehlenden Bezeichnungen nach und tragen Sie dies in die Tabelle ein.

Werkstoff	Zugfestigkeit R_m in N/mm²	Streckgrenze R_e bzw. Dehngrenze $R_{p\,0,2}$ in N/mm²	Bruchdehnung A in %
DC01-A-m			
DC03-A-m			

d) Worin müssen sich Bleche nach Ihrer Meinung in ihren mechanischen Eigenschaften von anderen Blechen unterscheiden, um eine gute Ziehfähigkeit zu erreichen?

e) In den Angaben für Stahlbleche und Bändern, die zur Kaltverformung geeignet sind, taucht immer wieder der Begriff Fließfiguren auf. Recherchieren Sie im Internet und beschreiben Sie den Begriff:

14 Es werden drei Proben pro Werkstoff und Blechdicke gezogen und daraus der Mittelwert berechnet.

Werkstoff: DC01-A-m, DC03-A-m, ____________________

Blechdicken: 0,5 mm, 1 mm, 1,5 mm, 2 mm

a) Erstellen Sie eine Tabelle in der Sie die Daten eintragen können.

b) Führen Sie den Tiefungsversuch nach der Beschreibung von Aufgabe 13 durch und halten Sie die Werte in Ihrer Tabelle fest.

Bild: Geöffnete Prüfvorrichtung mit Stempel und Probe

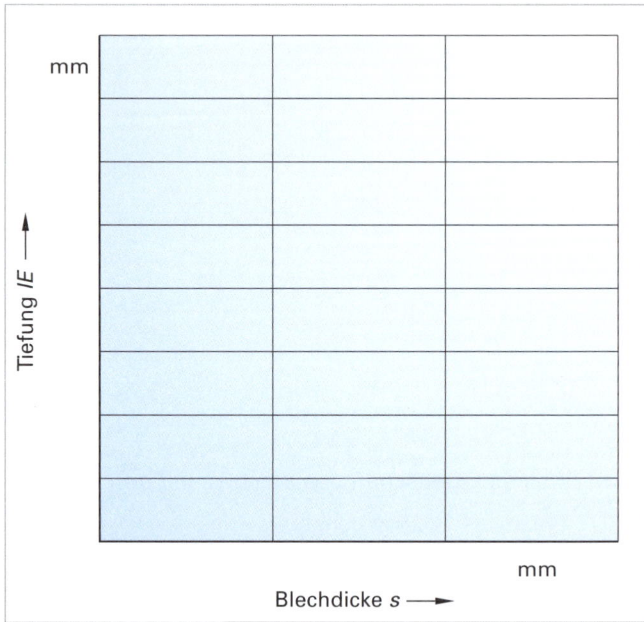

c) Tragen Sie die ermittelten Tiefungen der einzelnen Bleche mit unterschiedlichen Farben in das Diagramm ein.

d) Vergleichen Sie die Tiefziehfähigkeit von Aluminium und Stahl.

e) Wie verändert sich die Tiefziehfähigkeit der Bleche mit ihrer Dicke?

f) Vergleichen Sie die Tiefziehfähigkeit der zwei Stahlbleche DC01-A-m und DC03-A-m miteinander.

g) Zeichnen Sie die vom Hersteller gewährleisteten Mindestwerte der Stahlbleche in das Diagramm ein.

h) Vergleichen Sie die gewährleisteten und die ermittelten Tiefungswerte miteinander.

i) Recherchieren Sie welche Bedeutung die Angaben DC01, DC03 und DC04 bei Blechen haben?

k) Informieren Sie sich bei Ihrem Stahlzulieferer, welches Blech am häufigsten verlangt wird.

15 Die Ursache der Bodenreißer wird mitunter an der Größe der Umformung der Ronde vermutet. Hierfür sollen die Maße für das Tiefziehwerkzeug neu bestimmt werden.

a) Schlagen Sie im Tabellenbuch nach wie das Ziehverhältnis definiert ist und tragen Sie diese Formel in die Tabelle ein.

Ziehverhältnis:

b) Berechnen Sie den kleinstmöglichen Stempeldurchmesser der Ronde aus DC01-A-m, Dicke 1 mm beim 1. Zug.

c) Um wieviel Prozent kann ein DC04-A-m im Vergleich zu einem DC01-A-m im ersten und im zweiten Zug stärker umgeformt werden?

d) Bestimmen Sie die restlichen Maße, welche noch benötigt werden, um das Tiefziehwerkzeug zu fertigen.

e) Ergänzen Sie die Abbildung des Tiefziehwerkzeuges und bemaßen Sie die Teile mit den berechneten Maßen.

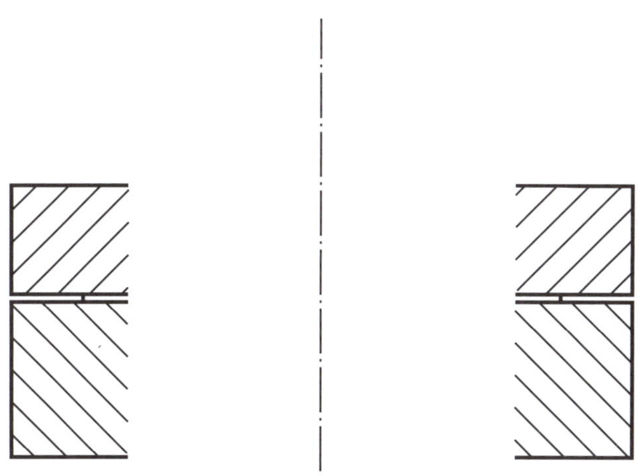

f) Welcher Stahl würde sich zum Herstellen von Ziehring, Stempel und Niederhalter eignen und welchen C-Gehalt hat dieser?

g) Berechnen Sie die zu erwartende Tiefziehkraft.

16 Der Heizzylinder sollte einen kleinen Eckenradius aufweisen, damit der Steuerkolben möglichst nah an den Boden heranfahren kann.

Dies wirft die Frage auf wie stark ein kleiner Eckenradius am Stempel den Ziehvorgang beeinflusst.

Für die Untersuchung steht ein Versuchswerkzeug zur Verfügung bei dem einmal der Ziehringradius und einmal der Stempelradius verändert werden kann.

a) Ergänzen Sie die fehlenden Angaben in der Tabelle:

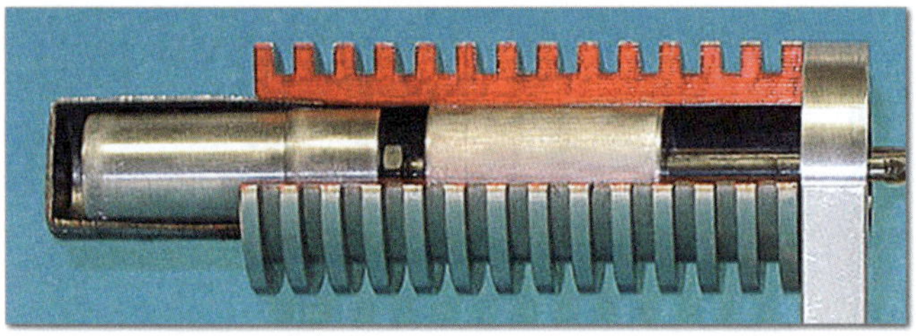

Werkstoff:	
Ziehspalt:	
Niederhalterkraft:	
Ziehteilhöhe:	
Tiefziehkraft:	

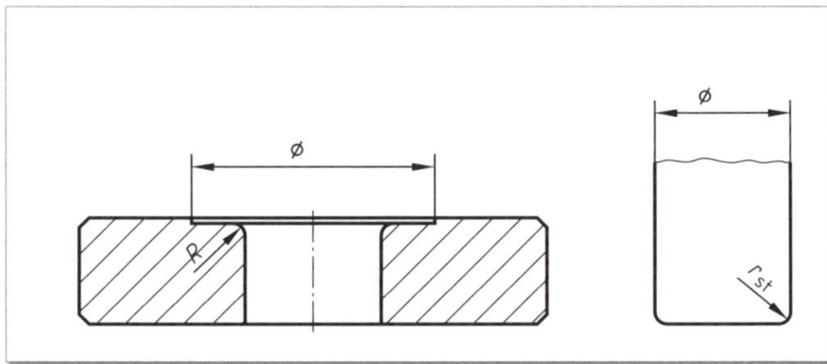

Stempelradius fest r_{St} = ______ mm **Ziehringradius r_r unterschiedlich**	
r_r in mm	**Beurteilung Ziehteil**
	F in kN:
	F in kN:
	F in kN:

Ziehringradius fest r_r = ______ mm **Stempelradius r_{St} unterschiedlich**	
r_{St} in mm	**Beurteilung Ziehteil**
	F in kN:
	F in kN:
	F in kN:

b) Weshalb ist die berechnete Tiefziehkraft höher als die im Versuch?

c) Welchen Einfluss hat der Ziehringradius auf den Ziehvorgang und das Ziehergebnis?

d) Wie beeinflusst der Stempelradius die Tiefziehkraft und das Ziehergebnis?

e) Welche Einflussgrößen müssen nach Ihrer Meinung bei der Entstehung von Bodenreißern überprüft werden?

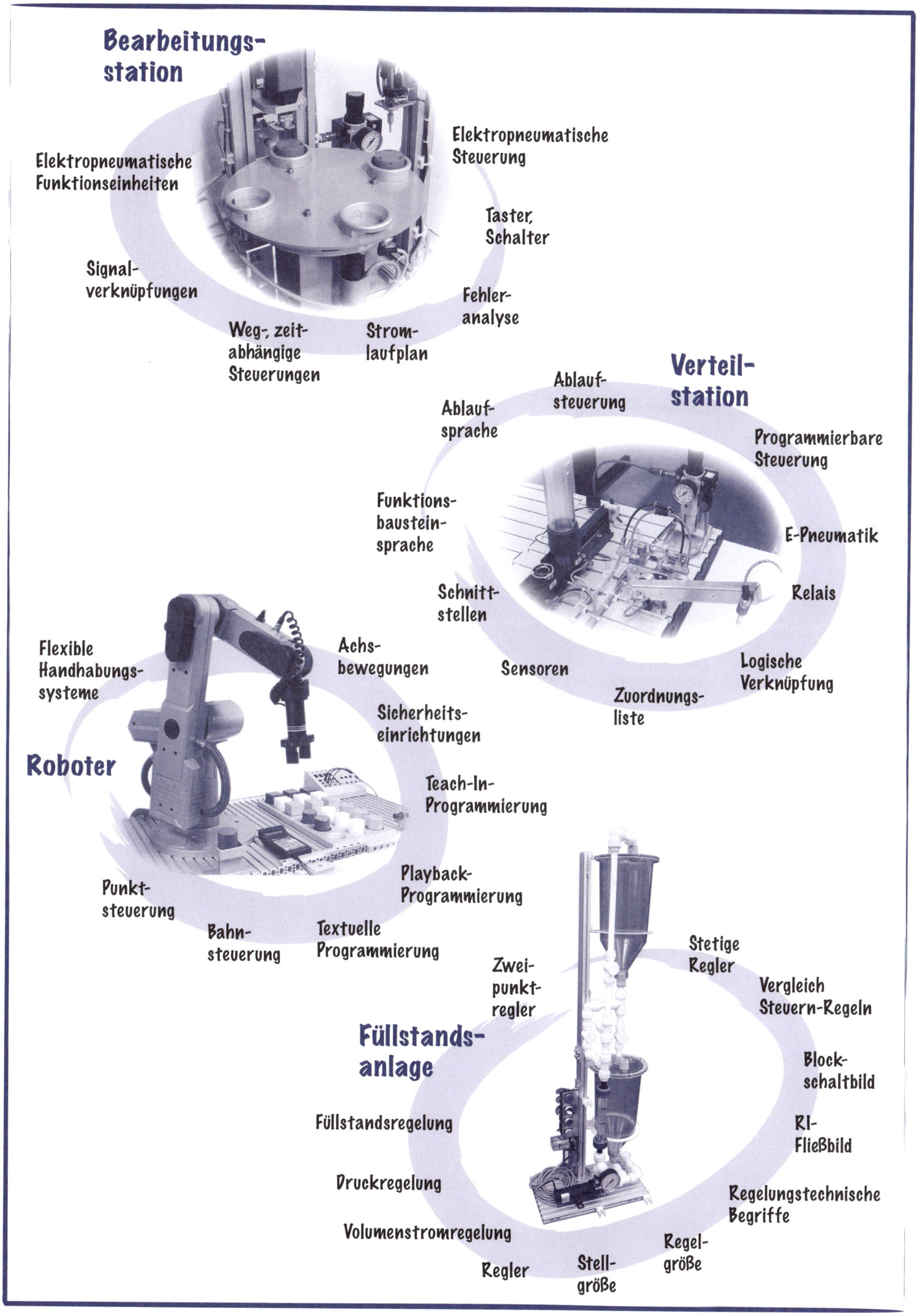

Bearbeitungs-station
Elektropneumatische Funktionseinheiten
Elektropneumatische Steuerung
Taster, Schalter
Signal-verknüpfungen
Fehler-analyse
Weg-, zeit-abhängige Steuerungen
Strom-laufplan
Verteil-station
Ablauf-steuerung
Ablauf-sprache
Programmierbare Steuerung
Funktions-baustein-sprache
E-Pneumatik
Schnitt-stellen
Relais
Sensoren
Logische Verknüpfung
Zuordnungs-liste
Flexible Handhabungs-systeme
Achs-bewegungen
Sicherheits-einrichtungen
Roboter
Teach-In-Programmierung
Playback-Programmierung
Punkt-steuerung
Bahn-steuerung
Textuelle Programmierung
Zwei-punkt-regler
Stetige Regler
Vergleich Steuern-Regeln
Füllstands-anlage
Block-schaltbild
Füllstandsregelung
RI-Fließbild
Druckregelung
Regelungstechnische Begriffe
Volumenstromregelung
Regel-größe
Regler
Stell-größe

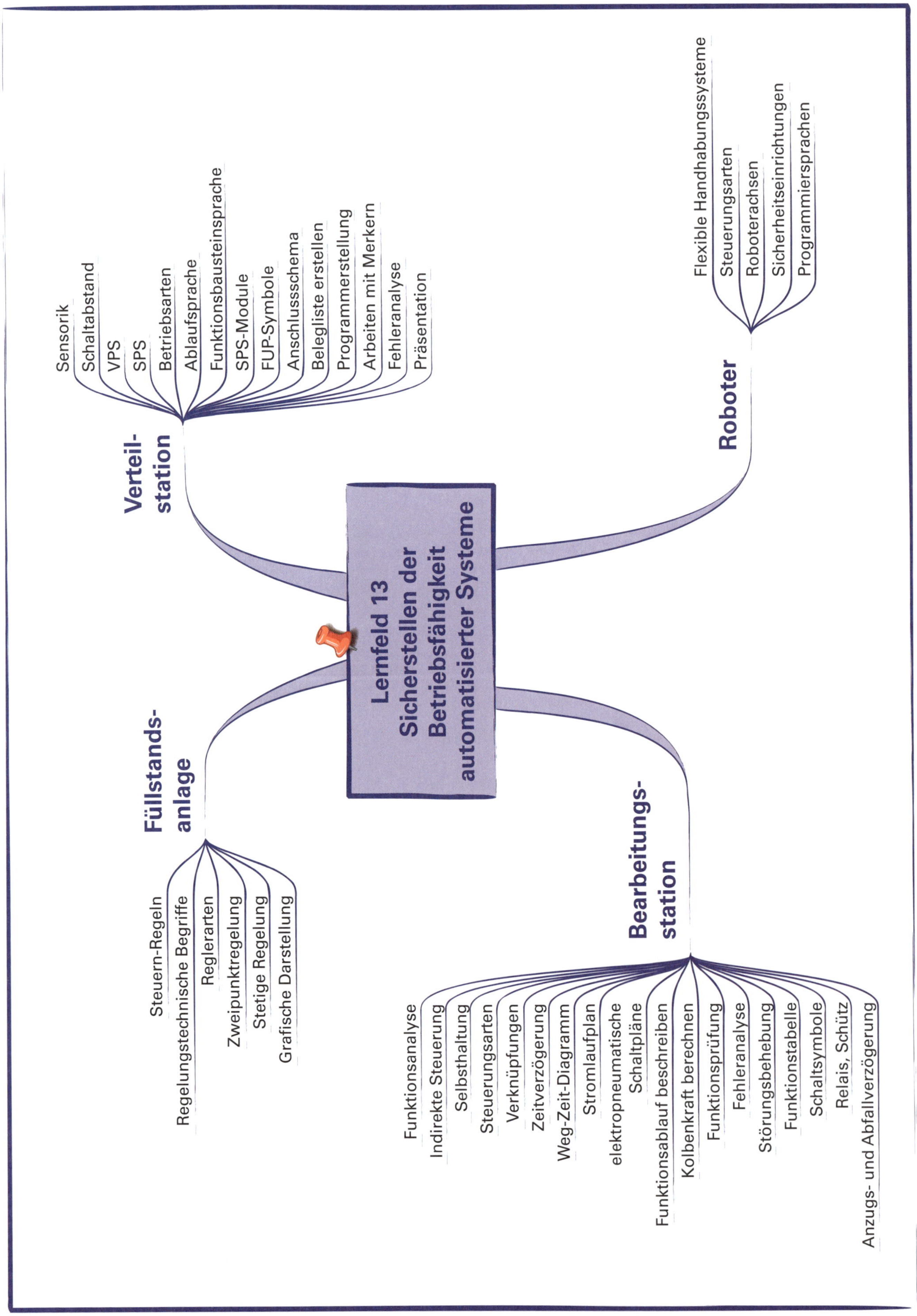
Lernfeld 13
Sicherstellen der Betriebsfähigkeit automatisierter Systeme
Verteil-
station
Sensorik
Schaltabstand
VPS
SPS
Betriebsarten
Ablaufsprache
Funktionsbausteinsprache
SPS-Module
FUP-Symbole
Anschlussschema
Belegliste erstellen
Programmerstellung
Arbeiten mit Merkern
Fehleranalyse
Präsentation
Roboter
Flexible Handhabungssysteme
Steuerungsarten
Roboterachsen
Sicherheitseinrichtungen
Programmiersprachen
Füllstands-
anlage
Steuern-Regeln
Regelungstechnische Begriffe
Reglerarten
Zweipunktregelung
Stetige Regelung
Grafische Darstellung
Bearbeitungs-
station
Funktionsanalyse
Indirekte Steuerung
Selbsthaltung
Steuerungsarten
Verknüpfungen
Zeitverzögerung
Weg-Zeit-Diagramm
Stromlaufplan
elektropneumatische
Schaltpläne
Funktionsablauf beschreiben
Kolbenkraft berechnen
Funktionsprüfung
Fehleranalyse
Störungsbehebung
Funktionstabelle
Schaltsymbole
Relais, Schütz
Anzugs- und Abfallverzögerung

Beschreibung der Lernsituation

In einer elektro-pneumatisch gesteuerten Anlage werden Rollen aus PE und Metall gebohrt.

Die Rollen sollen nach dem Betätigen eines Tasters S1 mit Hilfe eines einfachwirkenden Zylinders gespannt werden. Die Ausfahrgeschwindigkeit dieses Kolbens ist einstellbar. Nach erfolgter Spannung wird automatisch der Bohrvorgang ausgelöst. Die Ausfahrgeschwindigkeit des zweifachwirkenden Bohrzylinders muss dazu einstellbar sein. Aus Sicherheitsgründen muss sich, beim Auslösen des Startvorgangs, der zweifachwirkende Zylinder in der hinteren Endlage befinden.

Bearbeitungsstation

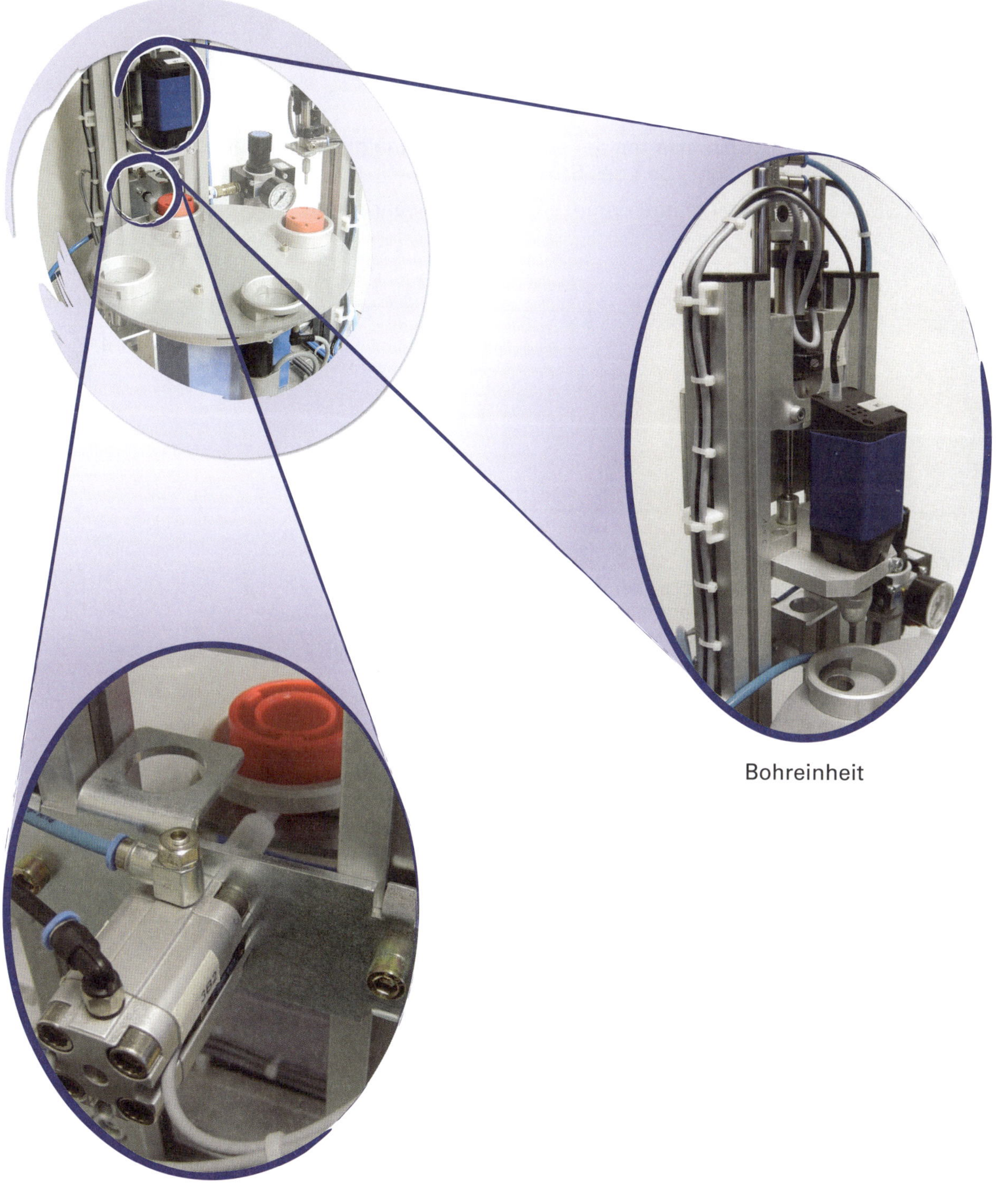

Bohreinheit

Spanneinheit

Aufgaben

1 Bei elektropneumatischen Steuerungen werden die Signale durch elektrische Taster, Schalter, sowie Sensoren eingegeben und die Arbeitsglieder pneumatisch betätigt.

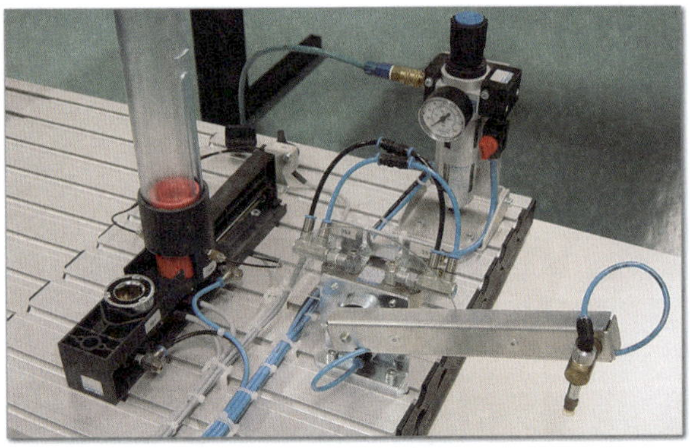

Nennen Sie drei Vorteile von elektropneumatischen Schaltungen gegenüber pneumatischen Schaltungen.

2 Die verschiedenen Konstruktionsarten der elektrischen Signalglieder ermöglichen bei der Betätigung entweder ein Öffnen oder Schließen des Stromkreises.

Benennen Sie die Bauelemente und ergänzen Sie ihre Beschriftung.

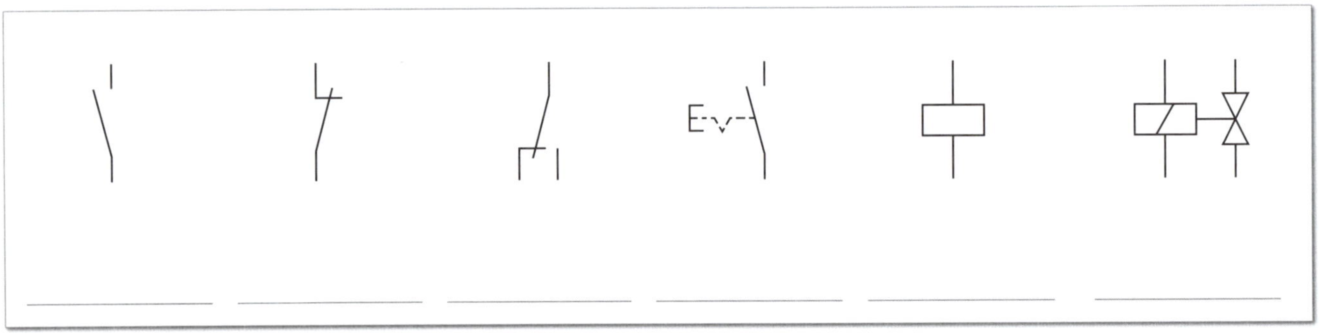

3 Der einfachwirkende Zylinder in der Spannvorrichtung wird elektropneumatisch betätigt, wobei das Signalglied unmittelbar vor dem Stellglied angeordnet ist. Beim Loslassen des Starttasters soll der Kolben einfahren.

a) Ergänzen Sie den Pneumatikschaltplan und den Stromlaufplan für diese Aufgabe.
b) Beschriften Sie die Bauelemente.
c) Welchen Nachteil hat diese Tasterbetätigung?

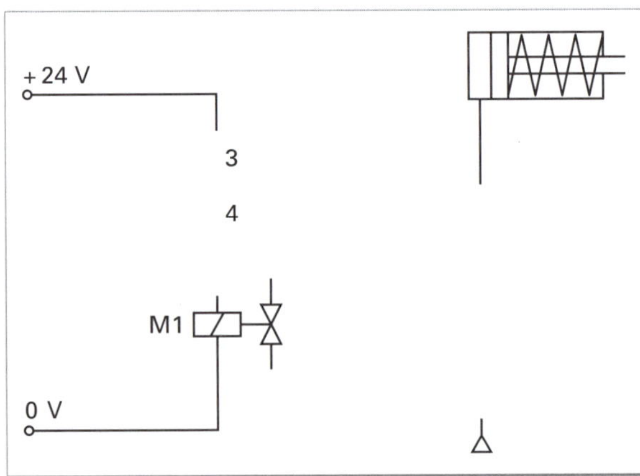

4 Bauen Sie die Steuerung fachgerecht unter Beachtung der folgenden Vorschriften auf.

Allgemeine Vorschriften
- Anlage nur im stromlosen Zustand aufbauen bzw. Kabelverbindungen umstecken!
- Ohne Elektrofachausbildung dürfen Anlagen nur bis 24 V Gleichstrom aufgebaut, angeschlossen oder umverdrahtet werden!
- Verwenden Sie passende Steckverbindungen und isolieren Sie blanke Leitungen!
- Im Netzgerät sind nur vorgeschriebene Sicherungen zu verwenden!

5 Ändern Sie die Anlage, so dass der Kolben während des gesamten Spannvorganges ausgefahren bleibt, ohne das Signalglied ständig mit der Hand gedrückt zu halten.

Welches Signalglied ist dafür notwendig?

6 Für den zweifachwirkenden Zylinder, zum Bewegen der Bohreinheit, können verschiedene Stellglieder verwendet werden. Die Ansteuerung kann dabei „direkt" oder „indirekt" geschehen.

a) Nennen Sie die verschiedenen Stellglieder und deren Betätigungsarten.

b) Ergänzen Sie die beiden Schaltpläne und ordnen Sie die Begriffe „direkt" und „indirekt" zu.

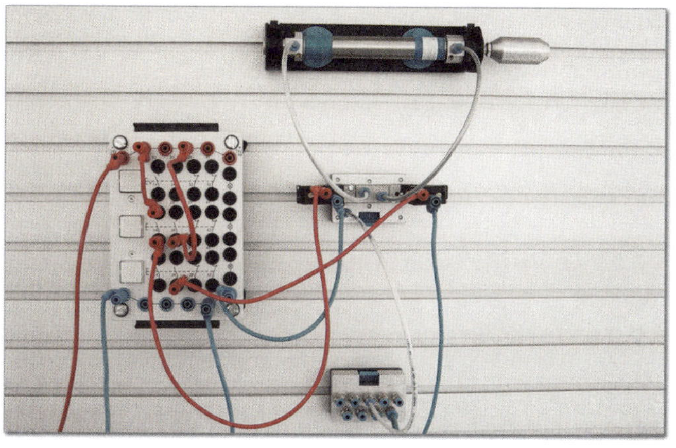

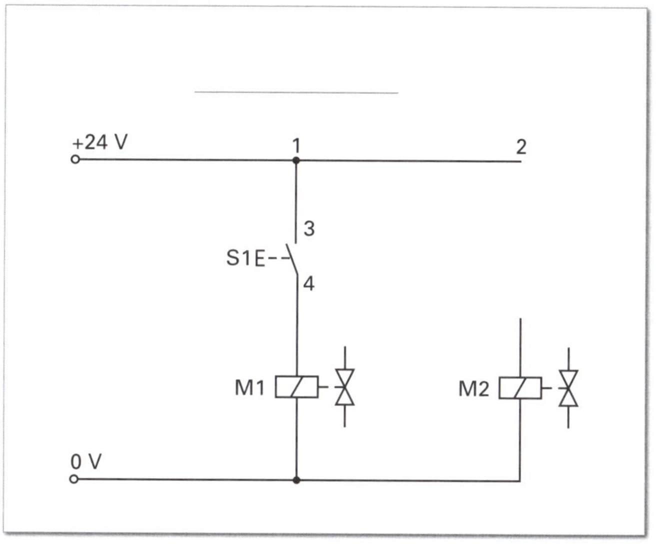

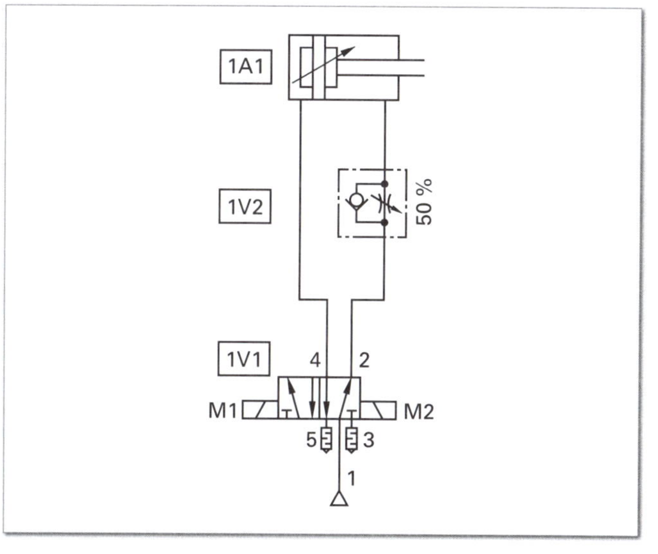

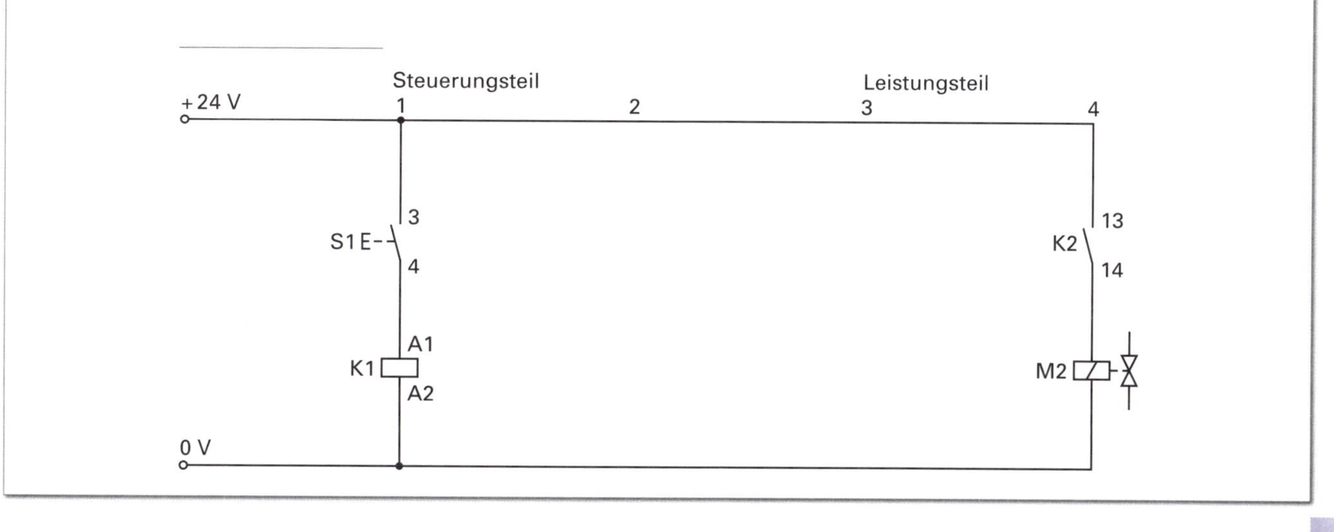

7 Bei indirekten Schaltungen wird das Eingangssignal von z. B. S1 über das Schütz bzw. Relais zum Stellglied M1 weitergeleitet. Das Schütz bzw. Relais ist ein fernbetätigter elektromagnetischer Schalter.

a) Beschreiben Sie die Funktionsweise eines Relais.

b) Ergänzen Sie die Relaisdarstellung um einen Schließer und Öffner und beschriften Sie diese fachgerecht.

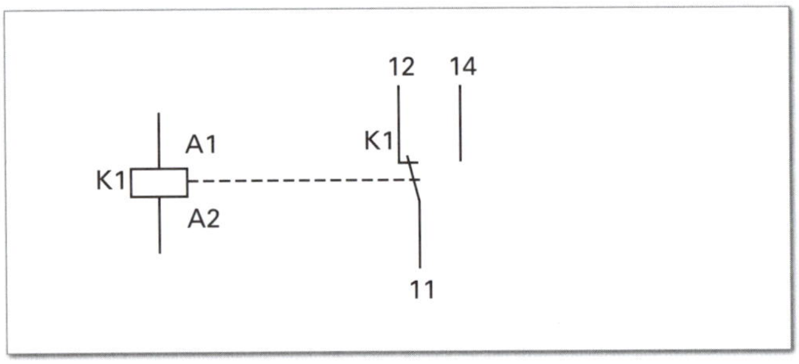

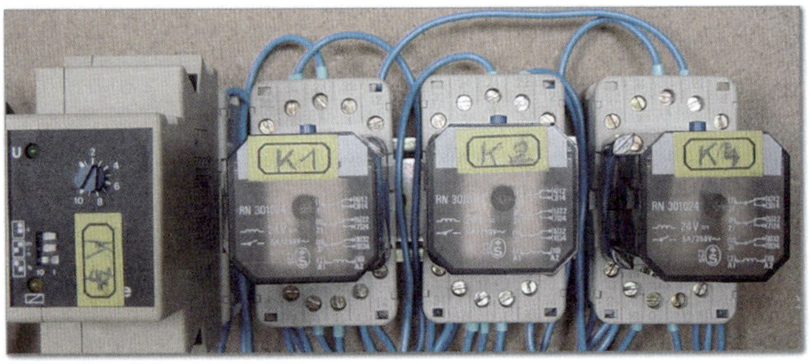

8 Bauen Sie die direkte und indirekte Schaltung aus Punkt 6 auf.

a) Warum brauchen die Signalglieder S1 und S2 nur kurz betätigt werden, ohne dass der Kolben sofort wieder einfährt?

b) Ändern Sie die direkte Schaltung, indem Sie ein federrückstellbares Stellglied einsetzen.

c) Ergänzen Sie für die geänderte Schaltung den Stromlaufplan und den pneumatischen Schaltplan.

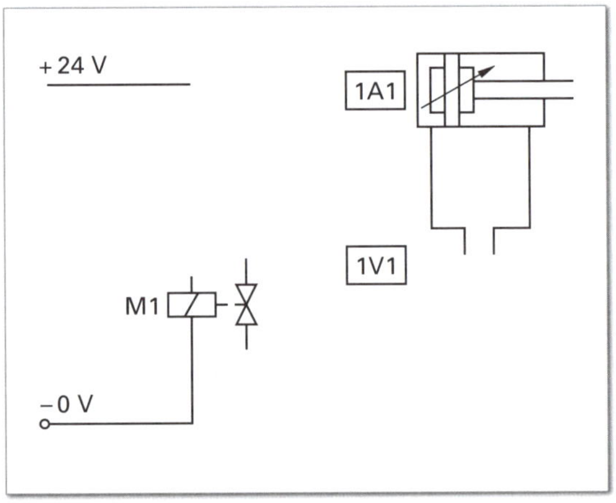

9 Die Spanneinheit kann nun mit der Bohreinheit zu einer Anlage zusammengefügt werden.

a) Montieren Sie die beiden Aufgaben entsprechend der Darstellung unter Punkt 3 und Punkt 6 (indirekte Steuerung) zu einer Baueinheit und ergänzen Sie den gemeinsamen Stromlaufplan und pneumatischen Schaltplan.

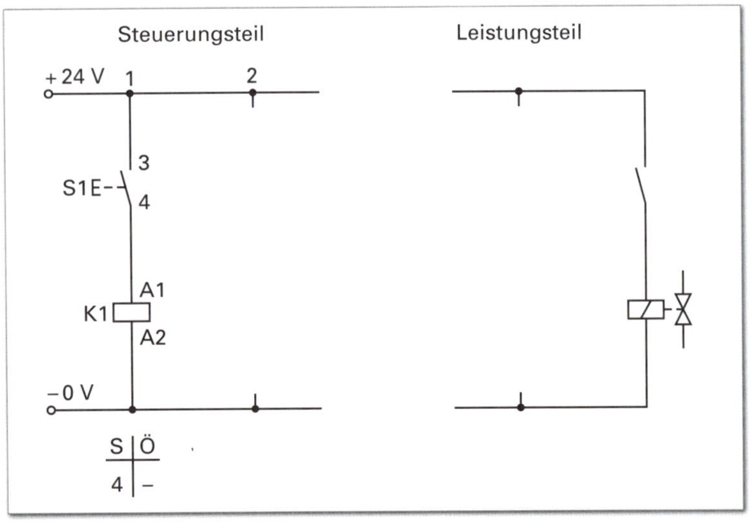

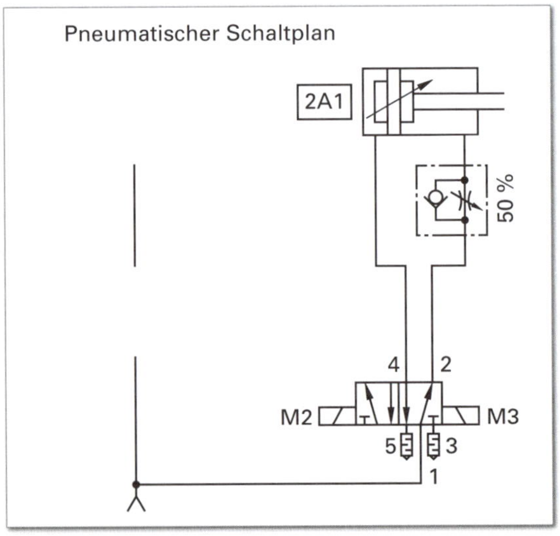

10 Taster haben eine längere Lebensdauer als Schalter (Taster mit Raste). Schalter werden deshalb vorwiegend als EIN/AUS-Schalter oder NOT-AUS-Schalter, die nicht so oft betätigt werden müssen, eingesetzt. Das Aufrechterhalten der Signaleingabe bei einem Taster wird über eine Selbsthaltung gelöst.

a) Beschreiben Sie die Funktion der dargestellten Selbsthaltung.

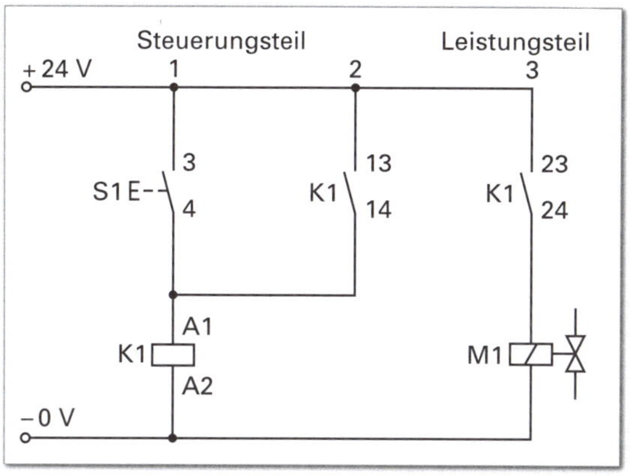

11 Bauen Sie die Schaltung mit Selbsthaltung für einen einfachwirkenden Zylinder auf und überprüfen Sie die Funktion. Welches Problem entsteht nach dem Öffnen von Taster S1 und worin besteht die Lösung?

a) Untersuchen Sie die Auswirkungen der beiden Lösungen zur Aufhebung der Selbsthaltung. Bauen Sie dazu die beiden Lösungsmöglichkeiten auf und beschreiben Sie Ihre Beobachtungen.

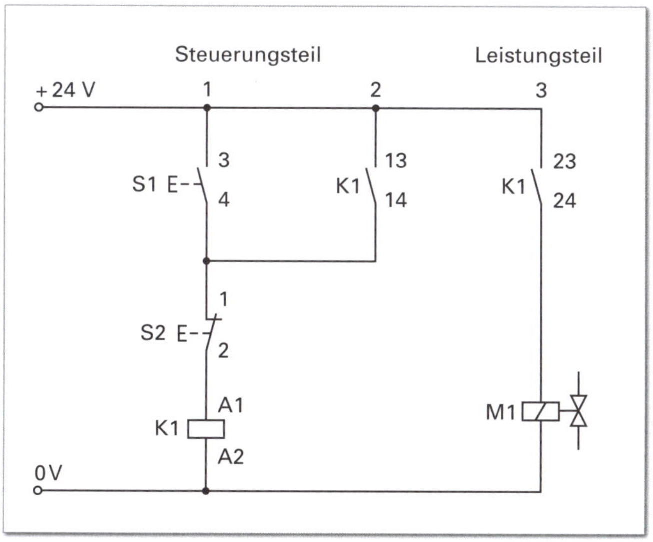

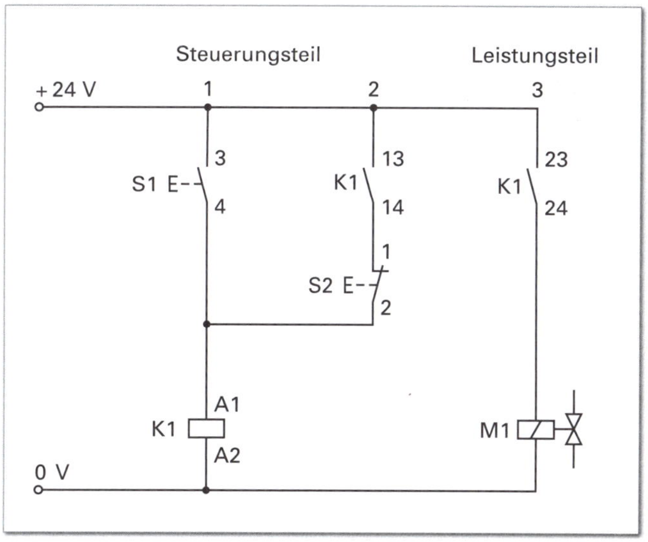

b) In der Ausgangsstellung der Anlage können Signalglieder bereits betätigt sein. Diese Betätigung ist im Stromlaufplan bzw. im pneumatischen Schaltplan einzuzeichnen. Skizzieren Sie zwei betätigte elektropneumatische Grenzrollentaster (Öffner, Schließer) und einen betätigten pneumatischen Grenzrollentaster.

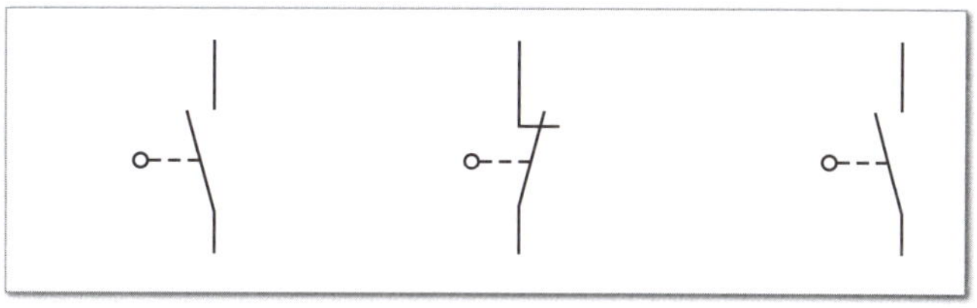

12 Die Werkstückspannung wird durch das Betätigen des Tasters S1 gestartet. Nach Erreichen der vorderen Endlage des Spannzylinders soll automatisch die Bohreinheit ausfahren. Wenn dieser Zylinder seine vordere Endlage erreicht hat, soll die Bohreinheit und der Spannzylinder wieder einfahren.

a) Welche Betätigungsart ist für das Signalglied des Bohrzylinders erforderlich?

b) Ergänzen Sie den Schaltplan und beschriften Sie ihn vollständig.

c) Man unterscheidet Steuerungen in willens-, weg-, zeit- oder weg-zeitabhängige Steuerungen. Welche Art der Steuerung liegt bei dieser Aufgabenstellung vor und warum?

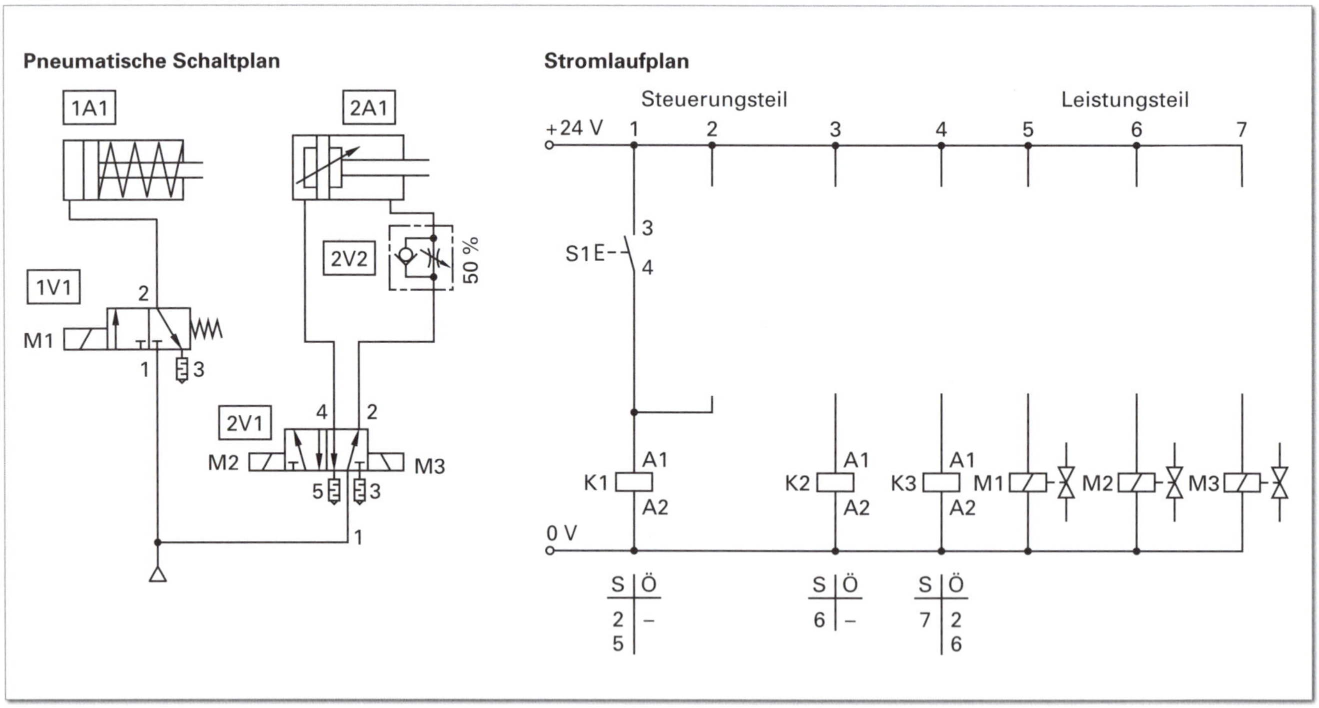

13 In der Projektbeschreibung wurde auf eine bestimmte Voraussetzung, die aus Sicherheitsgründen erfüllt sein muss, hingewiesen. Zusätzlich soll die Bearbeitungsstation so ergänzt werden, dass sie von einer zweiten Stelle aus gestartet werden kann. Diese Bedingungen werden durch Verknüpfungen der Eingangssignale erreicht.

a) Welche Verknüpfungsart ist für die geforderte Sicherheit notwendig und wie müssen dazu die Signalglieder angeordnet werden?

b) Welche Verknüpfungsart ist für Ergänzung der Anlage notwendig und wie müssen dazu die Signalglieder angeordnet werden?

d) Ergänzen Sie den Stromlaufplan und den pneumatischen Schaltkreis und bauen Sie die Anlage auf.

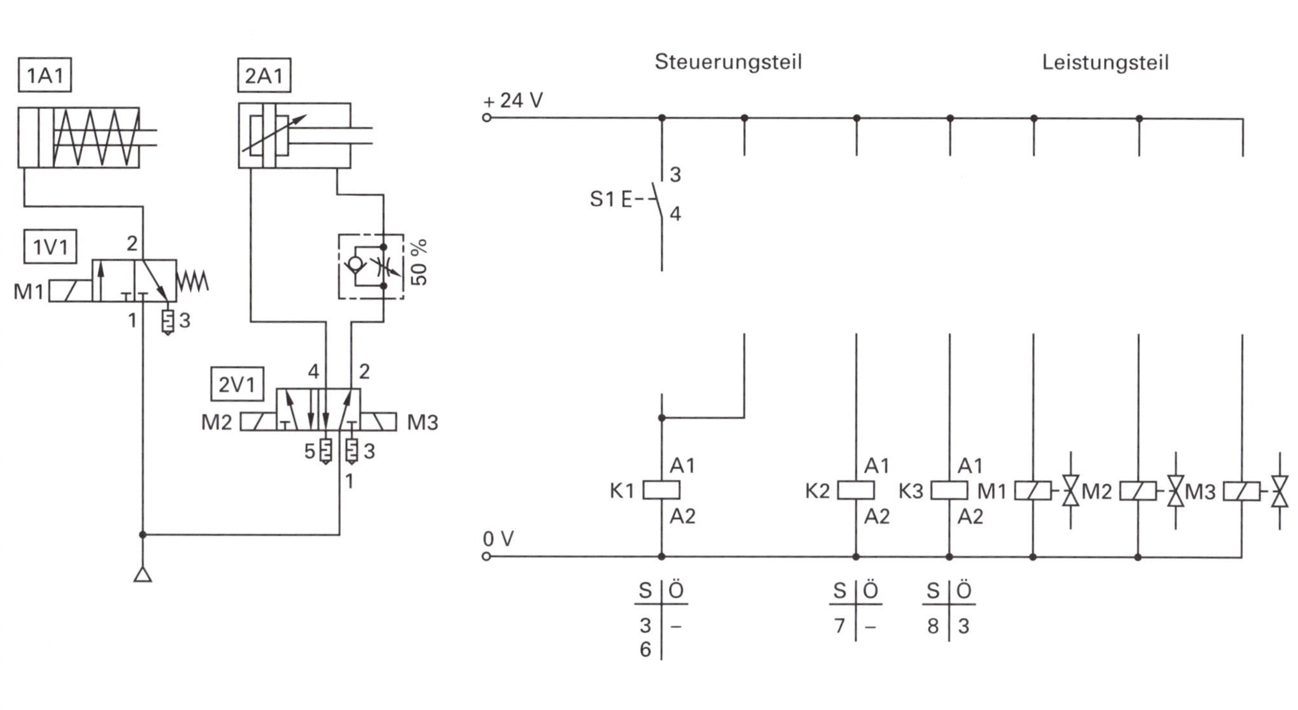

14 Manche Maschinen und Anlagen dürfen nur zeitverzögert starten, da z. B. nach dem Einschalten erst ein Aufheizen erforderlich ist. Dieses zeitverzögerte Anfahren soll automatisch erfolgen.

a) Mit welchem Bauteil wird dies erreicht?

b) Beschreiben Sie die Funktion.

c) Ein Relais bzw. Schütz kann anzugs- oder abfallverzögert schalten. Ergänzen und benennen Sie die beiden Symbole.

	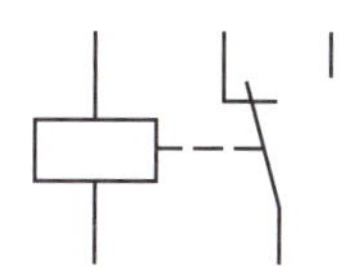
	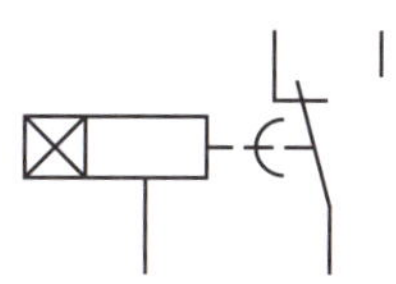
	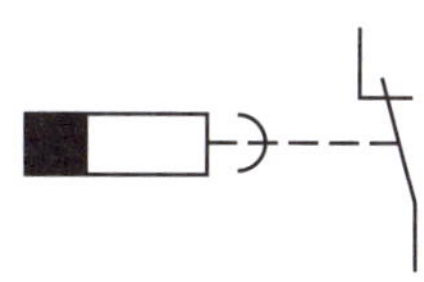

d) Erklären Sie die Funktion der Abfallverzögerung.

e) Ergänzen Sie den pneumatischen Schaltplan und den Stromlaufplan für den zweifachwirkenden Zylinder, wenn dieser nach Betätigung von S1 verzögert ausfahren und nach Betätigung eines Grenzrollentasters wieder verzögert einfahren soll.

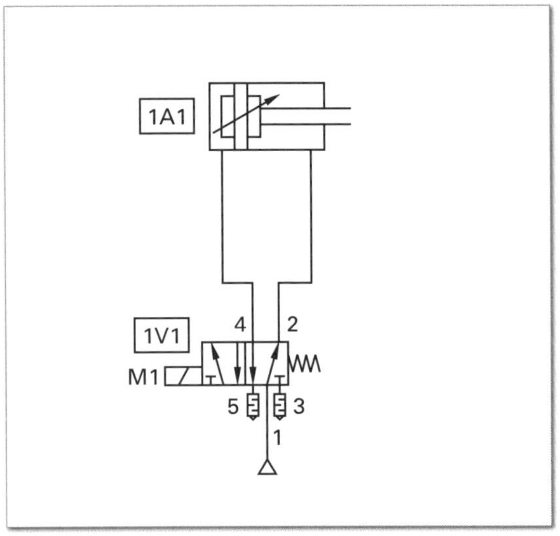

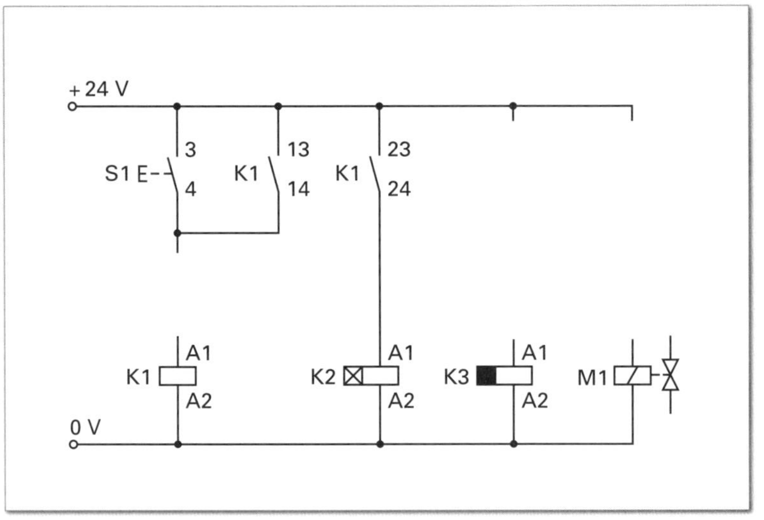

f) Beschreiben Sie den Ablauf der Funktion dieser Schaltung und bauen Sie die Schaltung auf.

15 Die Bearbeitungsstation soll in ihrem Ablauf geändert werden, d. h. nach erfolgtem Vorhub der Bohreinheit soll diese noch zwei Sekunden ausgefahren bleiben, bevor beide Kolben gleichzeitig einfahren.

a) Zeichnen Sie den kompletten Stromlaufplan für die Bearbeitungsstation.

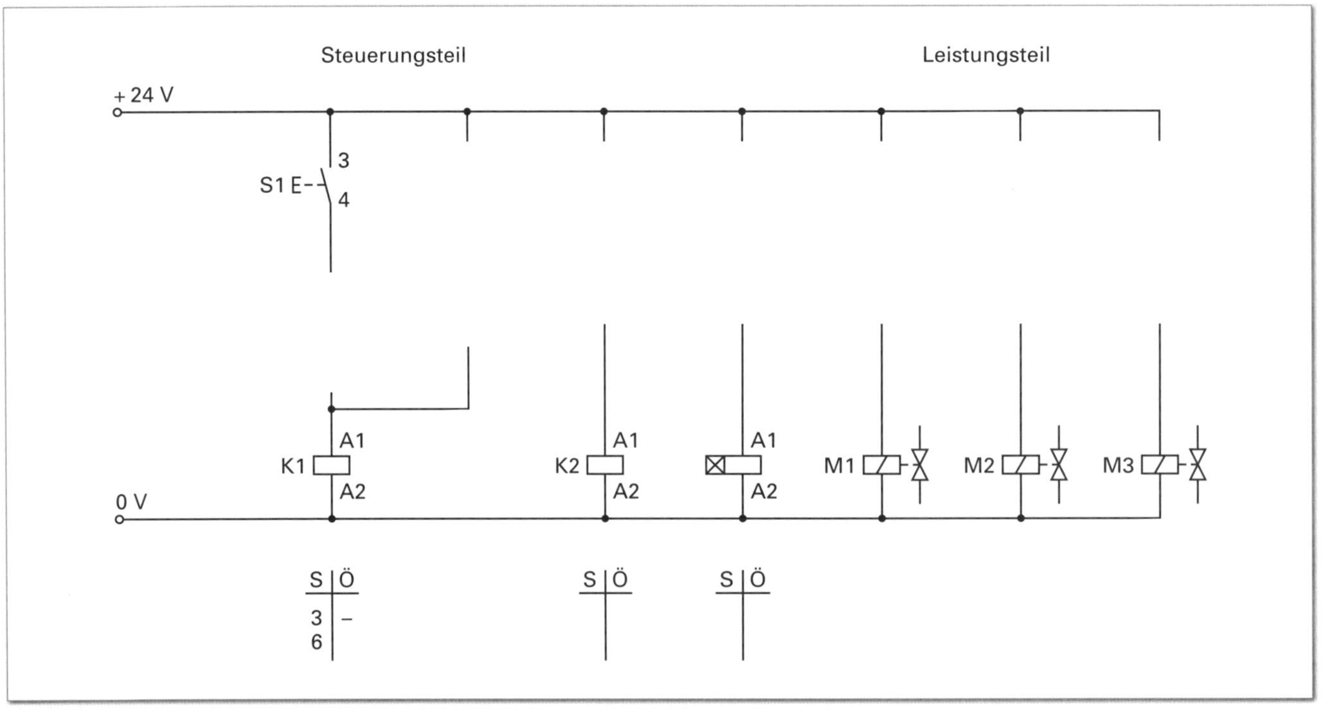

16 Bauen Sie die komplette Anlage auf und stellen Sie die vorgegebenen Zeiten ein.

17 Die Verknüpfungsmöglichkeiten sind in einer Funktionstabelle einzutragen. Da sich die Kunststoffrollen beim Spannen nicht verformen dürfen, ist auch die Spannkraft des einfachwirkenden Zylinders zu berechnen.

Zylinderkennwerte	Abmessungen
Kolbenstangendurchmesser	
Zylinderdurchmesser	
Kolbenhub	
Arbeitsdruck	

Funktionstabelle für Verknüpfungselement

Vorlauf:

18 Die Bearbeitungsstation wird um eine Verteilerstation ergänzt, welche die Rollen aus einem Fallmagazin der Bearbeitungsstation zuführen soll.

In der Verteilerstation soll der Vorgang durch Druck auf den Schalttaster S1 beginnen, wenn sichergestellt ist, dass sich der Zylinder 2A1 in der hinteren Endlage befindet. Zuerst schiebt der Zylinder 1A1 das Werkstück nach vorne. Danach fährt 2A1 aus, um das Werkstück aufzunehmen. Anschließend fahren der Zylinder 1A1 und dann 2A1 in die Ausgangsposition zurück.

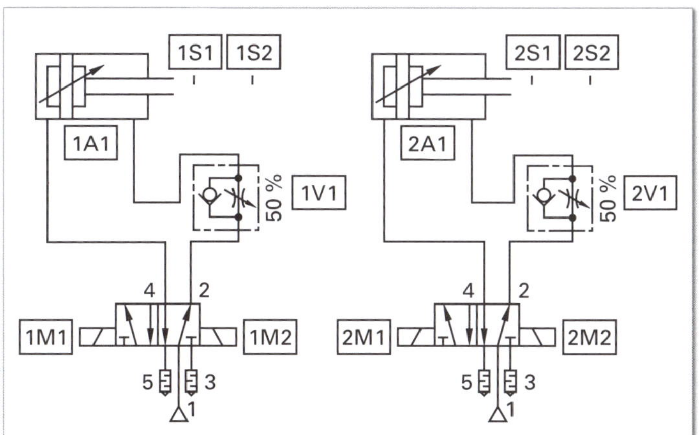

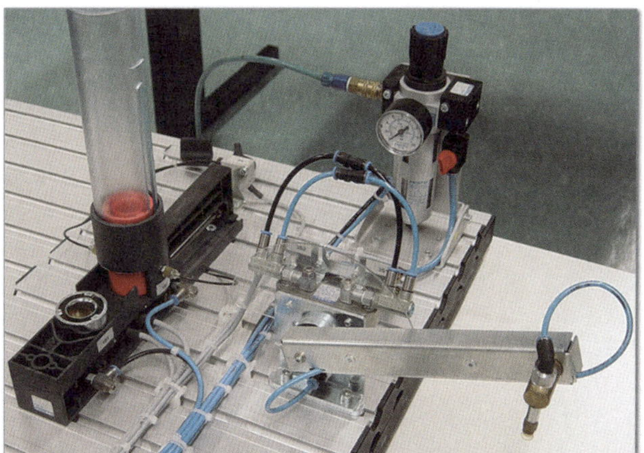

a) Ergänzen Sie die Bezeichungen der Bauelemente.

b) Beschriften Sie die Kontaktleisten und Anschlüsse.

c) Bauen Sie die Schaltung auf und überprüfen Sie Ihre Lösung.

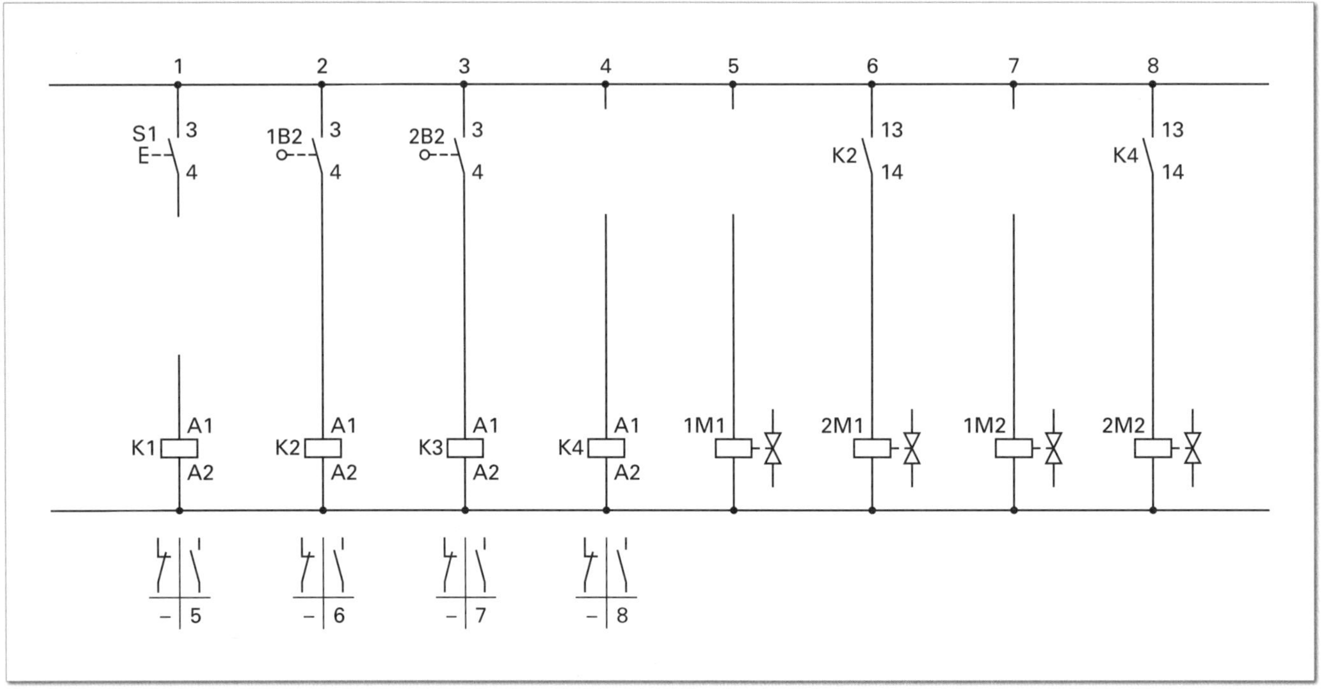

d) Beschreiben Sie den Ablauf der Steuerung in Stichpunkten.

e) Ergänzen Sie für die Ablaufsteuerung das Weg-Schritt-Diagramm.

f) Beantworten Sie die Fragen zur Fehlersuche.

Welche Ursachen haben folgende Fehler?

- Bei der Betätigung von Taster S1 fährt der Zylinder 1A nicht aus.

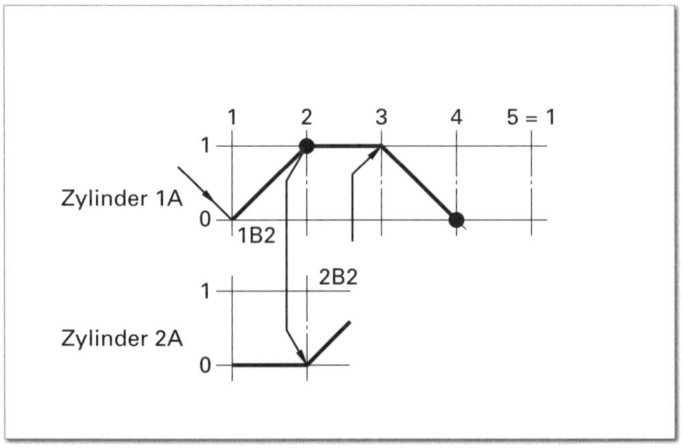

- Die Anlage bleibt nach dem Ausfahren von Zylinder 1A stehen.

Beschreibung der Lernsituation

Aus einem Fallmagazin werden Rollen aus PE und Metall mittels eines zweifachwirkenden Zylinders in die Entnahmeposition geschoben. Danach fährt der Schiebezylinder wieder ein und ein Greifer schwenkt automatisch in diese Position, um die Rollen mithilfe eines Vakuumsaugers aufzunehmen. Ist das voreingestellte Vakuum erreicht, schwenkt der Greifer in die Ablageposition und legt das Teil durch Abschalten des Vakuums ab. Der Greifer bleibt in dieser Lage, bis er durch einen Sensor in der vorderen Endlage des Schiebezylinders wieder den Befehl zum Schwenken in die Entnahmeposition erhält.

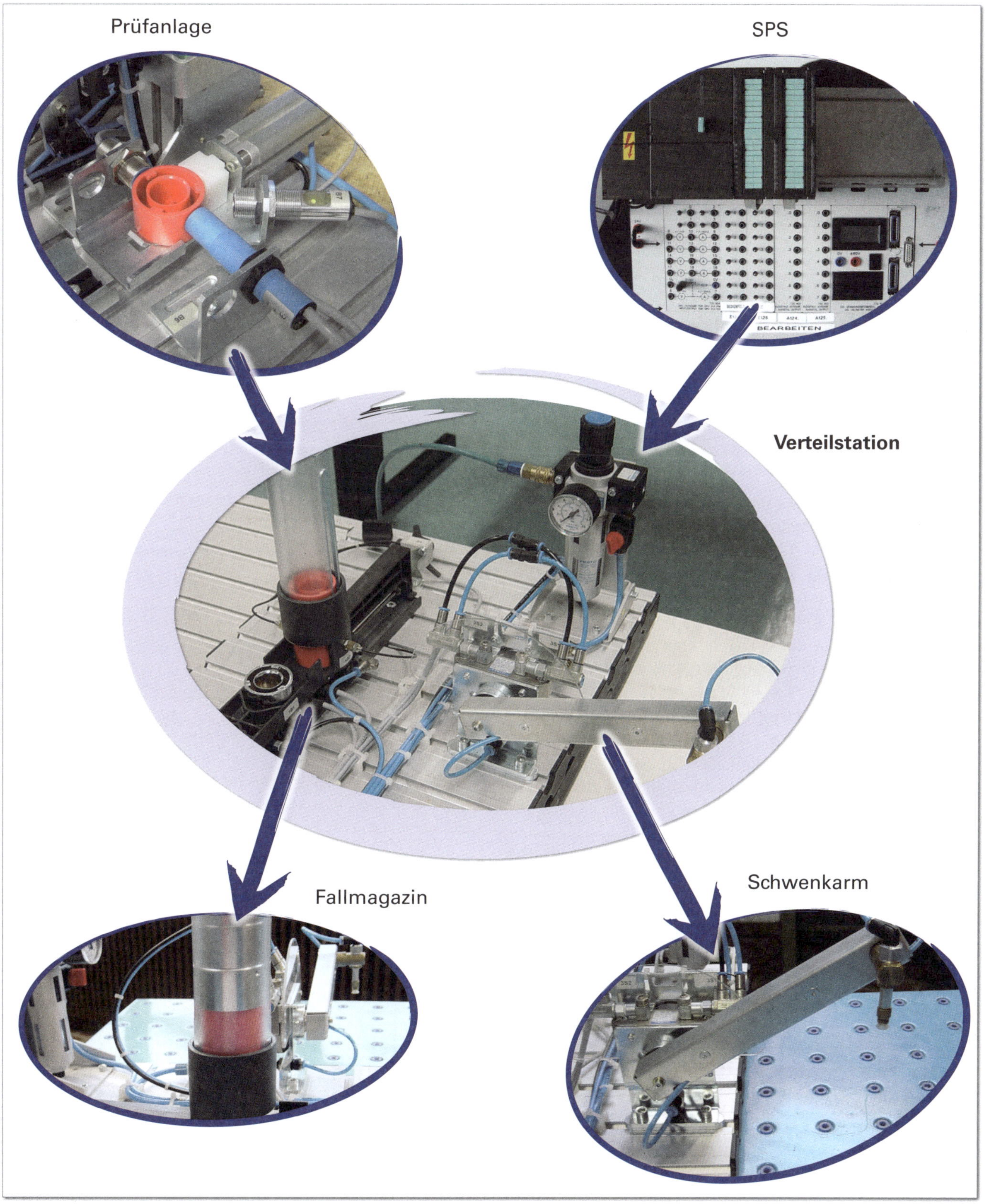

Aufgaben

1 Bevor das Fallmagazin gefüllt wird, muss in einer Prüfstation sichergestellt werden, dass nur helle Kunststoffrollen und Rollen aus Metall aufgenommen werden. Dunkle Kunststoffrollen müssen aussortiert werden. Durch den Einsatz von Sensoren soll diese Aufgabe automatisiert werden.

a) Nennen Sie 4 Sensorarten.

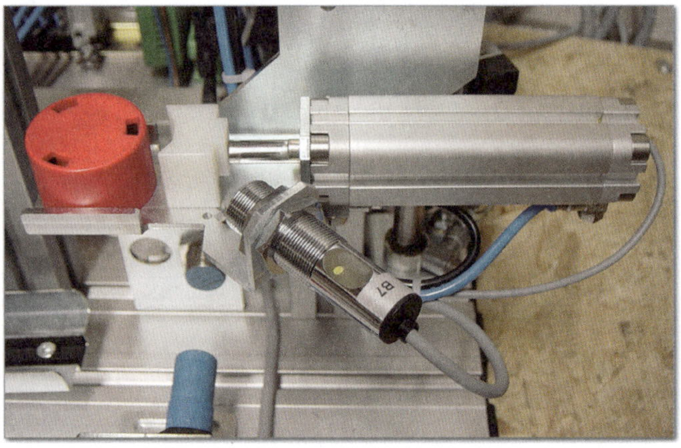

b) Ordnen Sie die Bezeichnungen den dargestellten Symbolen zu.

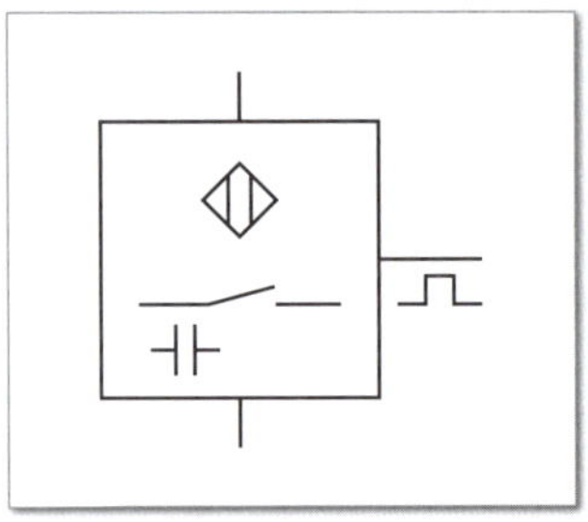
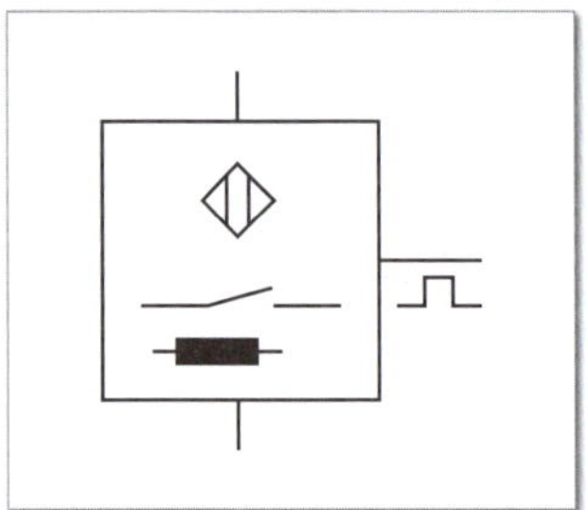
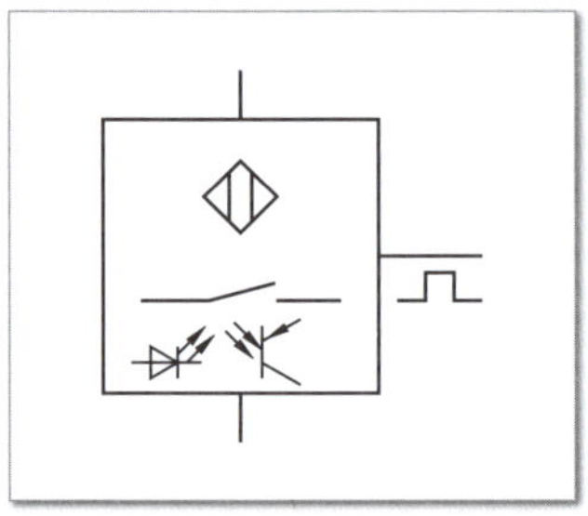
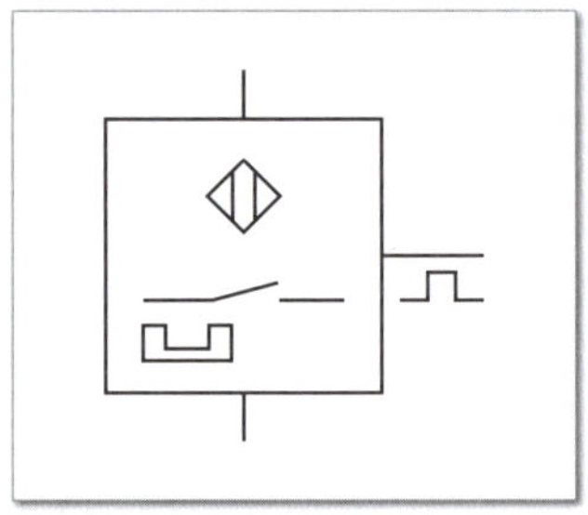

2 Untersuchen Sie das Verhalten der 4 Sensorarten bei verschiedenen Materialien und bestimmen Sie danach, wann welche Sensoren zum Einsatz kommen.

a) Schließen Sie die Sensoren entsprechend dem Schaltplan an und bestimmen Sie bei welchen Materialien die Sensoren ansprechen.

b) Schieben Sie die verschiedenen Messplatten langsam an den jeweiligen Sensor heran und messen Sie den Abstand s_n beim Ansprechen des Sensors.

c) Ziehen Sie das Teil langsam zurück und messen Sie den Abstand s_n, wenn der Sensor abschaltet.

d) Tragen Sie die Ergebnisse für Stahl in das Diagramm und das Ansprechverhalten in die Tabelle ein.

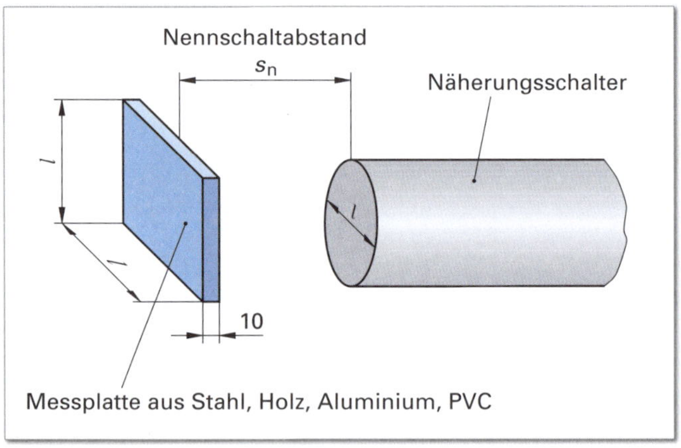

Material	kapazitiv	induktiv	optisch	magnetisch
Al				
St				
Holz				
PE				

Erkenntnis:

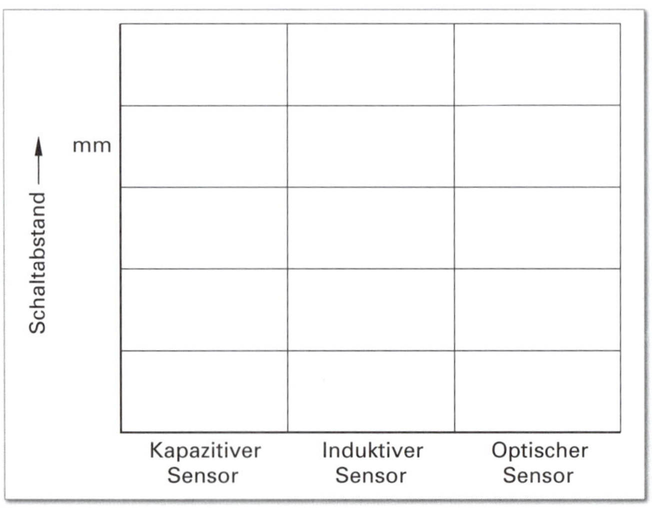

3 Die Verteilstation soll mit der Projekt Bearbeitungsstation verbunden werden. Die gesamte Anlage muss immer wieder neuen Prozessabläufen angepasst werden. Eine flexible Fertigung verlangt nach Problemlösungen, die schnell und ohne aufwendige Hardware-Änderungen durchgeführt werden können. Durch den Einsatz von speicherprogrammierbaren Steuerungen wird dies ermöglicht.

Ein zweifachwirkender Zylinder soll nach der Betätigung zweier Taster ausfahren und nach dem Erreichen der vorderen Endlage selbsttätig einfahren.

a) Bauen Sie die drei Schaltungen auf und beschreiben Sie die jeweiligen Vorteile.

b) Welche Änderungen sind bei den Schaltungen notwendig, wenn eine ODER-Bedingung der beiden Taster notwendig ist?

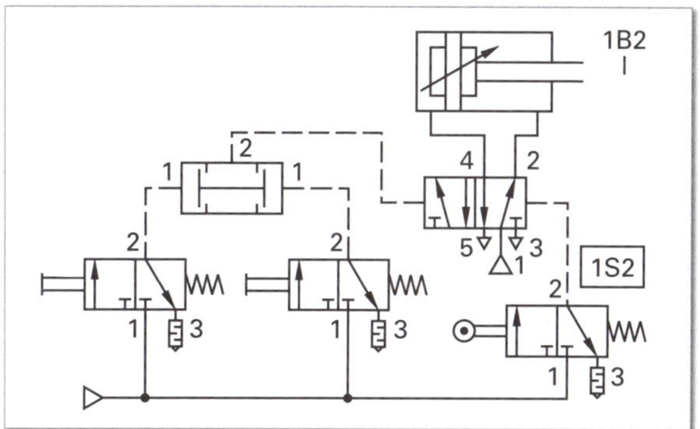

Vorteile:

ODER-Schaltung:

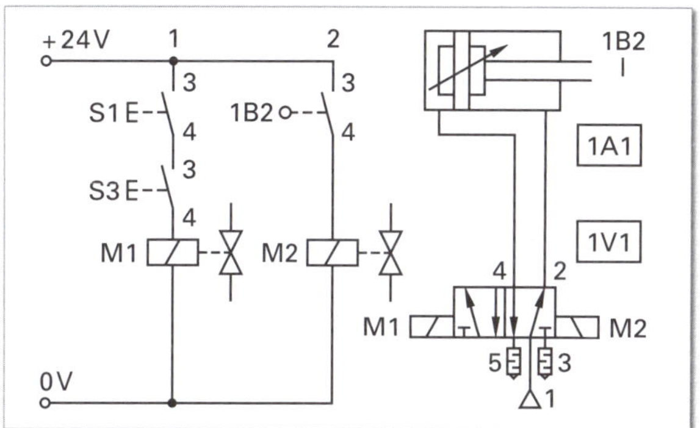

Vorteile:

ODER-Schaltung:

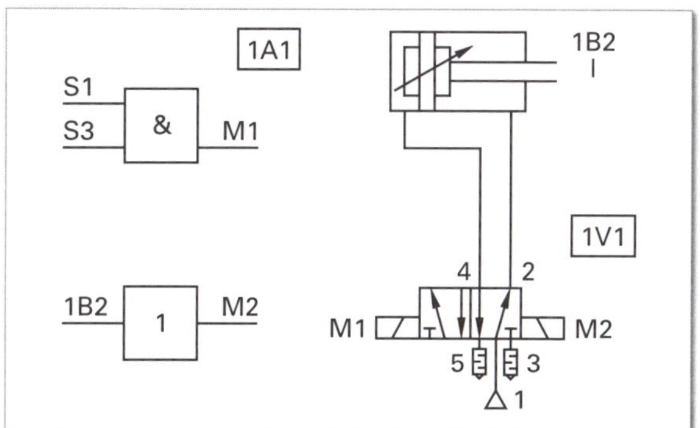

Vorteile:

ODER-Schaltung:

c) Beschreiben Sie den Unterschied zwischen einer **V**erbindungs**p**rogrammierbaren **S**teuerung (VPS) und einer **S**peicher**p**rogrammierbaren **S**teuerung (SPS) und nach welchem Prinzip arbeiten beide Steuerungen.

4 Die SPS gibt es als Kompaktausführung und in Modulbauweise. In der Modulbauweise werden verschiedene Bausteine auf einer Schiene (Rak) in festgelegter Reihenfolge angebracht. Jeder Steckplatz bekommt dabei eine Nummer, wobei die Steuerung durch Verwendung weiterer Steckplätze auf mehreren Schienen und Verbindung dieser miteinander erweitert werden kann.

a) Erklären Sie den Begriff Steueranweisung.

b) Aus welchen Gruppen besteht eine Steueranweisung? Nennen Sie dazu ein Beispiel.

c) Erklären Sie den Begriff Eingangsbaustein und nennen Sie die Anzahl der möglichen Anschlüsse?

Jeder Ein- bzw. Ausgangsbaustein bekommt eine Byte- und Bitadresse, die durch einen Punkt (.) voneinander getrennt sind. Die erste Byte- und Bitadresse beginnt mit der Ziffer 0.

d) Ordnen Sie die Begriffe den einzelnen Modulen zu.

Netzgerät; Eingangsbaustein; CPU; Ausgangsbaustein; Schnittstelle für PC.

e) Schließen Sie den Taster S1 an den Eingang E 124.3 und das Magnetventil _1V1 an die vierte Bit-Adresse vom zweiten Ausgangs-Byte an.

f) Beschriften Sie die Komponenten nach dem Aufbau der dargestellten Anlage.

g) Erklären Sie die vier Betriebsarten.

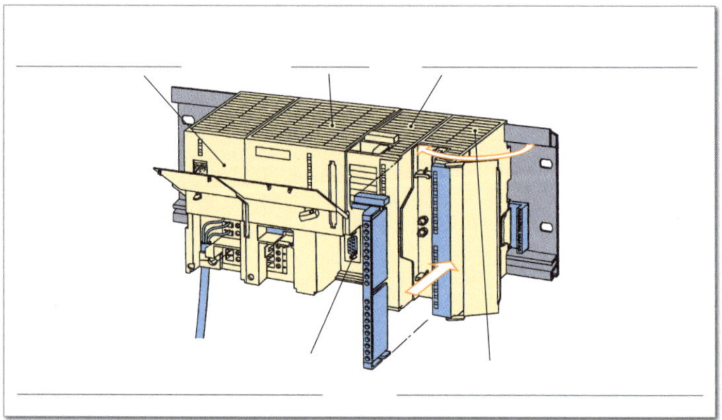

STOP:

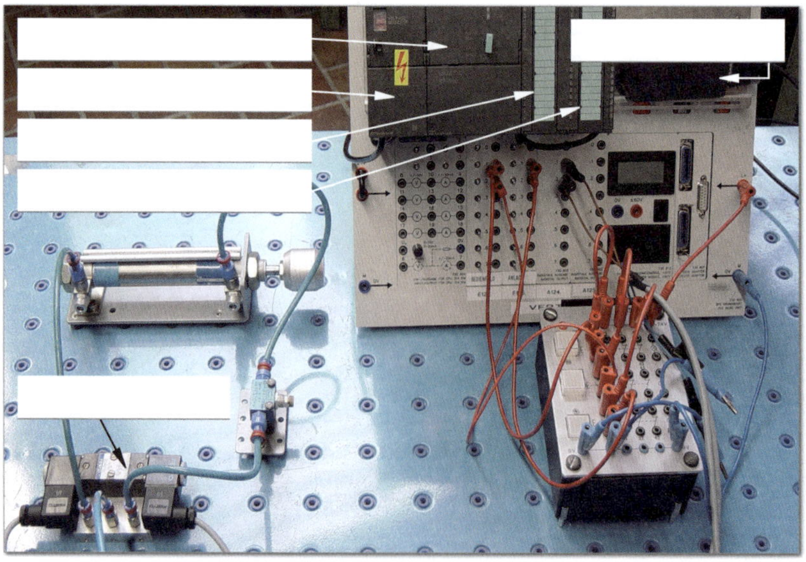

RUN:

RUN-P:

MRES:

5 Bevor die Verteilstation im Betrieb genommen wird, ist das Anschließen der Sensorik und Aktorik zu üben. Dazu wird folgende Problemstellung vorgegeben, die mit einzelnen Komponenten aufgebaut werden soll: Der Greiferarm soll nur dann schwenken, wenn der Schiebezylinder eingefahren ist (Grenzrollentaster S2), sich ein Werkstück im Fallmagazin befindet (S3) und ein Startknopf (S1) gedrückt wird. Das Zurücksetzen des Schwenkarms soll automatisch erfolgen, nachdem der Schwenkarm nach dem Ausfahren einen Grenzrollentaster (1S1) betätigt hat. Die Art des Stellgliedes ist aus dem pneumatischen Schaltplan zu entnehmen.

a) Erstellen Sie die Belegliste (Zuordnungsliste) mit den symbolischen und absoluten Adressen.

b) Zeichnen und beschriften Sie die Signal- und Stellglieder and die entsprechenden Anschlüsse der Ein- und Ausgangsbausteine.

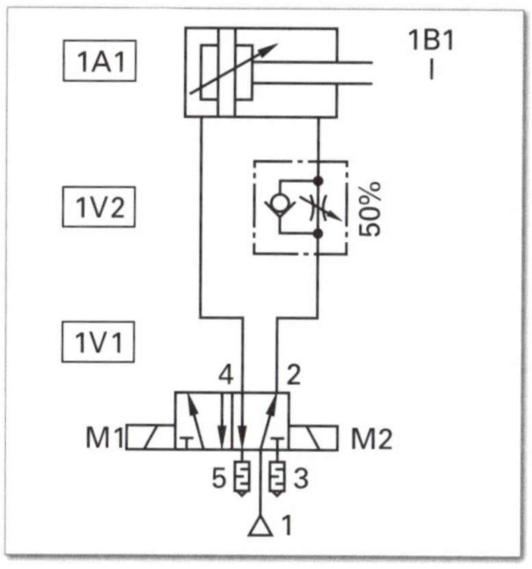

Symbolische Adresse	Absolute Adresse	Art	Kommentar
S1		Bool	Schließer

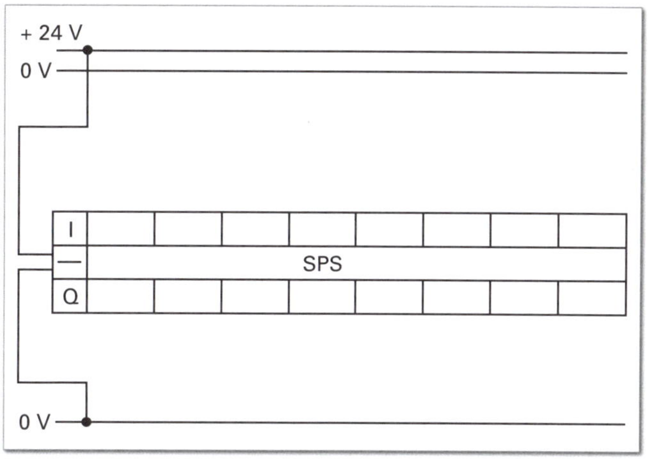

c) Warum muss eine Anlage mit einem Schließkontakt gestartet und mit einen Öffnerkontakt ausgeschaltet werden?

6 Es stehen zur Programmierung die Programmiersprachen **An**w**eisungsl**iste (AWL), der **Ko**ntakt**p**lan (KOP) und der **Fu**nktions**p**lan (FUP) zur Verfügung. Die Aufgabe ist im FUP darzustellen.

- Benennen Sie die Symbole für den Funktionsplan (FUP) und ergänzen Sie die Beschriftung.

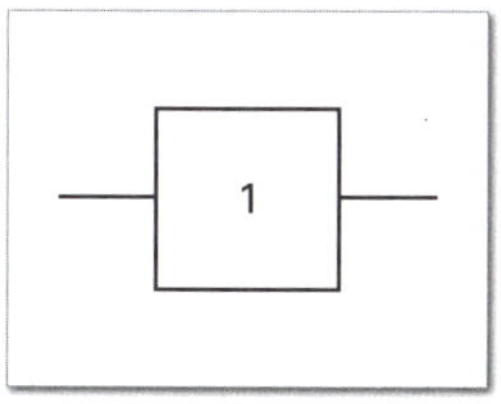

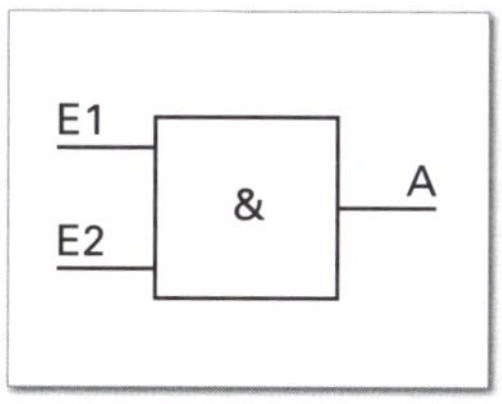

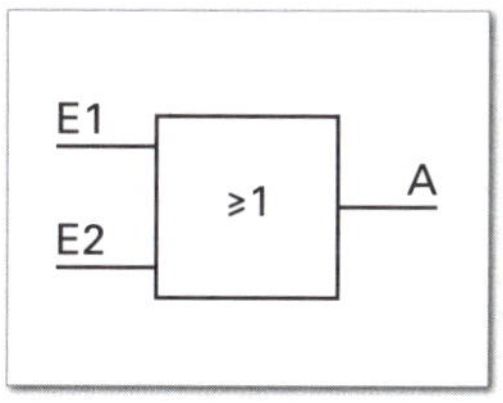

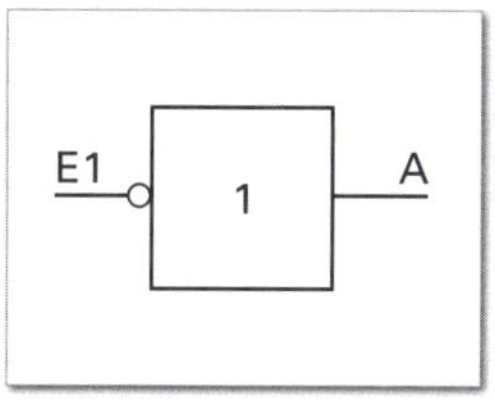

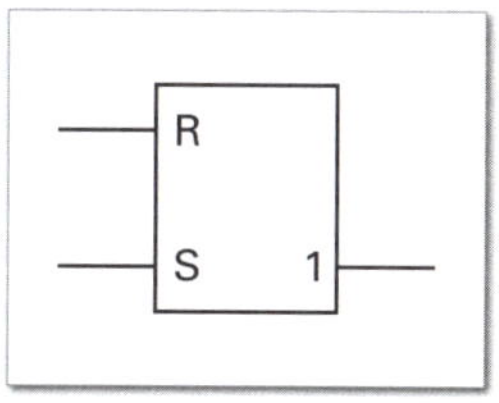

- Schreiben Sie das SPS-Programm in der Programmiersprache FUP, schließen Sie die Sensoren und Aktoren an die Ein- bzw. Ausgangsbausteine an und verbinden Sie die SPS mit Hilfe des MPI-Kabels mit dem PC.
- Schalten Sie das Netzgerät ein und stellen Sie den Schlüsselschalter auf STOP.
- Laden Sie Ihr Programm in die SPS und stellen Sie den Schlüsselschalter auf RUN.
- Klicken Sie auf die Betriebsart on-line und überprüfen Sie Ihr Programm.
- Drucken Sie Ihr Programm nach erfolgreichem Ablauf aus und schreiben Sie die Lösung in den nebenstehenden Freiraum.

7 Das Stellglied für Zylinder 1A schaltet nicht mehr zurück. Als Alternative muss bis zur Ersatzteillieferung ein 5/2-Wegeventil mit Federrückstellung eingesetzt werden.

- Ändern Sie den Pneumatikschaltplan ab.
- Tauschen Sie das 5/2-Wegeventil aus.
- Ändern Sie Ihr Programm entsprechend ab, laden Sie es in die SPS und überprüfen Sie Ihre Änderungen auf Richtigkeit.
- Skizzieren Sie das Symbol für Speicherglied mit „dominierend aus" Befehl.
- Kleben Sie Ihren Programmausdruck in den Freiraum.

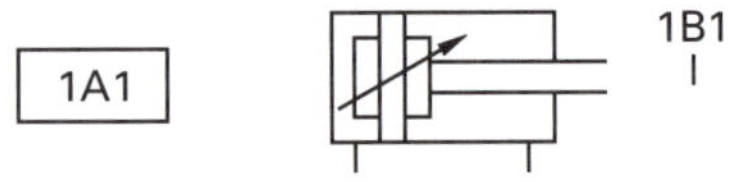

8 Um ein Überschreiben des bestehenden Programms zu vermeiden ist es sinnvoll Versionen anzulegen.

- Legen Sie ein neues Projekt nach dem gegebenen Beispiel an.

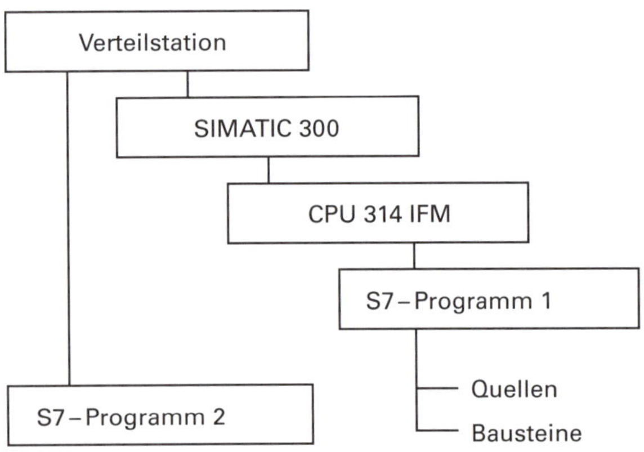

Programm in FBS

9 Bei der Verteilstation werden berührungslose Signalgeber (Initiatoren) eingesetzt. Diese Sensoren haben drei Kabel (Rot für Plusanschluss, Blau für Minusanschluss und Schwarz für Signalleitung). Der Anschluss soll vor der Inbetriebnahme der Verteilstation an der Aufgabe aus Punkt 7 geübt werden. Ersetzen Sie den Grenzrollentaster S3 mit einem kapazitiven Sensor und ergänzen Sie das Anschlussschema.

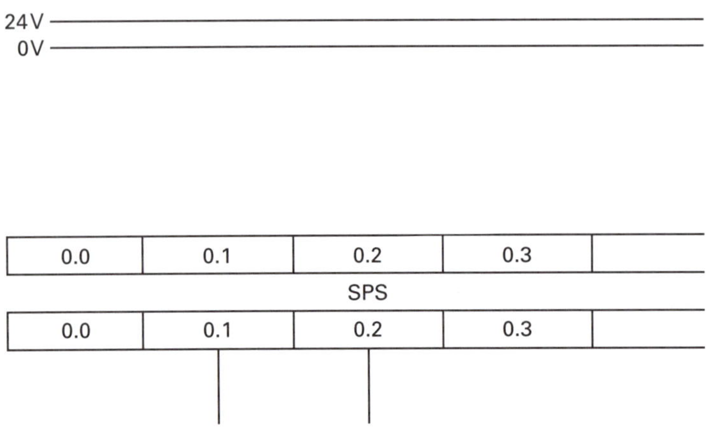

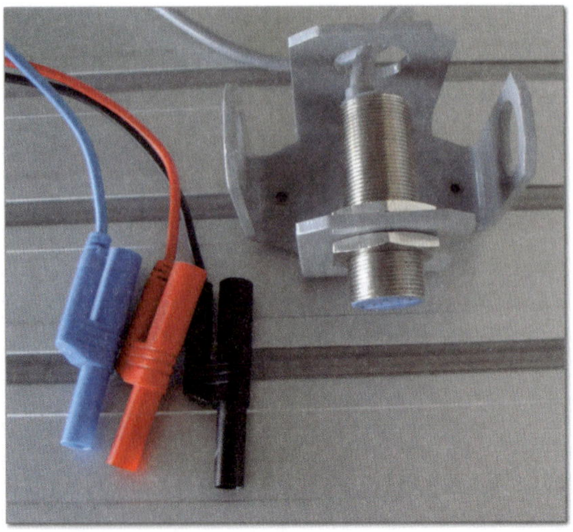

10 Eine Verteilstation soll von Ihnen in Betrieb genommen werden. Es liegen für die Anlage der Pneumatikschaltplan und die Belegungsliste vor.

a) Schließen Sie die Verteilstation an die SPS an und verbinden Sie diese mit Ihrem PC.

b) Überprüfen Sie die korrekte Belegung der Eingänge mit den Angaben der Belegungsliste.

c) Beheben Sie die Fehlbelegungen.

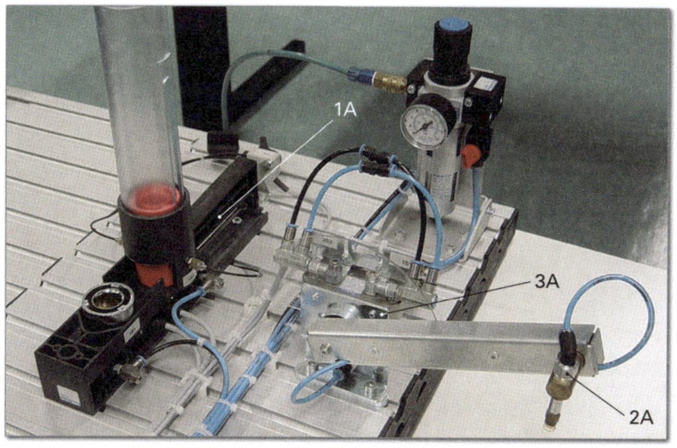

Symbolische Adresse	Absolute Adresse	Kommentar

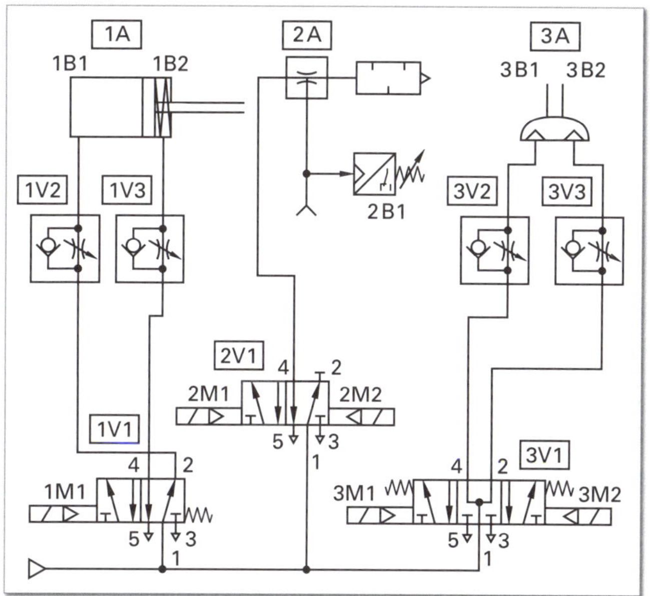

d) Markieren Sie im Programm die Bedingungen zum Schwenken des Greifarms.

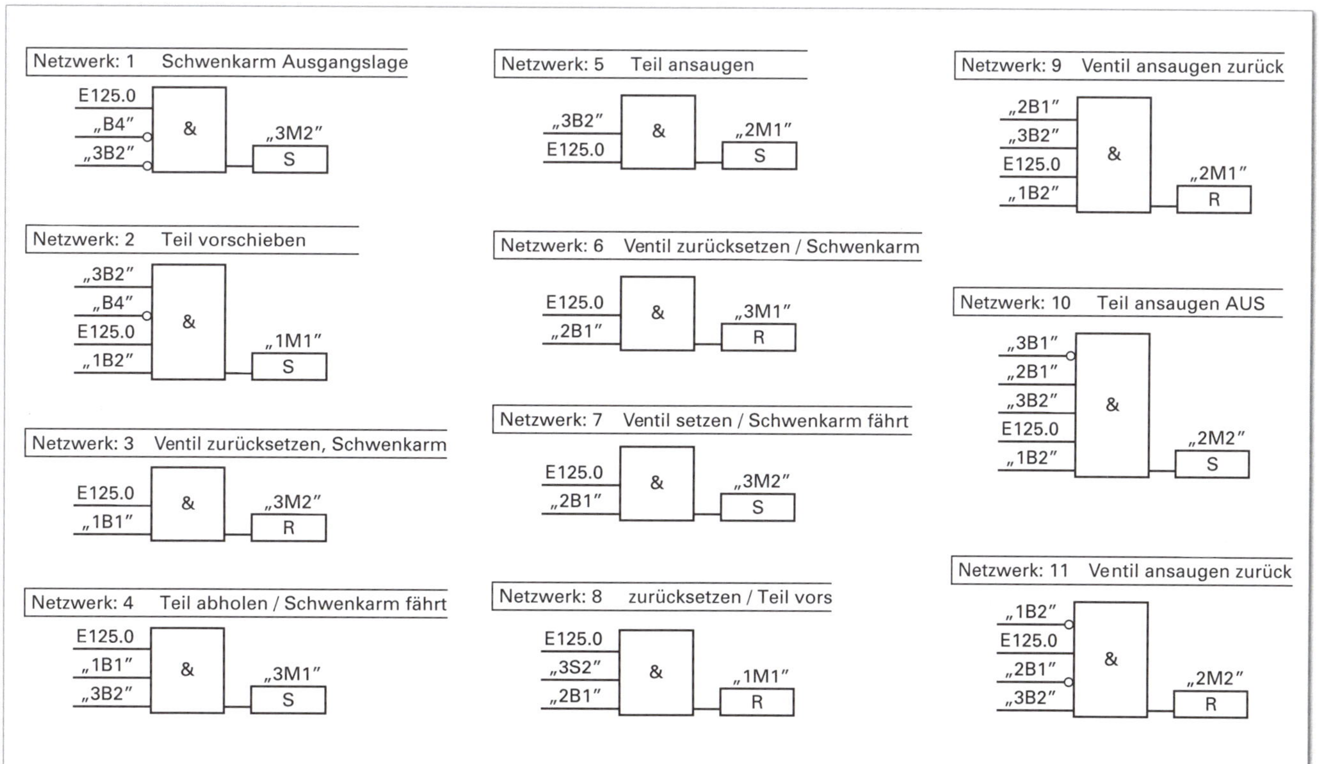

11 Nach DIN 19 237 werden alle Steuerungen, die zwangsläufig schrittweise ablaufen, als Ablaufsteuerungen bezeichnet. Es ist immer nur ein Schritt aktiv.

a) Welche Bedingungen müssen zur Ausführung des nächsten Schrittes erfüllt sein?

b) In welche zwei Gruppen werden Ablaufsteuerungen aufgrund der Weiterschaltbedingungen unterteilt?

c) Beschreiben Sie den Unterschied zwischen einer linearen und strukturierten Programmierung.

12 Umfangreiche Steueranweisungen und immer wiederkehrende Bedingungen können mithilfe von Merkern entflochten bzw. abgefragt werden. Die Zwischenergebnisse von Verknüpfungen werden in Merkern (interne Speicher) abgelegt. Sie werden wie Ausgangssignale behandelt und können als Eingangsbedingungen immer wieder aufgerufen werden.

a) In welche zwei Gruppen werden Merker eingeteilt?

b) Erklären Sie den Begriff „Setzen".

c) Zeichnen Sie ein SR- und ein RS-Symbol in der Funktionsbausteinsprache.

d) Entflechten Sie die dargestellte Steueranweisung mithilfe von Merkern.

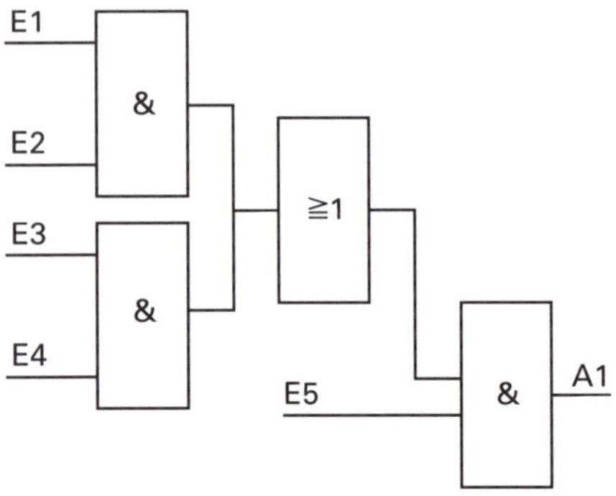

13 Stellen Sie das Programm im Funktionsplan dar.

14 Nach Rücksprache mit dem Programmierer wird Ihnen versichert, dass das Programm bereits simuliert wurde und fehlerfrei ist. Sie haben die Belegungsliste und den Schaltplan überprüft und etwaige Fehler behoben.

Nach dem Betätigen des Starttasters bleibt der Schiebezylinder aber eingefahren.

a) Welche Fehler können vorliegen?

____

____

____

b) Beheben Sie den festgestellten Fehler.

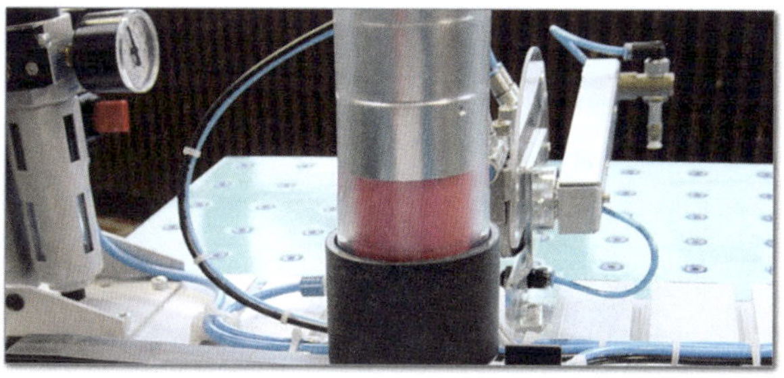

c) Nach der Fehlerbehebung fährt der Kolben nun aus, aber der Schwenkarm bleibt zurückgesetzt. Welche Fehler können vorliegen?

____

____

____

d) Beheben Sie den festgestellten Fehler.

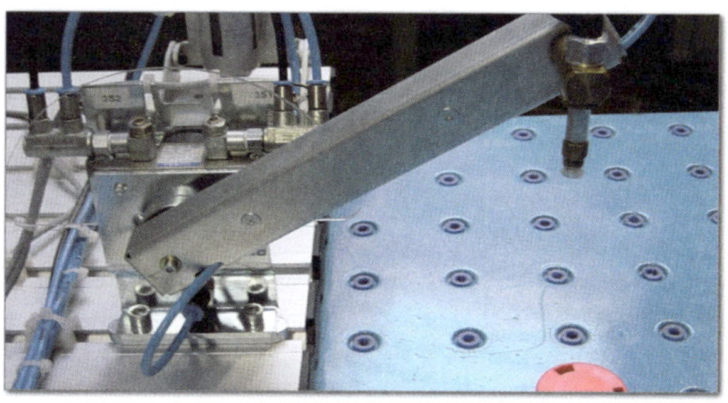

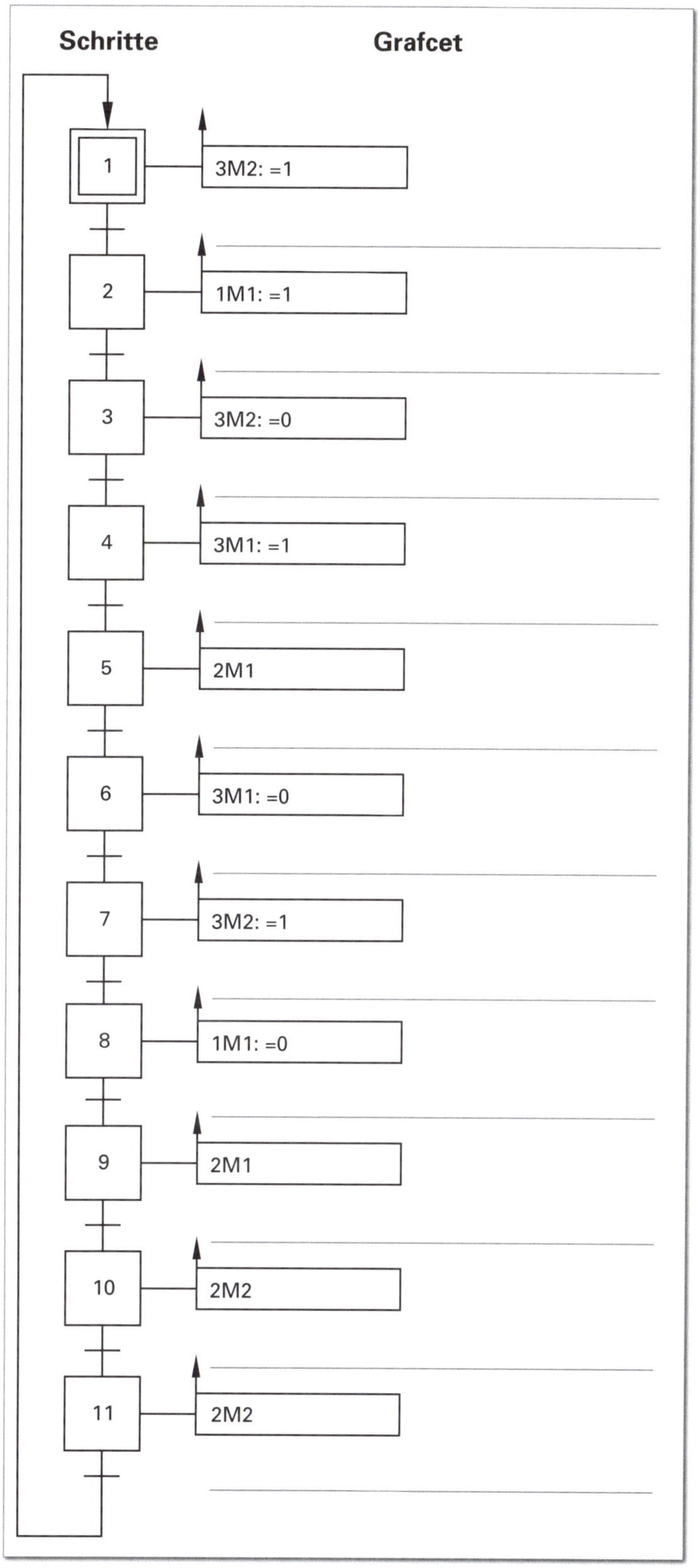

e) Welche Bedingungen müssen zum Einfahren des Zylinders 1A erfüllt sein?

____

f) Benennen und begründen Sie die Ventilart für den Schwenkarm.

____

____

g) Welche Maßnahme ist zu treffen, wenn sichergestellt werden soll, dass ein Einfahren des Zylinders 1A nur im Falle eines freien Entnahmeplatzes möglich ist?

h) Ergänzen Sie den Programmausschnitt um die notwendige Änderung, schließen Sie den Sensor an die SPS an und überprüfen Sie die Funktion der Änderung.

i) Zeichnen Sie das Symbol für den verwendeten Sensor und beschriften Sie die Anschlüsse.

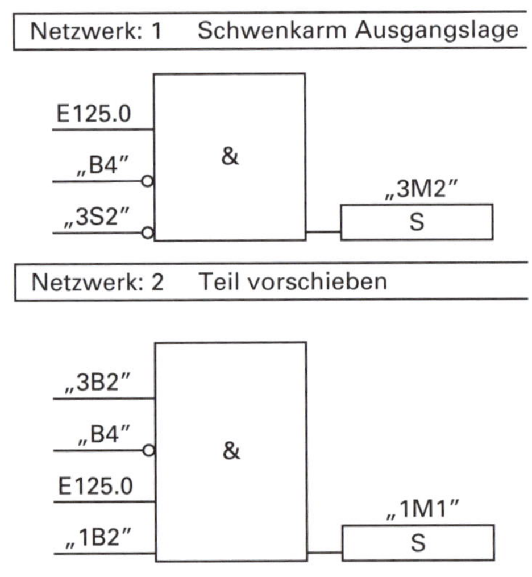

j) Ergänzen Sie beispielhaft, eine aus drei Netzwerken bestehende Ablaufkette.

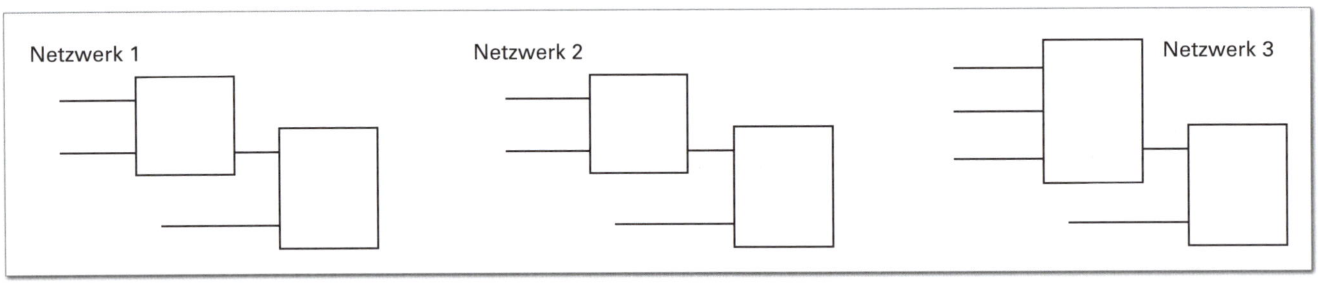

15 Erstellen Sie für die Verteilstation eine Präsentation mittels Power Point.

Die Power Point Show soll folgende Folien enthalten:

- Folie 1: Beschreibung des Projekts in Stichpunkten und Detailbezeichnungen mit Einblendung auf das Projektfoto bezogen.
- Folie 2: Darstellung des modularen Aufbaus der SPS.
- Folie 3: Pneumatikschaltplan und schrittweise Einblendung der Sensoren und Aktoren in die Belegliste.
- Folie 4: Verdrahtungsschema
- Folie 5: SPS-Programm
- Folie 6: Schema zur Fehlerdiagnostik

Beschreibung der Lernsituation

Aus einer Bearbeitungsstation sollen Rollen aus weißem Kunststoff und aus Metall entnommen werden, die dann auf einer Palette aufgereiht werden. Dunkle Kunststoffrollen sollen aussortiert werden. Für diese Handhabung wird ein Industrieroboter eingesetzt. Der Roboter soll nur starten, wenn ein Werkstück in der Entnahmestelle der Bearbeitungsstation liegt.

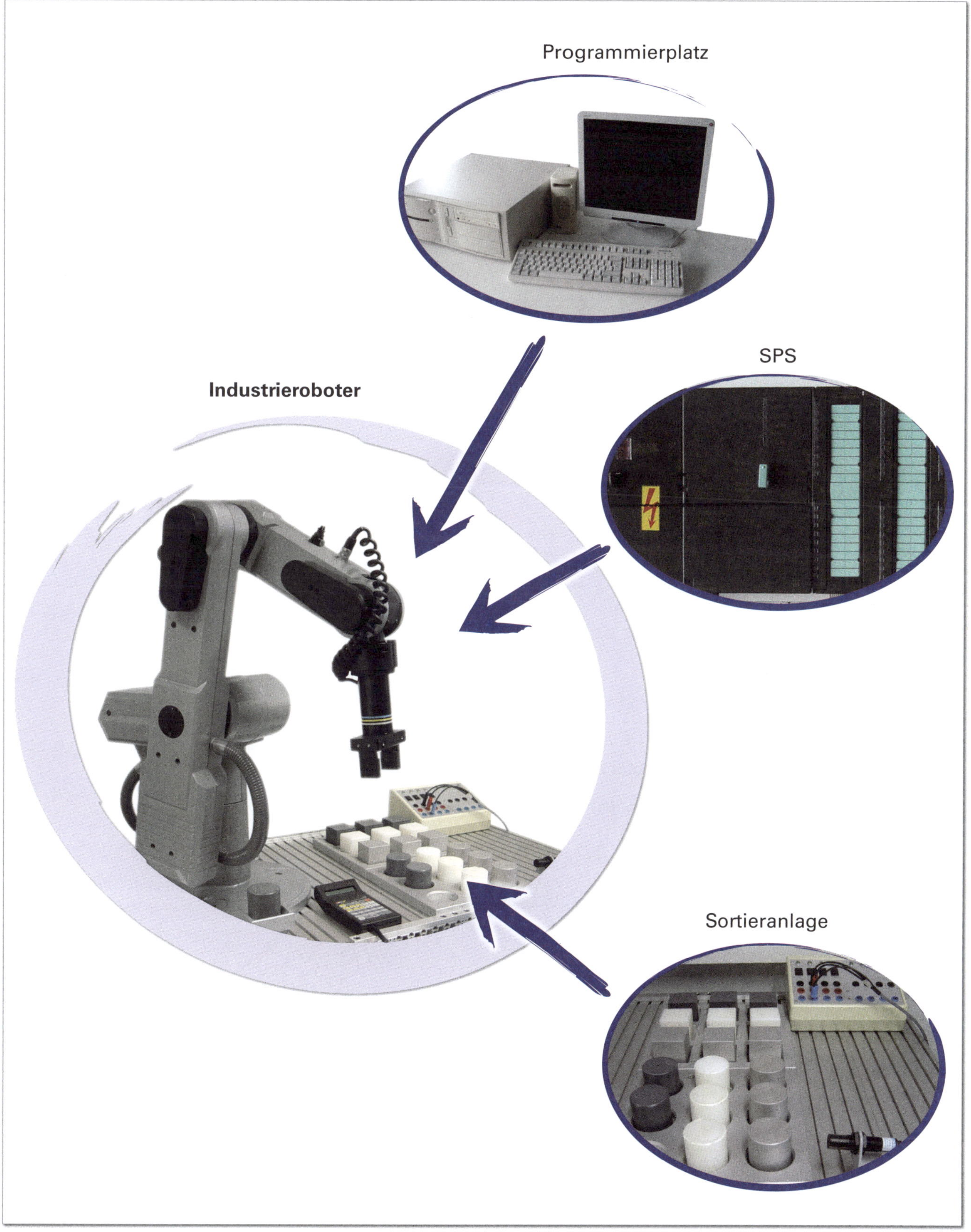

Aufgaben

Für die beschriebene Aufgabe stehen verschiedene Handhabungsgeräte zur Auswahl. Erstellen Sie eine Übersicht der Handhabungseinrichtungen.

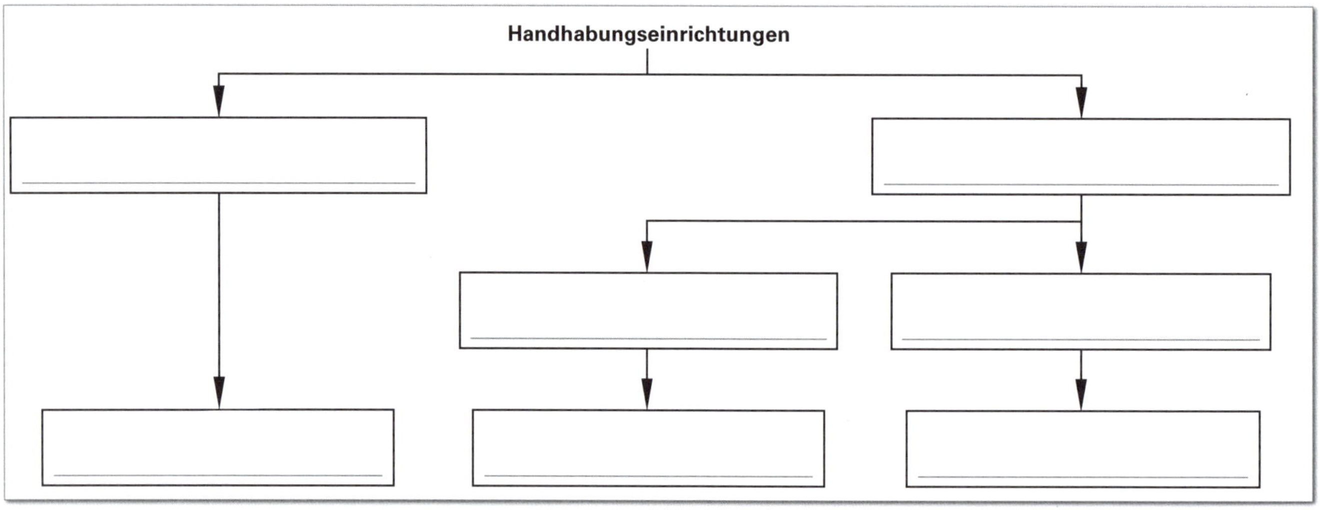

2 Erklären Sie die jeweiligen Vorteile und Nachteile von Einlegegeräten und Industrierobotern.

Einlegegerät:

Industrieroboter:

3 Warum ist für die beschriebene Aufgabe ein Industrieroboter einzusetzen?

4 Die Handhabung eines Industrieroboters setzt die Kenntnis dessen Achsen und Koordinaten voraus.

a) Zeichnen Sie die 6 Achsen des Industrieroboters mit Greifer ein.

b) Benennen Sie die Bauart des dargestellten Industrieroboters.

c) Benennen Sie die Achskombination und die Form des Arbeitsraums.

d) Bestimmen Sie mithilfe des Handbuches folgende Leistungsmerkmale des Roboters.

Nennlast:

Wiederholgenauigkeit:

Positioniergenauigkeit:

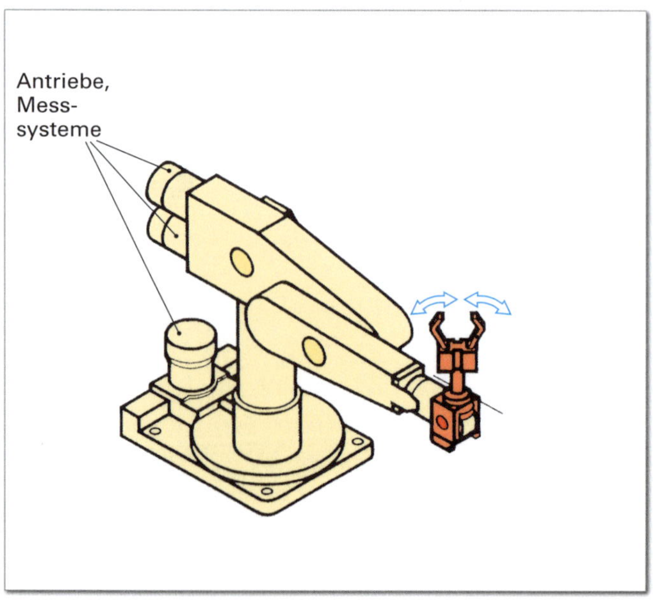

5 Die Lage des Roboters, der Entnahmestation und der Werkstückablage muss in einem Koordinatensystem dargestellt werden, um die Positionen des Werkzeugnullpunktes TCP (Tool Center Point) zu bestimmen.

a) Vermessen Sie die Lage der Entnahmestation zur Werkstückablage und stellen Sie beide in der Draufsicht dar. Danach, bemaßen Sie Ihre Zeichnung.

b) Fahren Sie den Roboter in Grundstellung und zeichnen Sie dessen Lage, sowie dessen Koordinatenursprung in die Zeichnung ein.

b) Erklären Sie die folgenden Fachbegriffe:

Hauptachsen:

Nebenachsen:

Translatorisch:

Rotatorisch:

Wegmesssystem:

6 Man unterscheidet verschiedene Programmier- und Steuerungsarten.

a) Stellen Sie die einzelnen Programmierarten gegenüber.

Teach-in-Programmierung	Play-back-Programmierung	Textuelle Programmierung

b) Ergänzen Sie die Darstellung der beiden Steuerungsarten und erklären Sie deren Bewegungsabläufe.

Steuerungsart	Bewegungsablauf
Punktsteuerung 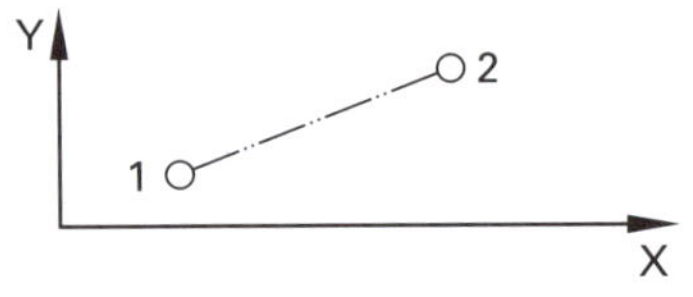	
Bahnsteuerung 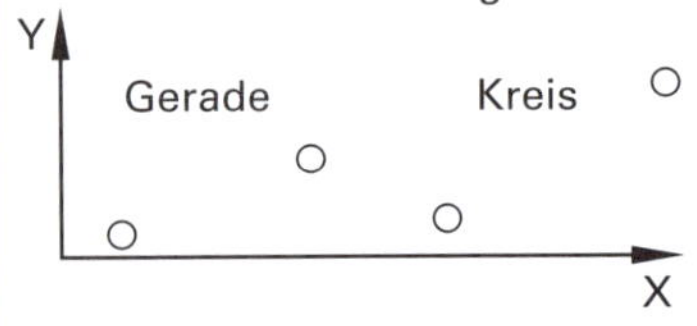	

d) Erklären Sie den Begriff des „Überschleifens" bei der Bahnsteuerung und ihre Bedeutung.

7 Nachdem der Roboter in Grundstellung gefahren wurde, können die anzufahrenden Positionen festgelegt werden.

a) Markieren Sie die einzelnen Positionen in dem Foto mit Pos. 1, Pos. 2 usw.

b) Die Startposition hat die Position 100.

c) „Teachen" und speichern Sie die einzelnen Positionen mithilfe der Teachbox.

b) Beschreiben Sie den Bewegungsablauf.

8 Nachdem die einzelnen Zielpositionen gespeichert wurden, kann der Bewegungsablauf programmiert werden. Die Programmiersprache ist herstellerspezifisch und baut auf Sprachen wie z. B. Pascal auf.

a) Schreiben Sie das Programm auf dem Programmierplatz für den unter 7b beschriebenen Bewegungsablauf.

b) Speichern Sie das Programm, laden Sie es in den Rechner des Roboters und testen Sie den Bewegungsablauf im Einzelschritt-Verfahren.

c) Verbessern Sie etwaige Fehler und starten Sie das Programm im automatischen Ablaufmodus.

9 Da die Palette der Sortierstation bemaßt ist, kann die Programmierung der weiteren Zielpunkte relativ zur ersten Ablageposition am Programmierplatz eingegeben werden.

a) Ergänzen Sie die relativen Koordinaten im Positioniermodus.

b) Teachen Sie eine Ablageposition links von der Entnahmeposition für die dunklen Ausschussteile.

c) Speichern Sie die gesamten Positionen unter Ihren Klassennamen ab und ergänzen Sie die Liste.

d) Tragen Sie die Positionen in das Foto ein und ergänzen Sie dementsprechend das Programm.

Programmname:

Programmergänzung für Palettenreihe 1 und 2, sowie Ablageposition.

Pos	X	Y	Z	Dreh ∢	Schwenk ∢
100					
1					
2					
3					
4					
5					
6					
7					
8					
9					
10					
11					
12					
13					
14					
15					
16					

10 Entsprechend der Projektbeschreibung soll der Roboter nur dann starten, wenn in der Entnahmestelle ein Werkstück vorliegt.

a) Wie kann diese Vorgabe gelöst werden?

b) Wenn die dritte Position in einer Reihe der Sortierstation belegt wurde, soll ein Ausgangssignal gesetzt werden. Es soll eine separate Leuchte für die erste und zweite Reihe aufleuchten und eine Anzeige z. B. am Display mit „Palette voll" erscheinen. Ergänzen Sie das Programm dementsprechend.

11 Das Programm soll zuerst im Einzelschritt und dann im Automatikbetrieb gestartet werden.

a) Welche Sicherheitsmaßnahmen sind beim Einsatz eines Roboters zu berücksichtigen?

b) Lassen Sie das Programm abarbeiten und verbessern Sie etwaige Befehle oder Positionen.

c) Vorhandene Hindernisse können mithilfe von speziellen Anweisungen umfahren werden.

Zeichnen Sie eine Position X für das Umfahren des Hindernisses ein, um zur Zielposition Y zu kommen.

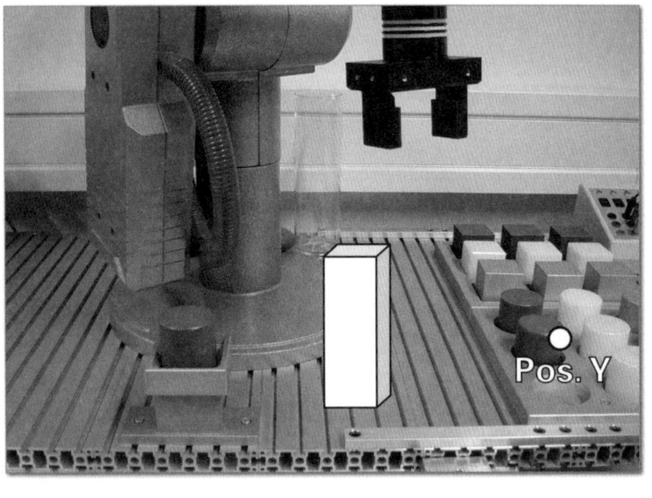

d) Welche Programmsätze müssen ausgetauscht werden, wenn dieses Hindernis permanent umgangen werden muss.

Wie lautet dann die jeweilige Anweisung?

Beschreibung der Lernsituation

Bei der Trinkwasserversorgung wird Grund-, Quell- oder Seewasser in Hochbehälter gepumpt, zwischengespeichert und von dort an Städte und Gemeinden verteilt. Der Füllstand in den Hochbehältern soll möglichst konstant gehalten werden, obwohl von den Haushalten unterschiedlich viel Wasser entnommen wird. Vom Hochbehälter gelangt das Wasser über Verteiler in die Speicher der Brauchwasseranlagen der Haushalte. Von dort wird es von uns direkt aus einem Wasserhahn entnommen oder beispielsweise im Behälter an der Toilettenspülung zunächst nochmals zwischengespeichert.

Die Füllstandsanlage simuliert nun vereinfacht die Wasserversorgung, von der Entnahme des Rohwassers beispielsweise aus einer Quelle, das Befüllen eines Hochbehälters mit einer Pumpe und die anschließende Entnahme durch einen Haushalt. Für diese Lernsituation stehen zwei Behälter zur Verfügung, ein Behälter stellt den Hochbehälter dar, ein zweiter Behälter den Brauchwasserspeicher eines Haushalts. Mit einer Kreiselpumpe soll das Quellwasser in den Hochbehälter gepumpt werden.

An der Anlage werden Volumenströme, Drücke und Füllstände in einer bestimmten Zeit erfasst. Dabei wird mit veränderlichen Ventilstellungen bzw. elektrischen Spannungen gearbeitet.

Gesamtansicht Füllstandsanlage

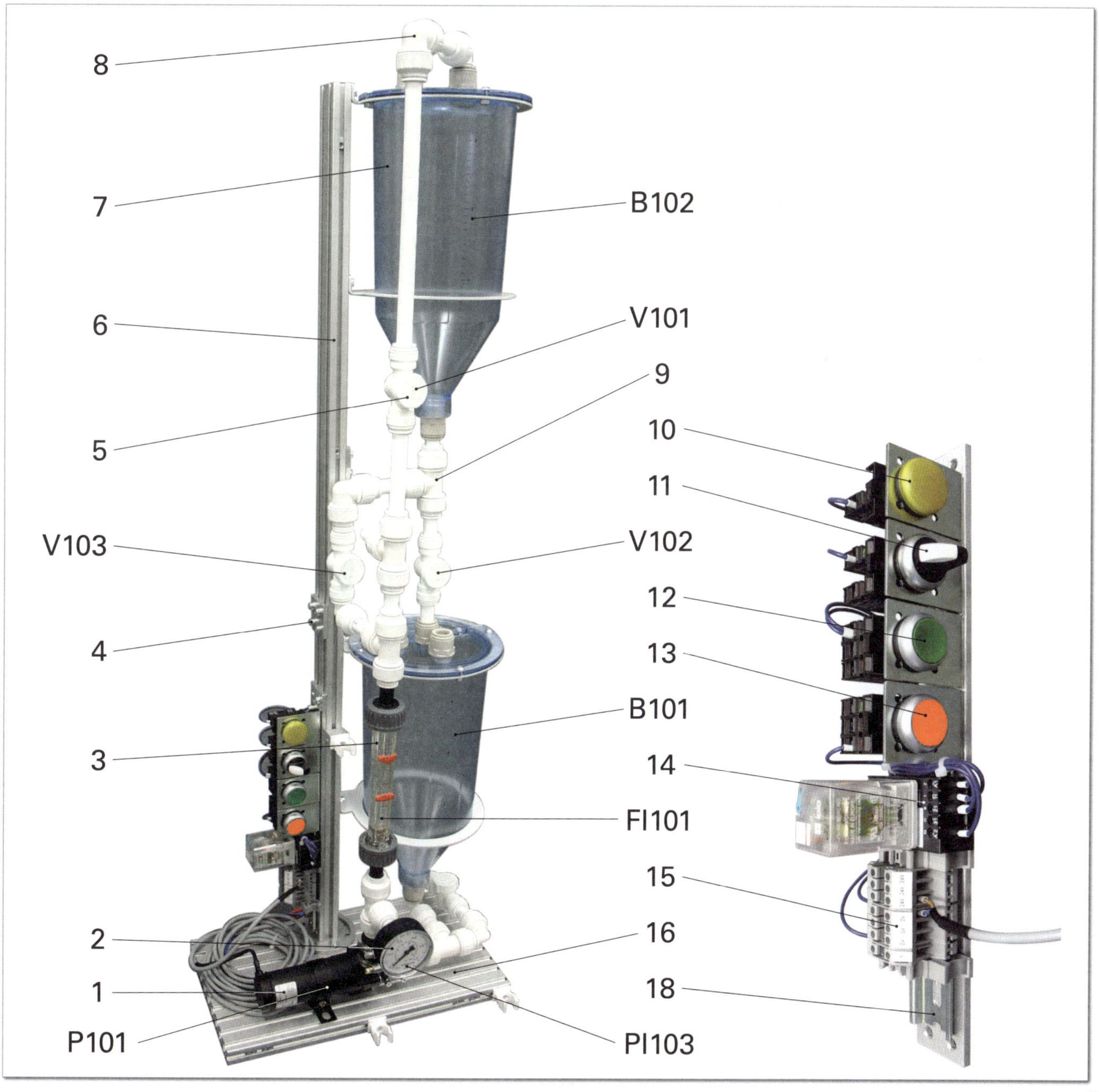

Stückliste Füllstandsanlage

Pos. Nr.	Stück	Benennung
1	1	Pumpe
2	1	Manometer vormontiert auf T-Steckverbinder
3	1	Schwebekörper Durchflusssensor
4	2	Profilverbinder
5	4	Absperrhahn
6	2	Rechteckprofil 40 × 20
7	2	Tank (Behälter)
8	5	90°-, gerade Steckverbinder
9	5	T-Steckverbinder
10	1	Leuchtmelder 24 V mit Montagewinkel
11	1	Elektrischer Stellschalter mit Montagewinkel
12	1	Elektrischer Taster, Start, mit Montagewinkel
13	1	Elektrischer Taster, Stopp, mit Montagewinkel
14	1	Relais, mit Montagewinkel
15	1	Klemmenblock
16	2	Profilplatte 350 mm × 200 mm
17	1	Netzteil 24 V DC
18	1	Hutschiene
		Leitungen rot und blau, Endhülsen, Kabelbinder
	2 m	Gerade Rohrstücke
	4	Blindstopfen

Aufgaben

1 Mit der Füllstandsanlage können Füllstands-, Befüllungs- und Umpumpvorgänge, wie sie häufig im Alltag auftreten modellhaft nachvollzogen werden. Finden Sie Beispiele aus der industriellen Praxis für solche Prozesse und stellen Sie diese in Wort und Bild in einer Präsentation zusammen.

2 Das Rohrleitungs- und Instrumentenfließschema (RI-Fließbild) stellt die technische Ausrüstung einer Anlage mit Hilfe von grafischen Symbolen dar, die durch Linien verbunden werden. Die grafischen Symbole zeigen die Anlagenteile, die Linien kennzeichnen die Rohrleitungen, sowie elektrische Funktionen und Signale für Messen, Steuern und Regeln.

a) Ergänzen Sie fehlende Bezeichnungen in der Tabelle und zeichnen Sie die grafischen Symbole für die Bauteile ein.

b) Erstellen Sie mit den Bauteilen aus der Tabelle das RI-Fließbild der Anlage. Orientieren Sie sich am Foto der Anlage.

Bauteilliste:

Kennzeichnung	Grafisches Symbol	Bedeutung des grafischen Symbols
B101, B102		
		Handventil
FI101		

RI-Fließbild:

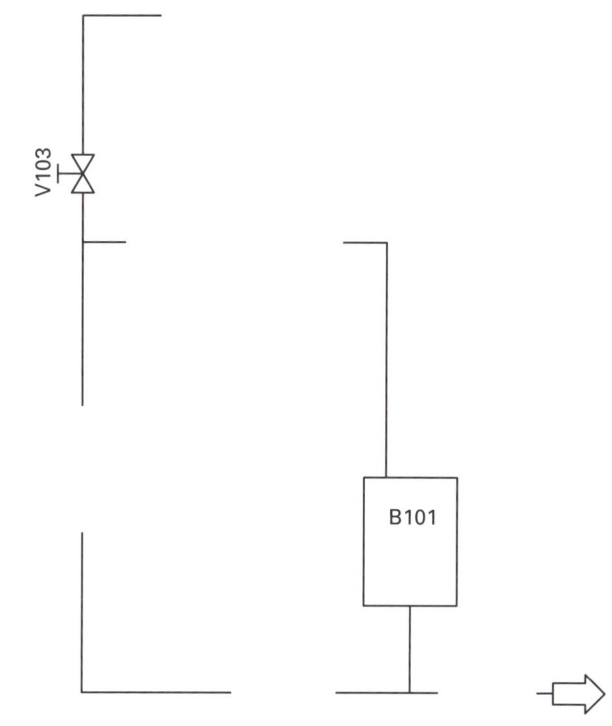

3 In der Füllstandsanlage wird mit der Pumpe P101 Wasser vom unteren Behälter B101 in den Hochbehälter B102 gepumpt. Grenzen Sie die Begriffe „Steuern" und „Regeln" am Beispiel des Dosiervorgangs im Hochbehälter ab.

Steuern:

Regeln:

4 Im Hochbehälter soll ein Füllstand von 2 l gehalten werden, auch wenn über das Handventil V102 eine beliebige Menge Wasser entnommen wird.

Ordnen Sie dem Regelkreis der Füllstandsanlage die nachfolgenden regelungstechnischen Begriffe zu:

Führungsgröße *w*, Regler, Messeinrichtung, Störgröße *z*, Regelstrecke, Stellgröße *y*, Regelgröße *x*

Füllstand 2l festlegen	
Netzteil einschalten, Starttaster drücken, Spannung liegt an der Pumpe an	
Pumpe fördert Wasser in den Hochbehälter	
Bediener kontrolliert den Ist- mit dem Sollwert	
Bediener öffnet und schließt das Handventil im Vorlauf	
Volumenstrom verändern	
Handventil im Ablauf öffnen und schließen	

5 Stellen Sie den regelungstechnischen Ablauf mit Hilfe eines Blockschaltbildes dar. Verwenden Sie die regelungstechnischen Begriffe aus Aufgabe 4.

6 Ergänzen Sie die Tabelle mit Beispielen aus der beruflichen Praxis für verschiedene Regelgrößen und Stellgrößen und tragen Sie diese in die Tabelle ein.

Regelgrößen	Stellgrößen
Druck in einer hydraulischen Presse	
Temperatur im Härteofen	
	Stellung der Drossel in der Kühlmittelleitung einer Werkzeugmaschine
	Spannung am Vorschubantrieb einer Werkzeugmaschine
Verfahrgeschwindigkeit Pneumatikkolben	
	Stellung der Abluftdrossel am pneumatischen Druckspeicher

7 In der Tabelle sind verschiedene Prozesse aufgeführt. Stellen Sie grafisch die Veränderung der Regelgröße über der Zeit dar. Beschreiben Sie die Merkmale des Reglers in Stichworten und geben Sie in der ersten Zeile die Bezeichnung für den entsprechenden Regler (P, I, PI, PID) an

Regler				
Beschreibung	Pumpe wird eingeschaltet und fördert einen konstanten Volumenstrom.	Der Vorschubantrieb einer Werkzeugmaschine vergrößert den Weg des Maschinentischs stetig.	Die Pumpe soll einen festen Füllstand halten. Sie benötigt zum Anlaufen jedoch eine bestimmte Spannung.	Die Temperatur einer Flüssigkeit soll über einen längeren Zeitraum auf einem konstanten Sollwert gehalten werden.
Abbildung		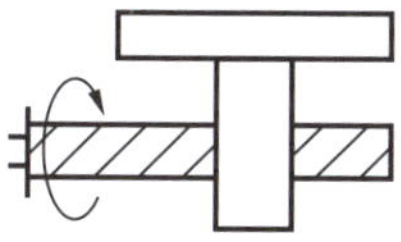	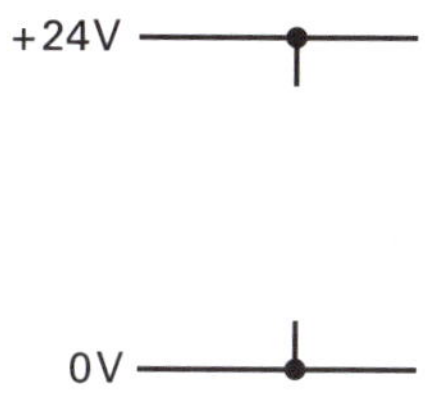	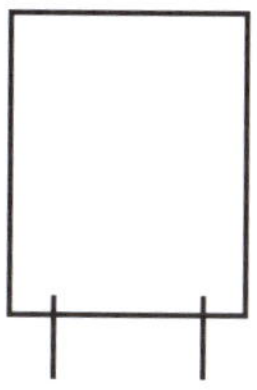
Grafische Darstellung der Regelgröße	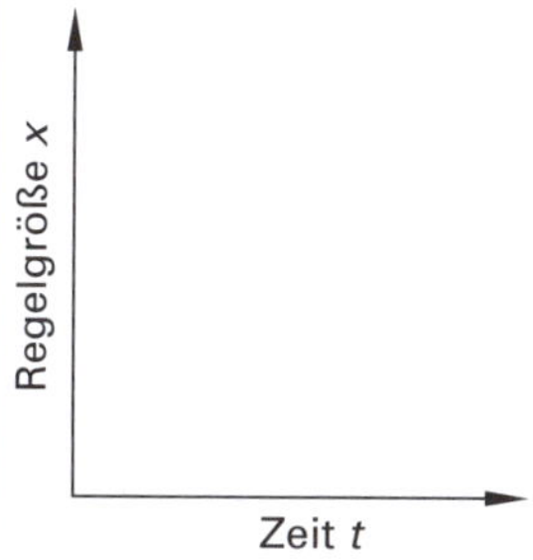	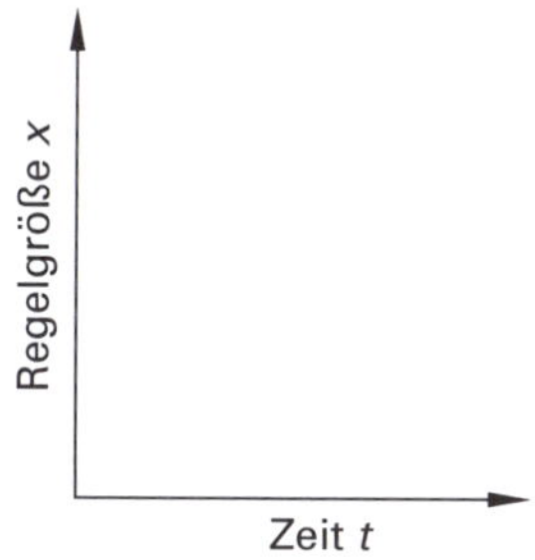		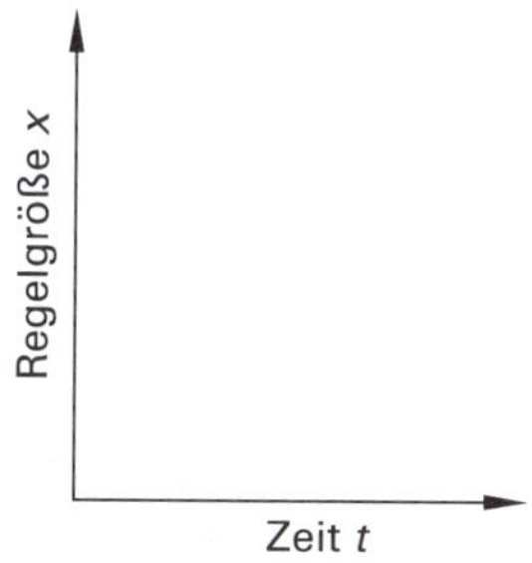
Merkmale				

8 Das Verhalten einer Regelstrecke, bei der Füllstandsanlage das Befüllen des Hochbehälters, ist vom Auftreten einer oder mehrerer Störgrößen abhängig. Befüllen Sie den Hochbehälter von unten über V103 und öffnen Sie das Ablaufventil V102 ca. 20 %. Wie verhalten sich nach dem Einschalten der Pumpe folgende Regelstrecken unter a) und b) der Anlage?

Zeichnen Sie den Verlauf der Regelgröße in das jeweilige Diagramm ein.

a) **Volumenstrom *Q*:**

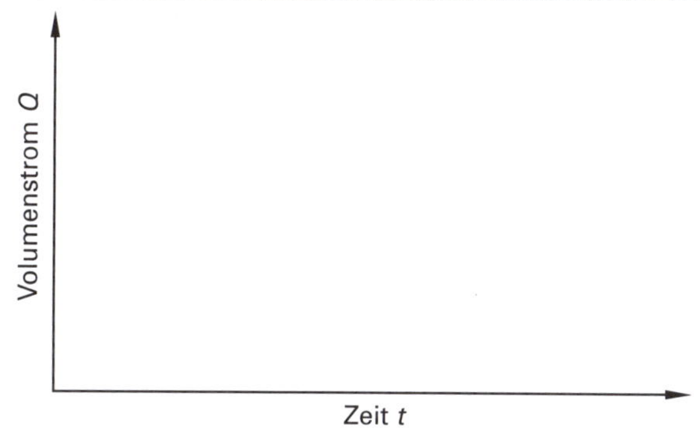

b) **Füllstand im Hochbehälter:**

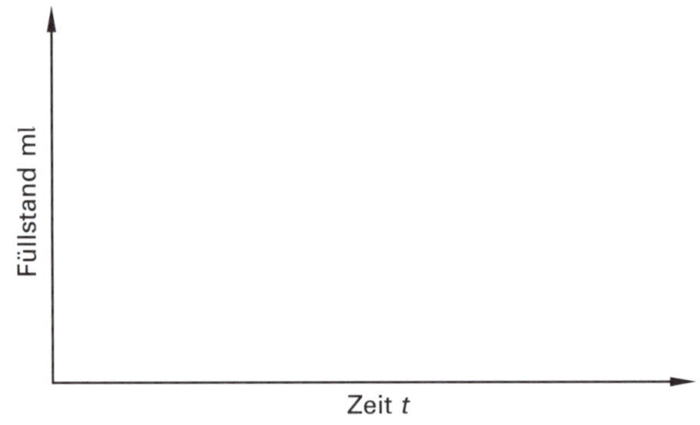

9 Im Hochbehälter soll permanent eine Wassermenge von 2000 ml vorrätig sein. Versuchen Sie den Füllstand durch Ein- und Ausschalten der Pumpe auszuregeln. Über das Handventil V102 werden unterschiedliche Mengen Wasser entnommen und in den unteren Behälter B101 zurückgeführt. Um den Regelprozess für den Bediener einfacher zu gestalten, wird ein unterer Grenzwert von 1900 ml und ein oberer Grenzwert von 2100 ml festgelegt.

a) Welches Verhalten können Sie bei dem Befüllvorgang beobachten?

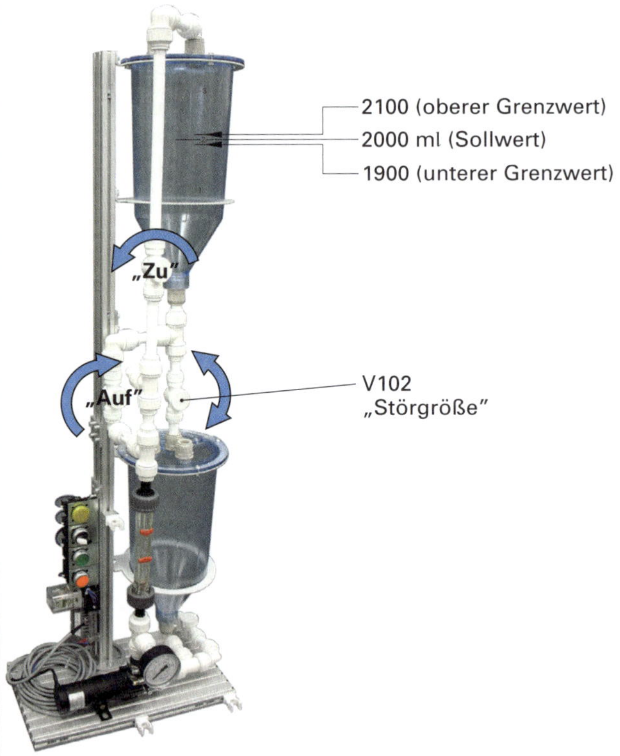

b) Stellen Sie den Regelverlauf mit der Regelgröße über der Zeit qualitativ (ohne Zahlenwerte) in einem Diagramm dar.

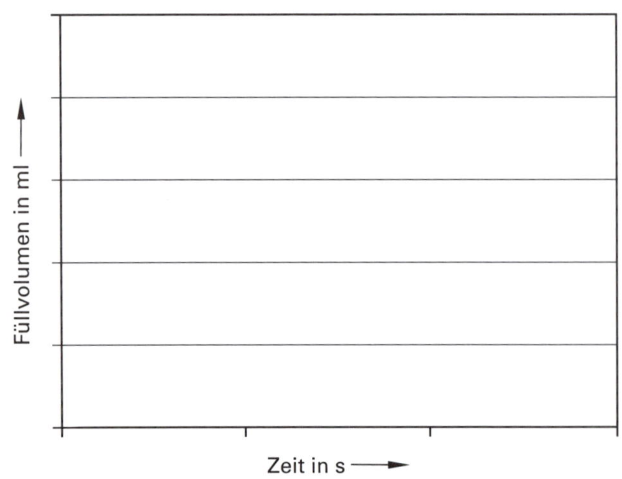

c) Wie heißt dieser Regelprozess? Geben Sie aus dem Alltag ein paar Beispiele zum Zweipunktregler an.

d) Der Zweipunktregler in einem Härteofen ist ein Bimetall. Beschreiben Sie mit eigenen Worten den Regelprozess wie er beim Aufheizen auf eine vorgegebene Temperatur abläuft.

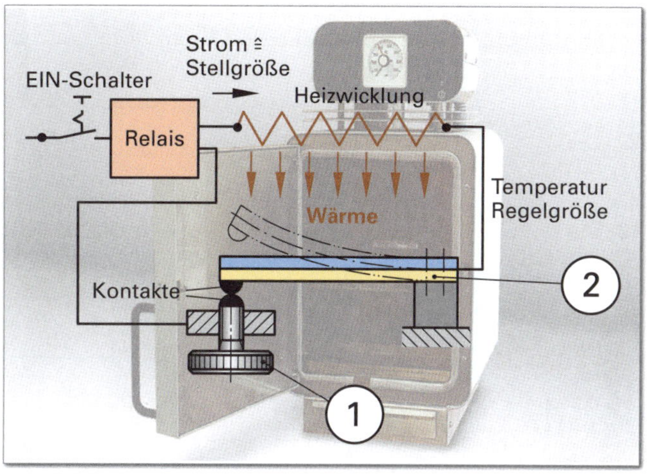

e) Welche Merkmale besitzt der Zweipunktregler?

f) In der Praxis ist eine zu hohe Schaltdifferenz nicht günstig, da die Grenzwerte vom Sollwert zu weit abweichen. Durch Verkleinern der Schaltdifferenz nähert man sich dem Sollwert an. Welche Auswirkungen hat eine zu kleine Schaltdifferenz Sd auf die Zweipunktregelung durch Ein- und Ausschalten der Pumpe?

g) Führen Sie den Versuch durch und befüllen Sie den Behälter bis 2000 ml und verkleinern Sie die Schaltdifferenz Sd von 200 ml auf 100 ml oder 50 ml.

Was passiert, wenn eine Störgröße auftritt, indem am Handventil V102 Wasser entnommen wird?

10 Welche manuellen Regelungsmöglichkeiten gibt es, um den Regelvorgang kontinuierlich durchzuführen und dadurch den Sollwert (Führungsgröße) schneller und exakter zu erreichen?

11 Führen Sie den Versuch auf beide Arten durch und halten Sie Ihre Beobachtungen fest.

12 Stellen Sie die stetige Regelung grafisch dar. Zeichnen Sie den Füllstand über der Zeit rein qualitativ ins Diagramm ein.

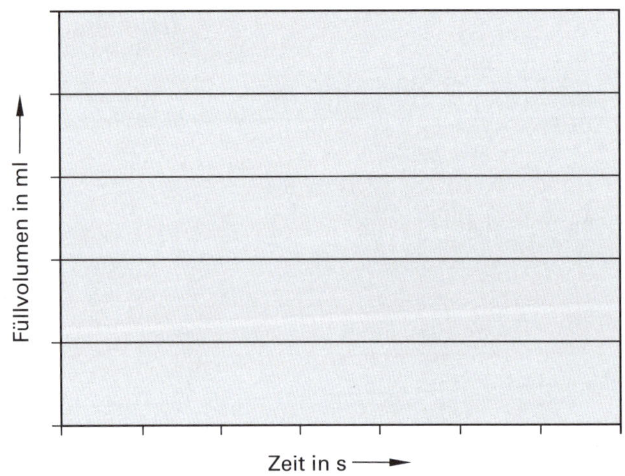

13 Tragen Sie in das Blockschaltbild für den Regelvorgang mit analog geregelter Pumpe die fehlenden Bausteine ein und beschriften Sie es mit den regelungstechnischen Begriffen Führungsgröße *w*, Steuergröße *x*, Störgröße *z*, Stellgröße *y* und dem Regler.

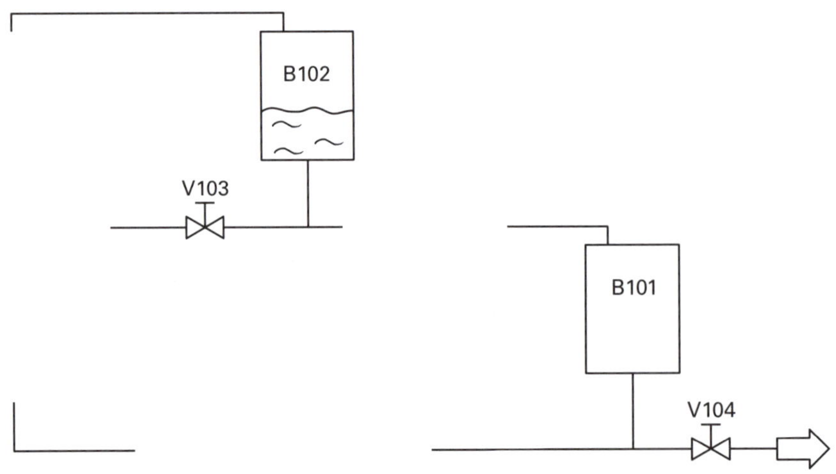

14 In der Füllstandsanlage soll der Bediener in zwei Parameter eingreifen können, in die Druckregelung und die Volumenstromregelung. Es bestehen bei der stetigen Regelung die beiden Möglichkeiten über das Handventil und über das Netzteil in den Regelungsprozess einzugreifen.

Für den Versuch benötigen Sie lediglich einen Behälter mit Pumpe, Handventil, Druck- bzw. Volumenstrommesser. Bauen Sie die zwei Versuche nach den RI-Fließbildern für die Druckmessung und die Volumenstrommessung auf.

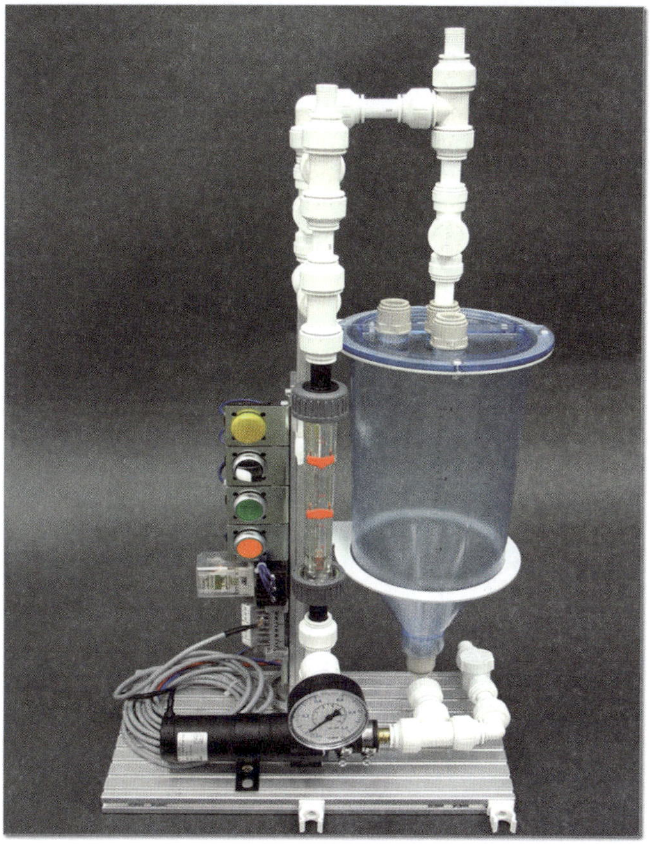

a) Vervollständigen Sie das RI-Fließbild mit den Bauteilen für die Druck- bzw. Volumenstrommessung.

b) Welcher Zusammenhang besteht zwischen Ventilstellung, Spannung und dem Druck bzw. Volumenstrom? Beurteilen Sie den Energieverbrauch bei Veränderung des Drucks und des Volumenstroms?

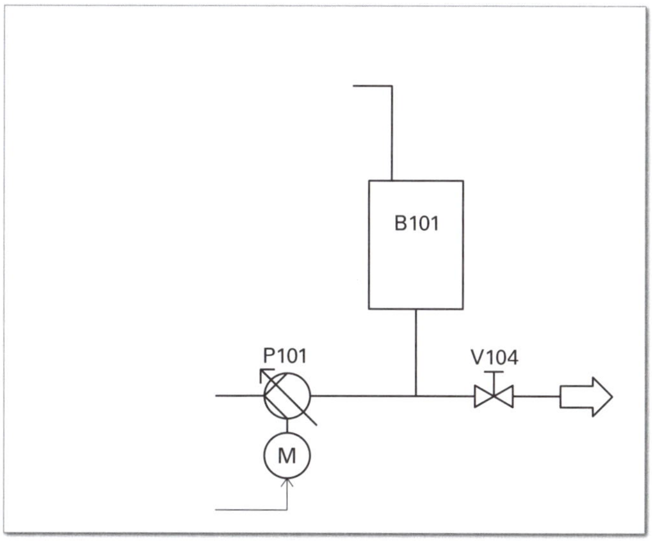

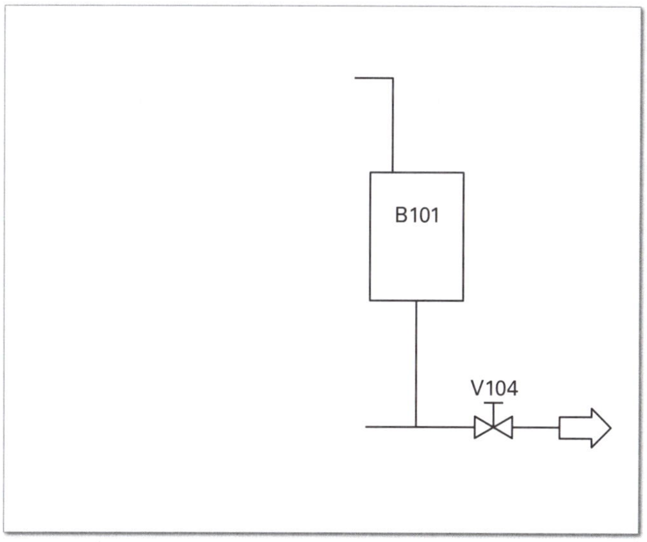

Konstanter Druck:

Konstanter Volumenstrom:

Simulation von Regelstrecken mit Fluidlab (Fa. Festo Didactic)

Mit der Simulationssoftware Fluidlab können die verschiedenen Regler in ihrem Verhalten simuliert, elektrisch verändert und in einem Diagramm dargestellt werden. Dabei kann mit dem Programm grafisch die Anlage nachgebaut und die Untersuchung zur Füllstands-, Druck- und Volumenstromregelung durchgeführt und gleichzeitig über Schnittstellen in die Anlage eingegriffen werden. In den beiden Abbildungen wird der Zweipunktregler ① mit Führungsgröße *w* und unterschiedlichen Schaltdifferenzen Sd (schwarz) und ein PI-Regler ② mit Führungsgröße *w* (schwarz) dargestellt. Im Diagramm wird die Stellgröße *y* (grün) und die Regelgröße *x* (rot) abgebildet.

Hinweis: Auf der CD finden Sie die Animationen. Bitte „Readme" lesen.

①

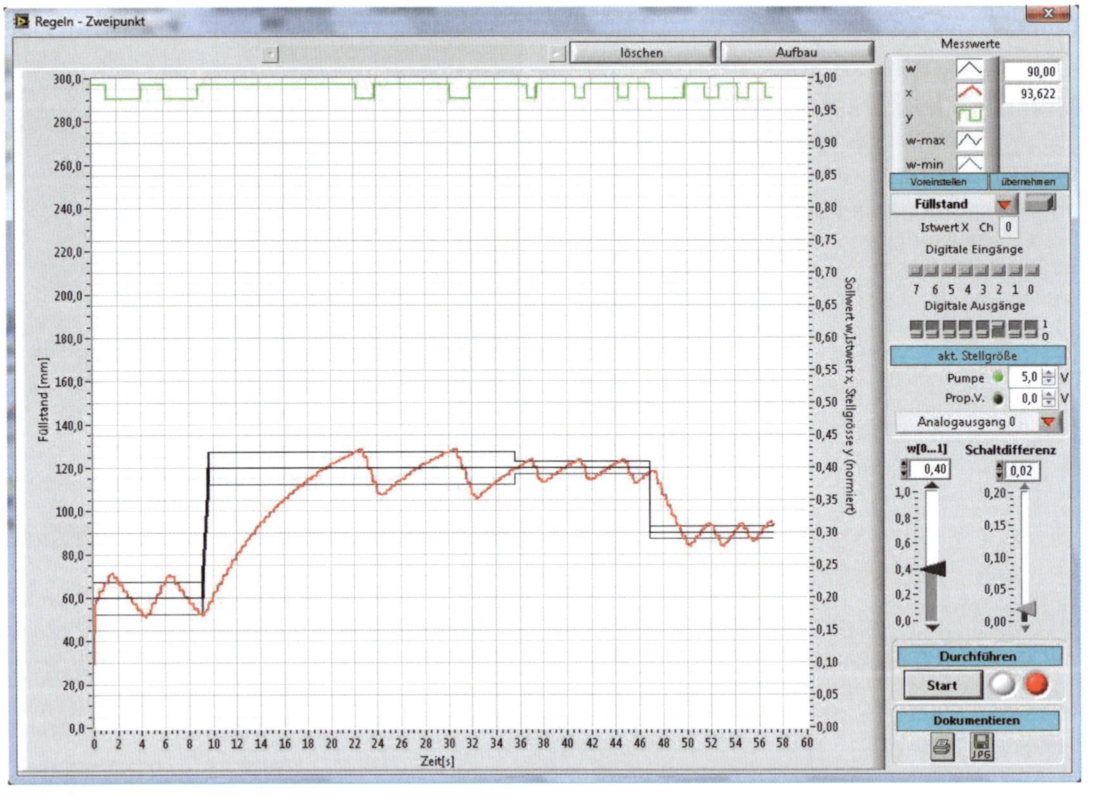

②

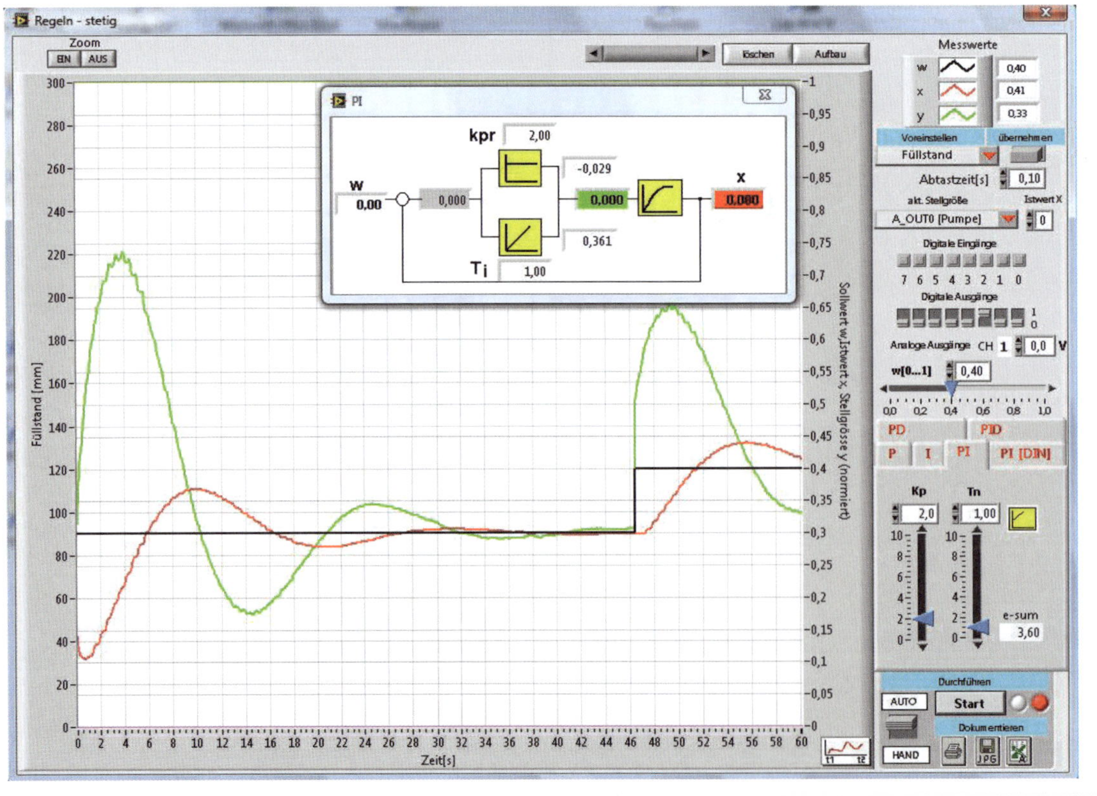

Projektskizze

Projektantrag/ -auftrag

Ziele definieren

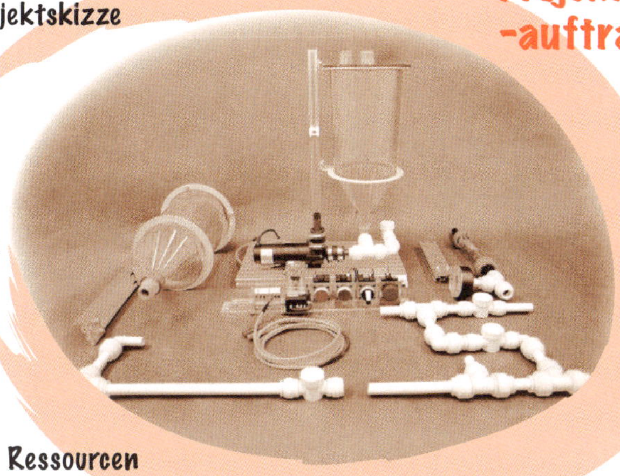

Ressourcen planen

Termine für Start und Ende festlegen

Projektfindung

Vorgangsliste für Füllstandsanlage			
Nr.	**Vorgangsbezeichnung**	**Dauer in Tagen**	**Vorgänger**
1	**Planung**	0 Tage	
2	Vorstudie und Recherche im Internet	2 Tage	
3	Skizzieren der Projektidee und eines Prozessablaufs	1 Tag	2
4	RI-Fließbilder, Schaltpläne entwickeln und skizzieren	3 Tage	3
5	Liste der mechanischen Bauteile	2 Tage	4
6	Mechanischen Montageplan entwickeln	2 Tage	5
7	Materialkosten (mechanische) ermitteln	2 Tage	5
8	Liste der elektronischen Bauteile	2 Tage	4
9	Elektrischen Aufbauplan erstellen	2 Tage	8,4
10	Materialkosten (elektrische) ermitteln	2 Tage	9
11	**Realisierung**	0 Tage	10
	Pflichtenheft erstellen	2 Tage	10
	…hanische Montage durchführen	2 Tage	6
	…rahtung durchführen	2 Tage	9

Vorgangsliste schreiben

Projektdokumentation und -präsentation

Bewerten des Projektablaufs und Teams (Evaluation)

Aufgaben auf Vorgänger und Nachfolger abstimmen

Darstellung der Abläufe

Controlling

Balkendiagramm (Gautt)

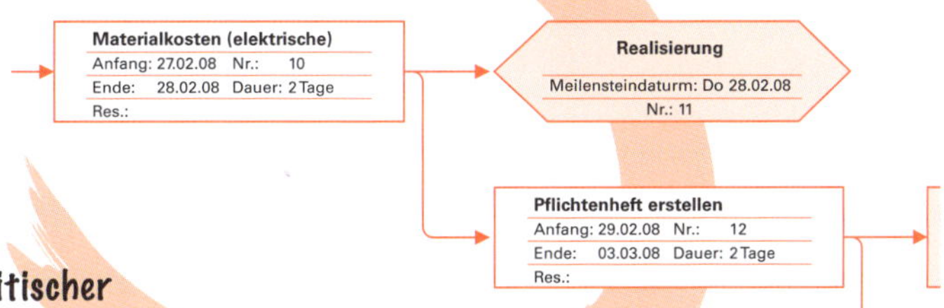

Kritischer Pfad

Meilensteine

Netzplan

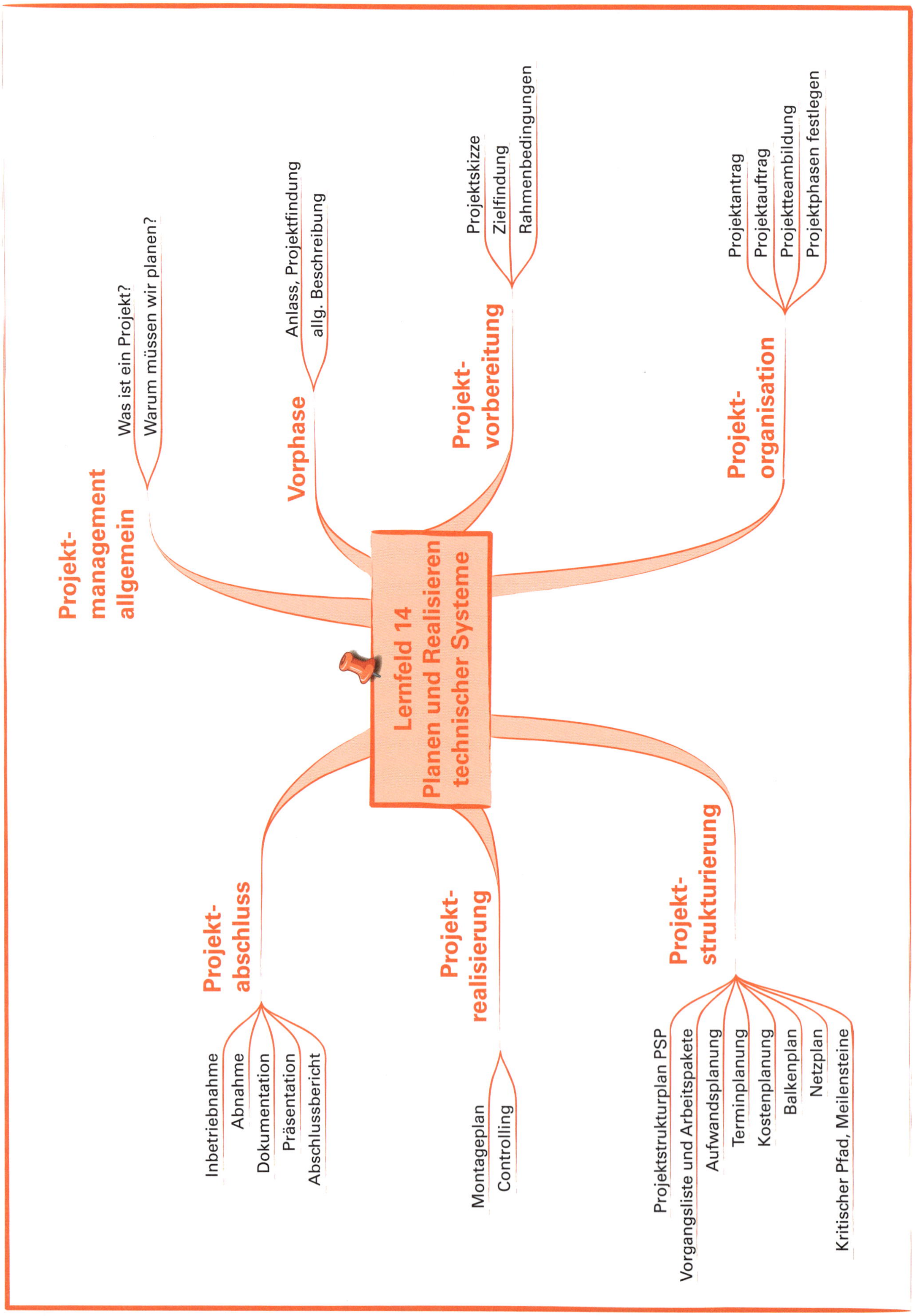
Lernfeld 14
Planen und Realisieren technischer Systeme
Projekt-
management
allgemein
Was ist ein Projekt?
Warum müssen wir planen?
Vorphase
Anlass, Projektfindung
allg. Beschreibung
Projekt-
vorbereitung
Projektskizze
Zielfindung
Rahmenbedingungen
Projekt-
organisation
Projektantrag
Projektauftrag
Projektteambildung
Projektphasen festlegen
Projekt-
abschluss
Inbetriebnahme
Abnahme
Dokumentation
Präsentation
Abschlussbericht
Projekt-
realisierung
Montageplan
Controlling
Projekt-
strukturierung
Projektstrukturplan PSP
Vorgangsliste und Arbeitspakete
Aufwandsplanung
Terminplanung
Kostenplanung
Balkenplan
Netzplan
Kritischer Pfad, Meilensteine

Beschreibung der Lernsituation

In vielen Betrieben werden Aufträge zur Planung, Fertigung bzw. Beschaffung, Montage und Inbetriebnahme von kleineren technischen Systemen an die Ausbildungsabteilung erteilt. Die Auszubildenden arbeiten im Team eigenständig und selbstverantwortlich organisiert an der Bearbeitung eines Auftrags.

Die Füllstandsanlage dient hier als Leitbeispiel, das selbstverständlich jederzeit durch aktuelle Projektarbeiten der Auszubildenden ersetzt werden kann. Die Füllstandsanlage stellt ein in sich abgeschlossenes technisches System dar, welches den Prozess der Wasserversorgung simuliert. Von einem unteren Behälter wird Wasser in einen höheren Behälter, z. B. einen Speicher, gepumpt. Von dort werden Haushalte mit Wasser versorgt. Mit der Anlage können steuerungs- und regelungstechnische Prozesse erlernt und mit verschiedenen praxisnahen Versuchen nachvollzogen werden.

Die Anlage soll für den nebenstehend dargestellten Aufbau geplant, montiert und in Betrieb genommen werden. Für den mechanischen Aufbau der Anlage werden zwei Behälter, eine Pumpe, Handventile, Rohrleitungen mit Verbindern und ein Befestigungssystem mit Grundplatte benötigt. Hinzu kommen elektrische Komponenten mit Schaltern, Leuchten, Relais, Verdrahtung und Netzteil. Die Stückliste finden Sie im Lernfeld 13, Seite 142.

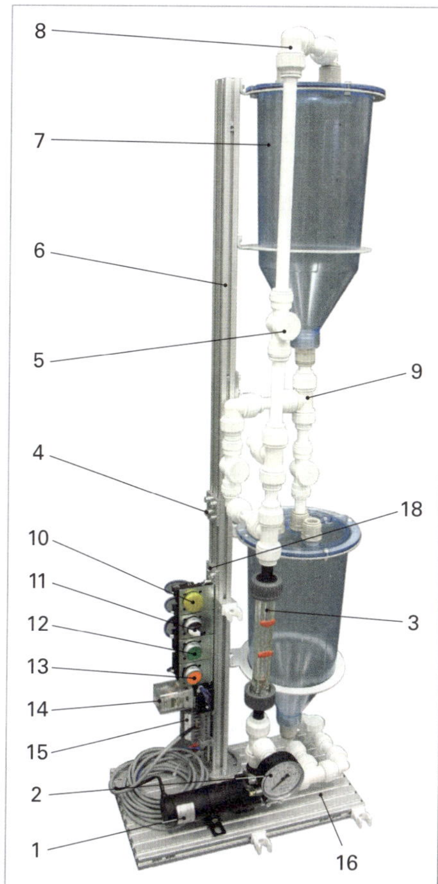

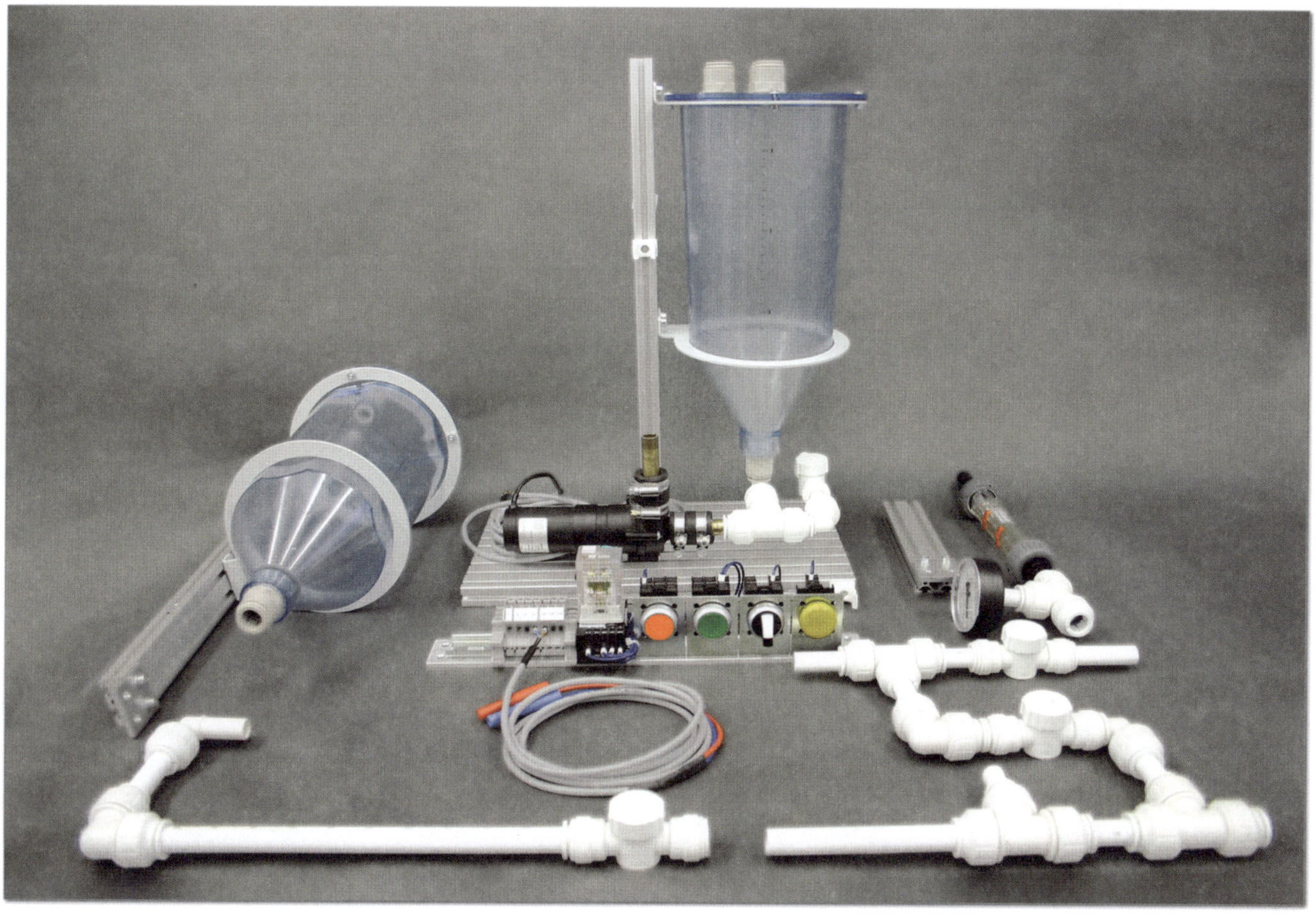

Aufgaben

Bearbeiten Sie in diesem Lernfeld Ihr Projekt in fünf Phasen und stellen Sie die Arbeitsergebnisse in einer Präsentation vor. Als Hilfestellung zur Durchführung der Projektphasen werden auf den nächsten Seiten Arbeitsaufträge, Hinweise und Formulare dargestellt. Wenn Sie augenblicklich über kein betriebliches oder schulisches Projekt verfügen, dann planen Sie mit Hilfe der nachfolgenden Informationen die Montage der Füllstandsanlage (siehe auch Lernfeld 13, S. 153).

Projektphasen:

	Projektphase	Inhalte
1	Projektvorbereitung ↓	Projekt skizzieren Ziele setzen Projektanfang und Projektdauer festlegen
2	Projektorganisation ↓	Projektleitung und Projektteam festlegen Projektantrag und -auftrag formulieren QS-Maßnahmen und Projektdokumente festlegen
3	Projektstrukturierung ↓	Projektplanung vornehmen Zeit- und Ressourcenplanung Kostenplanung Arbeitspakete definieren, Vorgangsliste erstellen
4	Projektdurchführung ↓	Einzelaufgaben aus Arbeitspaketen umsetzen Phasenkontrolle
5	Projektabschluss	Übergabe des Produkts Übergabe der Dokumentationen Präsentation Abschlussbericht und Projektbewertung

1 Projektvorbereitung

Die Projektidee skizzieren – das Projekt initiieren

Beschreiben Sie stichwortartig das durchzuführende Projekt mit der Ausgangssituation, den wichtigsten Zielen und Teilaktivitäten.
Benennen Sie sachliche, zeitliche und soziale Rahmenbedingungen.

Projektskizze	
Projekt-definition	
Ausgangs-situation und Anlass	
Kurz-form der Aufgaben-stellung	
Teilaktivi-täten	

Besondere Rahmenbedingungen - sachlich - zeitlich - sozial	**Analyse der sachlichen Rahmenbedingungen:** - Wer ist der Auftraggeber? - Wird das Projekt nur innerhalb der Firma umgesetzt oder werden Zulieferer bzw. Dienstleister mit eingebunden? **Analyse der zeitlichen Rahmenbedingungen:** - Welche Projekte sind augenblicklich in Bearbeitung? - Welche Projekte sind anschließend geplant? **Analyse der sozialen Rahmenbedingungen:** - Welche Abteilungen, Personen im Unternehmen sind vom Projekt betroffen? - Wie stehen die Mitarbeiter zum Projekt?

Hinweise zum Erstellen der Projektskizze:

Nach den Vorstellungen der verantwortlichen Personen im Unternehmen, werden für die Realisierung des Projekts Füllstandsanlage einige Wochen benötigt. Erarbeiten Sie die Merkmale des Projekts, auch in Abgrenzung zu täglichen Routineaufgaben bzw. der Bearbeitung von anderen überschaubaren Arbeitsaufträgen. Überlegen Sie dabei für die Umsetzung folgende Punkte:

- Besonderheiten der Aufgabenstellung
- Beschreibung der Herausforderung und Abgrenzung der Aufgabenstellung
- Formulierung von Teilaktivitäten
- Zeit/Dauer des Projekts
- Zielorientierung im Projekt
- Skizzieren der besonderen Rahmenbedingungen
- Finanzierung des Projekts
- Organisatorische Maßnahmen und personelle Besetzung

Projekte starten in den meisten Fällen durch konkrete Anlässe

- Welcher Anlass liegt für das geplante Projekt vor?
- Welche Personen oder Gruppen haben das Projekt initiiert?
- Welche Einflüsse und Hilfestellung von außen sind denkbar bzw. erwünscht?

2 Projektorganisation

Projektantrag

Die Umsetzung des Projekts muss vom Auftraggeber genehmigt werden. Im Projektantrag wird das Projektanliegen dargestellt und begründet. Wichtig dabei ist es, die Ziele zu formulieren, die Kosten und den zeitlichen Umfang zu umreißen und einen groben Projektplan zu erstellen. Nach Prüfung und Diskussion des Projektantrags und der Zustimmung wird von beiden Seiten eine Willenserklärung, der **Projektauftrag**, abgegeben, der die Inhalte des Projektantrags in der endgültigen bzw. korrigierten Form wiedergibt.

Projektantrag	Proj. Nr.: Auftraggeber: Datum:
Projektbezeichnung	
Projektbeginn:	Projektende:
Projektdefinition	
Projektkurz- beschreibung	
Projektziele	
Aufgaben und Aktivitäten in der Projektumsetzung	

Projekt-Zeitplan (Projektmeilensteine)

Phase	Inhalt	Verantwortlich	Termin (Beginn/Ende)	Mann-Tage	Bericht an...
Planung	Entwicklung/Entwurf				
Realisierung	Montage der Anlage				
Probelauf	Inbetriebnahme und Test				
Einsatz	Produktabnahme und Regelbetrieb				

Projektfinanzierung

	Aufwand in Euro	%-Anteil	Mitarbeitertage
Internes Personal			
Fremdpersonal			
Sachaufwand			
Investitionen			

Projekt-Gesamtaufwand:			
Projektteam, Projektergebnis, Dokumentation			
a) Projekt-Kernteam			
Name	Aufgabe, Verantwortung	Einsatz/Tage	
b) Erweitertes Projektteam			
Name, Abteilung	Aufgabe, Verantwortung	Einsatz/Tage	

Auflistung der Projektergebnisse/Funktionen des Projektes:

- Technische Zeichnungen
- Stücklisten, Montagepläne
- Dokumentation und Bedienungsanleitung zum Produkt
- Versuchsprotokolle
- Dokumentation der Projektumsetzung

Dokumentation und Protokolle			
Bezeichnung	Termin	Empfänger	Verantwortlicher

Unterschriften:

Auftraggeber: Projektleiter:

Hinweise zum Erstellen des Projektantrags:

Für eine erfolgreiche Umsetzung des Projektes, ist die klare Zielformulierung eine wichtige Basis. Drei **Projektziele** sind dabei zu beachten:

- Terminziel: Festlegen von Projektanfang und Projektende
- Sachziele: z. B.: In welchem Fertigstellungszustand soll die Anlage ausgeliefert werden, funktionsfähig, in Baugruppen vormontiert, mit und ohne elektrische Komponenten, usw.?
- Kostenziel: Wie viel Mannstunden werden für die Realisation veranschlagt? Welche Investitionen für Maschinen, Werkzeuge u.a. müssen getätigt werden? Welche Kosten für den Einkauf der Einzelteile müssen kalkuliert werden.

Um eine bessere Orientierung zu erhalten werden die wichtigsten Phasen des Projektes festgehalten und den jeweils verantwortlichen Personen zugeordnet. Die Ergebnisse der Phasen werden dann am Ende jeder Phase kurz dokumentiert und in einem **Briefing** mit allen Projektbeteiligten vorgestellt. Das Ende der Teilphasen sind gleichzeitig die sogenannten **Meilensteine**.

3 Projektstrukturierung

Lastenheft und Pflichtenheft

Das Lastenheft wird vom Auftraggeber erstellt und umfasst die Zielsetzung, die Aufgabenstellung und alle Eckdaten des Projektes. Es zeigt den Ist-Zustand auf und formuliert den Soll-Zustand, wie er aus der Sicht des Auftraggebers erreicht werden soll. Durch klar definierte Ziele wird für den Auftragnehmer und das Projekt-Team die Grundlage geschaffen, die konkreten Vorgehensschritte auszuarbeiten.

Das Pflichtenheft wird vom Auftragnehmer formuliert und beinhaltet die Vorgehensweise zur Umsetzung des Projektes. Es beschreibt wie man die im Lastenheft geforderten Leistungen erbringen wird. Es beinhaltet auch einen Projektstrukturplan mit den Arbeitspaketen. Ein ausführliches Pflichtenheft umfasst darüber hinaus eine Kostenkalkulation, die Terminplanung und einen Ressourcenplan (Mittel und Personen). Bei größeren Projekten sind Pflichtenhefte unverzichtbar und in der Regel Bestandteil des Vertrages. In kleineren Projekten bzw. bei Einzelprodukten kann von der Formulierung eines umfangreichen Lasten- und Pflichtenheftes abgesehen werden. Die einfachste Form ist die Nennung von Liefertermin und Preis oder eine kurze Spezifikation des Produktes, der vertraglichen Konditionen zur Abnahme, wie mit Teilleistung verfahren wird und wie die Gewährleistung bzw. die Garantiebedingungen geregelt sind.

Projektstrukturplan und Vorgangsliste

Damit das Projekt überschaubar wird, zerlegt man es in Einzelaufgaben, die „Arbeitspakete" genannt werden.

Das Brainstorming des Projektteams ergab eine Liste von Einzelaufgaben für die Füllstandsanlage, die nachfolgend ungeordnet aufgelistet sind. Ordnen Sie die Aufgaben und weisen Sie diese den einzelnen Projektphasen Planung, Realisierung, Inbetriebnahme und Tests sowie Produktabnahme und Regelbetrieb in einem Projektstrukturplan zu.

Einzelaufgaben:

- Vorstudie und Recherche Internet
- Materialkosten (mechanische) ermitteln
- RI-Fließbilder, Schaltpläne entwickeln und skizzieren
- Tests durchführen
- Mechanischen Montageplan entwickeln
- Abnahmesitzung
- Mechanische Montage durchführen
- Elektrischen Aufbauplan erstellen
- Materialkosten (elektrische) ermitteln
- Abschlusssitzung und -präsentation
- Formulare zur grafischen Auswertung entwerfen
- Liste der mechanischen Bauteile
- Elektrische Vorverdrahtung durchführen
- Anwenderschulung, Versuche durchführen
- Pflichtenheft erstellen
- Datenblätter für Messwerterfassung erstellen
- Skizzieren der Projektidee und eines Prozessablaufs
- Inbetriebnahme der Anlage (Testbetrieb)
- Gesamtdokumentation erstellen
- Berechnungen durchführen
- Fertigstellung der Verkabelung
- Liste der elektrischen Bauteile

Projektstrukturplan:

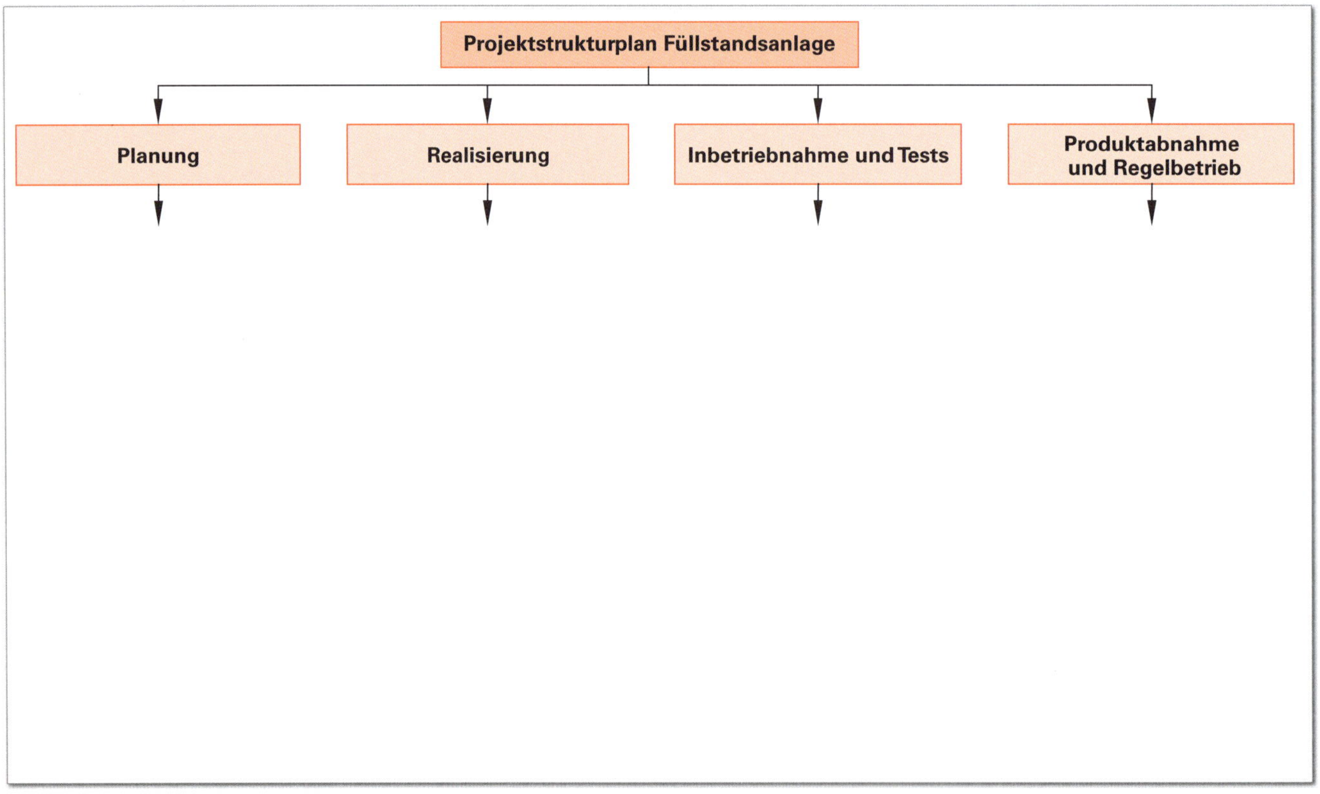

Arbeitspakete

Die Einzelaufgaben aus dem Projektstrukturplan werden nun einzelnen Personen zugeordnet und die nähere Beschreibung im Formular „Arbeitspaket" festgehalten. Füllen Sie beispielhaft für das Arbeitspaket „Montageplan mechanisch" des Projektes Füllstandsanlage das Formular aus. Verfahren Sie in gleicher Weise mit den anderen Arbeitspaketen.

Projektname:	Projektnummer:	Datum:
Arbeitspaket:	**Arbeitspaket Nr.:**	
Beschreibung:		
Aktivitäten/Ergebnisse:		
Schnittstellen zu anderen Arbeitspaketen:		
Termine/Meilensteine:	**Aufwandsabschätzung, Ressourcen:**	
QS-Maßnahmen/Dokumentationen:		
Verantwortliche Personen: **Unterschrift:**	**Projektleitung (Unterschrift):**	

Hinweise zur Erstellung der Arbeitspakete:

Die Formulierung der Arbeitspakete aus dem Projektstrukturplan ist die Grundlage für das Erstellen der Ablauf- und Zeitplanung. Dabei ist es wichtig die Arbeitspakete so genau wie möglich zu beschreiben, Termine und Aufwandsabschätzungen relativ sicher zu bestimmen, was eine gewisse Projekterfahrung voraussetzt.

Überprüfen Sie jedes Arbeitspaket dahingehend, welche Ressourcen notwendig sind, um termingerecht fertig zu stellen. Hierbei unterscheidet man Personalressourcen, wie viele Arbeitsstunden für die Bearbeitung der Einzelaufgabe notwendig sind und die Sachressourcen, z. B. der Verbrauch an Material oder die Nutzungszeit einer Maschine.

Legen Sie die Kosten für die Bearbeitung des Arbeitspakets im Groben fest. Darin enthalten sind Stundensätze für die Mitarbeiter sowie Kosten für Sachmittel und Maschinenstundensätze.

Um die Qualität zu sichern müssen geeignete Maßnahmen zu Überprüfung durchgeführt werden, um die geforderten Eigenschaften und Ziele des Arbeitspaketes zu bestätigen. Benennen Sie diese und die Art und Weise der Dokumentation.

Halten Sie während der Bearbeitung des Arbeitspakets alle Vorgänge, Problemfelder sowie Veränderungen genau fest, um sie später als Erfahrungswerte im nächsten Projekt einzusetzen.

Zeitplanung

Sind alle Arbeitspakete beschrieben, so liegen die Zeiten fest, die für jede Einzelaufgabe benötigt werden. Dann wird aus den Angaben die **Vorgangsliste** erstellt. Die Vorgangsliste beinhaltet die Einzelaufgaben und den zeitlichen Umfang für die Erledigung sowie die Einordnung der Aufgabe in den Gesamtablauf. Man überlegt, welche Arbeiten und Aufgaben müssen erledigt sein, damit das vorliegende Arbeitspaket bearbeitet werden kann. In der Vorgangsliste wird also jeder Einzelaufgabe ein oder mehrere Vorgänger zugeordnet, die bereits erledigt sein müssen.

Entnehmen Sie die Arbeitspakete für die Füllstandsanlage dem **Projektstrukturplan**. Schätzen Sie den zeitlichen Umfang für die Arbeitspakete, legen Sie jeweils die Vorgänger fest und erstellen Sie damit die Vorgangsliste. Überprüfen Sie nach Abschluss des Projekts Ihre zeitlichen Vorgaben und analysieren Sie den geplanten und durchgeführten Ablauf hinsichtlich verschiedener Optimierungsmöglichkeiten.

In der gleichen Weise verfahren Sie mit Ihrem aktuellen Firmenprojekt.

Vorgangsliste für Füllstandsanlage

	Vorgangsname	Dauer	Vorgänger
1			
2			
3			
4			
5			
6			
7			
8			
9			
10			
11			
12			
13			
14			
15			
16			
17			
18			
19			
20			
21			
22			
23			
24			
25			
26			

Balkendiagramm

Das Balkendiagramm ist ein sehr wirkungsvolles Instrument, um den zeitlichen Umfang der Arbeitspakete aus der Vorgangsliste und deren logische Verknüpfung bildhaft darzustellen.

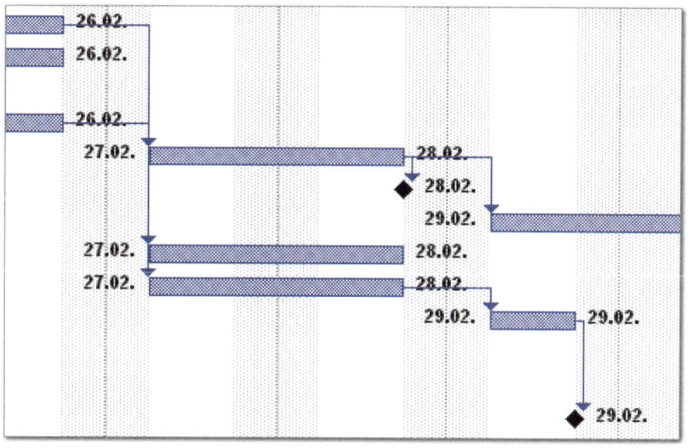

Einzelne Projektphasen werden durch einen schwarzen Balken zusammengefasst, die Übergänge von einem Arbeitspaket zum nächsten werden durch Pfeile gekennzeichnet. Die Raute ♦ symbolisiert einen Meilenstein, ein wichtiges Etappenziel im Projekt.

Erstellen Sie für Ihren geplanten Projektablauf ein Balkendiagramm.

S	M	D	M	D	F	S	S	M	D	M	D	F	S	S	M	D	M	D	F	S	S	M	D	M	D	F	S	S	M	D	M	D	F	S	S	M	D	M	D	F	S	S	M

Netzplan

Ein weiteres wichtiges Hilfsmittel für die Projektplanung stellt der Netzplan dar. Im Netzplan werden die Arbeitspakete als Rechtecke dargestellt. Im Programm MS Project werden normale, nicht kritische Arbeitspakete in Blau gekennzeichnet und kritische Arbeitspakete in Rot, bei denen kein Zeitverzug auftreten darf, ohne den Fertigstellungstermin des Projekts zu gefährden. Entlang der kritischen Arbeitspakete spricht man vom sogenannten „Kritischen Pfad“. Daneben können Arbeitspakete in einem nicht kritischen Pfad, auf parallelen Wegen, mit Puffern versehen werden. Dies ist dann möglich, wenn die Tätigkeiten einen geringeren Zeitbedarf haben.

Vervollständigen Sie den vereinfachten Netzplan für die Füllstandsanlage. Entwickeln Sie in gleicher Weise den Netzplan für Ihren geplanten Projektablauf aus dem Balkendiagramm.

Hinweis: Die Vorgaben im Netzplan sind in Grün gezeichnet, ohne Berücksichtigung nicht kritischer und kritischer Arbeitspakete.

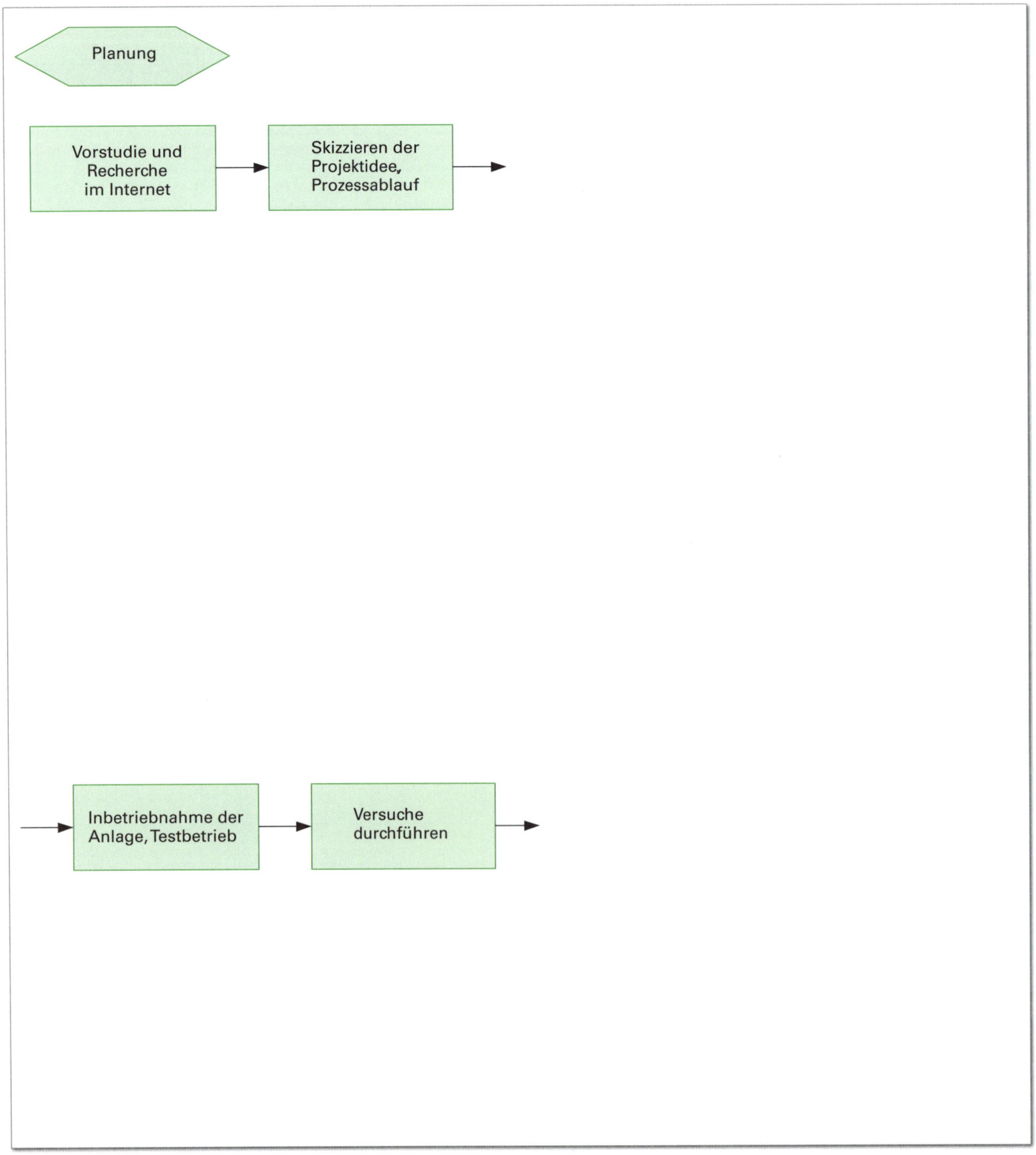

Legende Netzplan (MS Project):

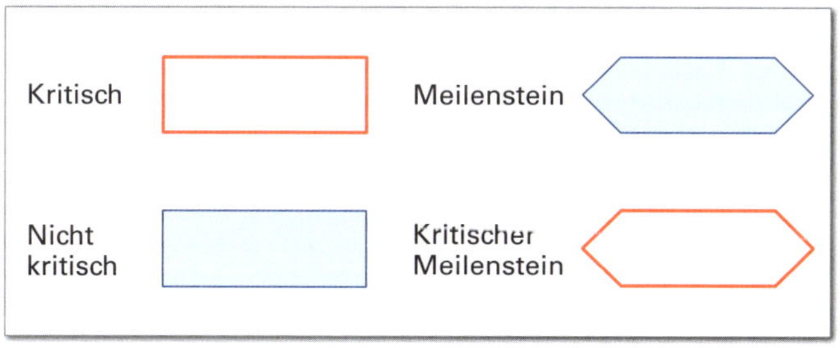

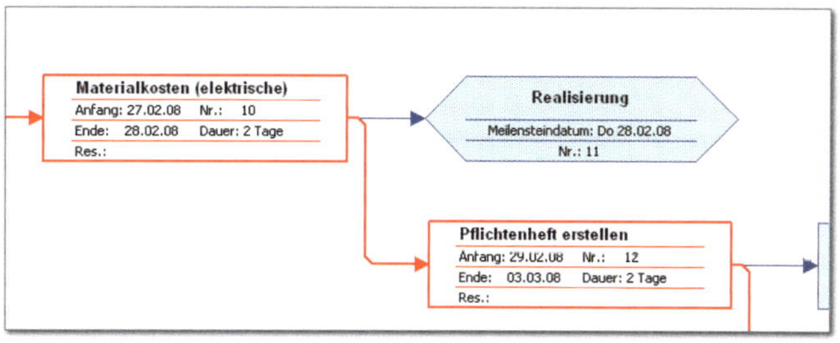

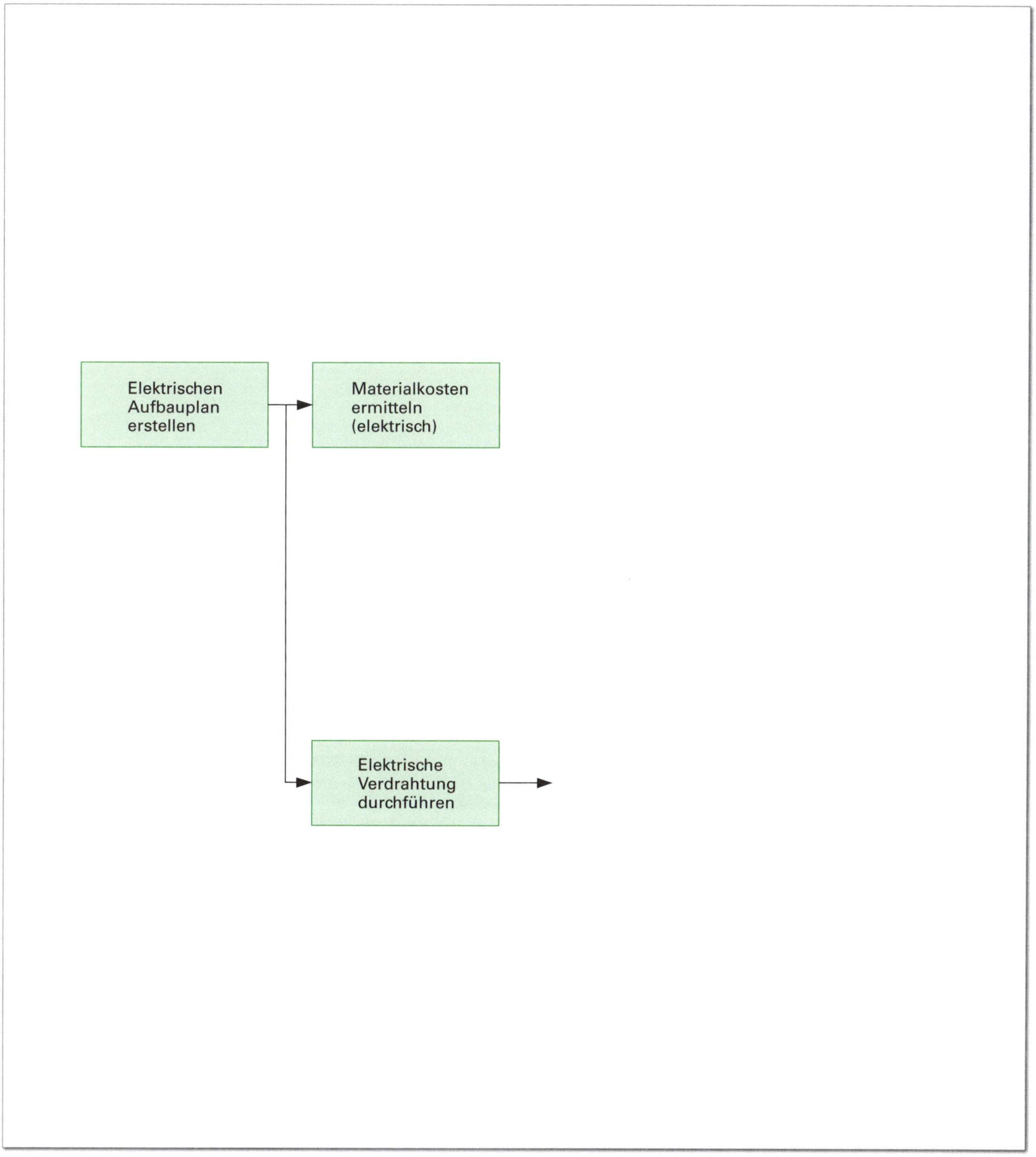

4 Projektdurchführung

Nach Abschluss der vorbereitenden Planungen werden die einzelnen Arbeitspakete nach den planerischen Vorgaben umgesetzt.

Bearbeiten Sie exemplarisch das Arbeitspaket 6 „Erstellen eines mechanischen Montageplans". Schreiben Sie die Vorgänge für den Grundaufbau der Füllstandsanlage schrittweise auf, so wie Sie den Aufbau durchführen würden. Die Baugruppen werden fortlaufend mit B1, B2 usw. benannt. Die Positionsnummern entnehmen Sie der Stückliste im Lernfeld 13, Seite 142.

Montageplan

Nr.	Pos. Nr.	Benennung	Hilfsmittel, Werkszeug

Hinweis zur Projektdurchführung

Jede größere Abweichung vom Plan führt zu zeitlichen und kostenrelevanten Verschiebungen. Um die Plantreue sicher zu stellen wird in Phasen oder Etappen gearbeitet. Die Phasen sind bei der Füllstandsanlage beispielsweise die Planung, die Realisierung, die Inbetriebnahme und Tests sowie die Produktabnahme und Regelbetrieb. Ist ein Etappenziel erreicht, dann befindet man sich an einem besonderen Punkt des Projekts, den man als Meilenstein bezeichnet.

Überprüfen Sie an jedem Meilenstein den Zustand ihres Projekts. Stellen Sie sich folgende Fragen:

- Wo stehen wir? Sind wir noch im Zeitplan?
- Laufen die Kosten aus dem Ruder?
- Haben wir bislang wirtschaftlich gearbeitet?
- Ist die Qualität sichergestellt?
- Arbeiten wir zielorientiert und erfolgreich?
- Wie steht es um das „Betriebsklima“ im Team?

Controlling Instrument

Als einfaches Verfahren zur Darstellung des Projektzustands bietet sich die Technik des „grünen Bereichs“ an. Man stellt die beiden besonders wichtigen Kategorien der Kosten und der Zeit in Form einer Matrix dar, bei der das innere Feld den grünen Bereich darstellt, in dem es keine Abweichungen vom Plan gibt. Bei geringen Abweichungen rutscht das Projekt in den gelben, bei schwerwiegenden Abweichungen in den roten Bereich.

Beispielsweise kann man sich eine Magnettafel mit diesen Feldern gestalten und diese in der Abteilung aufhängen, um die Abweichungen für jeden im Team sichtbar zu machen.

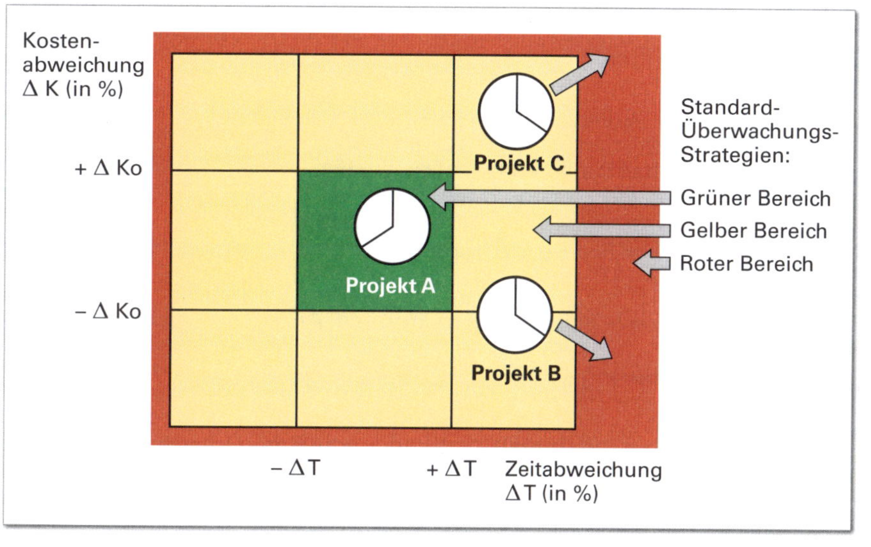

5 Projektabschluss

Der Höhepunkt und gleichzeitige Abschluss eines Projekts ist die Übergabe des Produktes an den Auftraggeber. Die Übergabe des Produkts wird begleitet durch die

- Abschlusspräsentation mit Abnahme des Produkts vor dem Auftraggeber,
- schriftliche Dokumentation der Abnahme und deren Übergabe und
- Übergabe der Projekt-Dokumentation.

Wie zu Beginn des Projekts wird durch ein Schluss-Meeting die Durchführung des Projekts im Team beendet. Die nachfolgenden Punkte sollten bei diesem Treffen besprochen werden:

- Zielerreichung und Analyse
- Zufriedenheit des Kunden
- Einschätzung der Faktoren Klima im Team und Zusammenarbeit
- Konsequenzen für zukünftige Projekte
- Entlastung von Projektteam und Projektleiter
- Erklärung der offiziellen Auflösung des Projekts und des Teams.

Projektdokumentation und -präsentation

Erstellen Sie zu Ihrer Projektarbeit eine kurze Projektdokumentation und eine Präsentation mit Plakaten oder mit dem Computer. Stellen Sie mit Hilfe der Stichworte aus der Checkliste die Ergebnisse der einzelnen Projektphasen dar.

Checkliste Projektdokumentation

Projekttitel:

Datum:

Mögliche Inhalte:

- Beschreibung der Projektfindung (Wie kam es zu dem Projekt?)

- Beschreibung der Projektvorbereitung und Projektorganisation

  1. Ausgangssituation, Problemstellung (Was soll mit dem Projekt erreicht werden?)
  2. Ursprüngliche Projektziele
  3. Projektkunden/Zielgruppe
  4. Projektnutzen
  5. Geplante und eingesetzte Ressourcen (personell, finanziell, räumlich, sächlich u.a.)
  6. Rahmenbedingungen (sachlich, zeitlich, sozial)

- Beschreibung der Projektstrukturierung

  1. Planungsschritte (Projektstrukturplan, Arbeitspakete, Vorgangsliste, Ressourceneinsatzplanung u. a.)
  2. Kostenplanung (Sachkosten, Personalkosten u. a.)
  3. Terminplanung (Projektstart und -ende, Projektphasen, Meilensteine)

- Beschreibung der Projektdurchführung

  1. Veränderungen der ursprünglichen Rahmenbedingungen
  2. Abweichungen von der geplanten Durchführung und deren Gründe
  3. Lösungswege, Vorgehensweise
  4 Ergebnisse in den Projektphasen
  5. Finale Lösung(en)

- Bewertung der Teamarbeit

- Bewertung des gesamten Projektes: Zielerreichung in Bezug auf Qualität/Kosten/Zeit (magisches Dreieck), gewonnene Erfahrungen, u. a.; Auswirkungen auf zukünftige Projektarbeiten.

Lernfeld 15
Optimieren von technischen Systemen

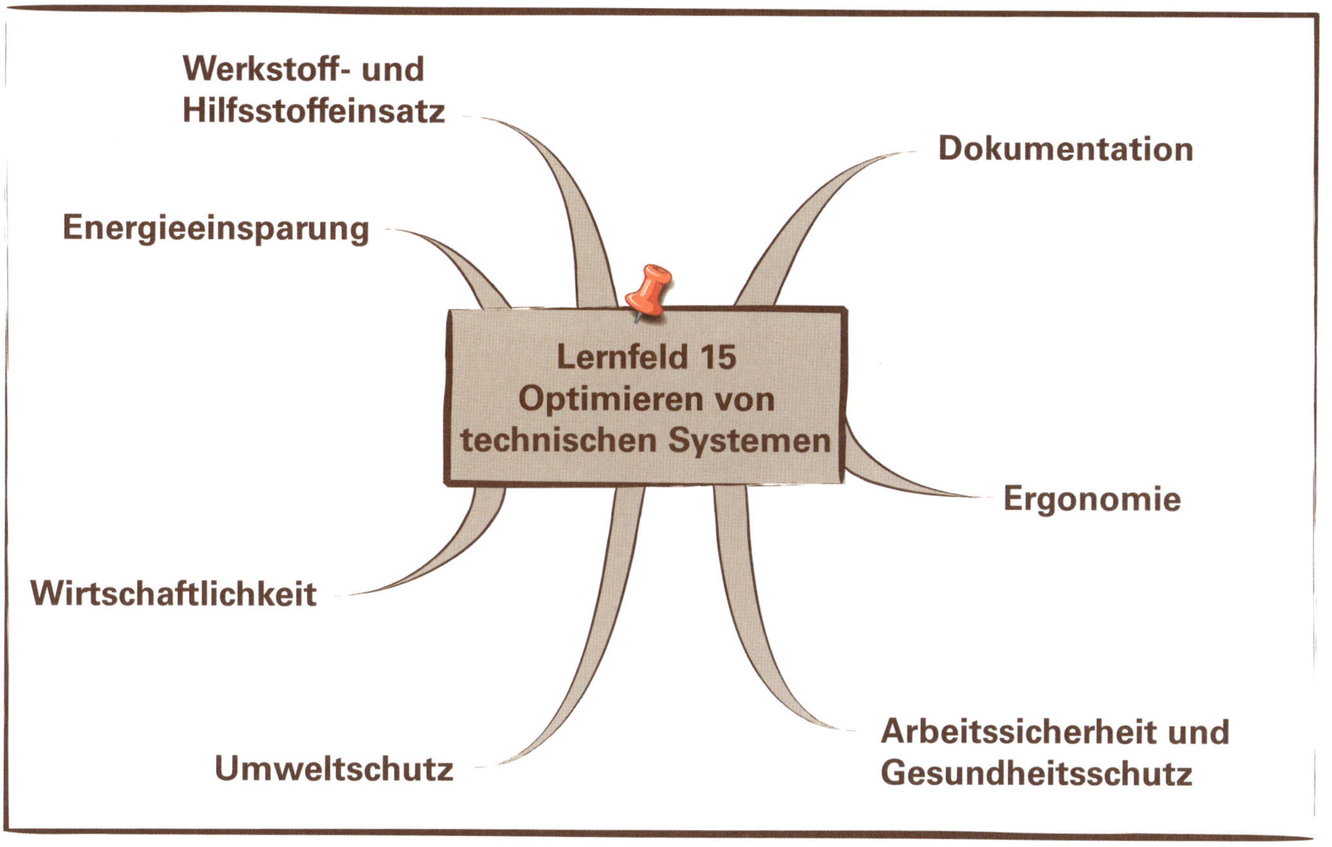

Beschreibung der Lernsituation

Technische Systeme sind in sich abgeschlossen und dadurch gekennzeichnet, dass eine Eingabegröße existiert, im System eine Verarbeitung stattfindet und ein Ergebnis, die Ausgabegröße, am Ende herauskommt.

Ein- und Ausgabegrößen können dabei als Materie, z. B. Rohmaterial und Endprodukt, als Energie oder auch als Information, z. B. in Signalform, auftreten. Als „Technische Systeme" könnte man NC-Maschinen, Fertigungszentren, Montagelinien, vernetzte Fertigungsanlagen, Abfüllanlagen, Spritzgussmaschinen, Laserschneidemaschinen u. a. m. bezeichnen.

In den einzelnen Betrieben sind eine Vielzahl von technischen Systemen täglich im Einsatz, erfüllen die an sie gestellten Anforderungen und arbeiten hoffentlich die meiste Zeit störungsfrei. Trotzdem wird man bei genauem Hinsehen manches entdecken, was zu verbessern oder zu verändern wäre. Darüber hinaus zeigt die ständige technische Entwicklung neue Möglichkeiten der Umsetzung von Prozessen auf, die in das betriebliche System eingearbeitet werden könnten.

Wählen Sie ein technisches System in Ihrem Betrieb oder in der Schule aus, das Sie näher betrachten wollen. Beschreiben Sie zunächst in Stichworten, welche Funktion das technische System hat, welche Abläufe stattfinden und wie das Endergebnis aussieht.

Beobachten Sie das technische System unter folgenden Gesichtspunkten:

- Verbesserung der Ergonomie
- Einhaltung und Weiterentwicklung des Arbeits- und Gesundheitsschutzes
- Weiterentwicklung von Maßnahmen, die dem Umweltschutz dienen
- Wirtschaftlichkeit in den Produktionsprozessen (Ablauf- und Zeitplanung)
- Erhöhung der Zuverlässigkeit von Maschinen und Anlagen
- Optimieren von Steuerungsprogrammen, Maschinenparametern und -einstellungen
- Gestaltung von Montageprozessen, z. B. beim manuellen Montieren
- Verbesserung von Kommunikationsprozessen unter Mitarbeitern bzw. zwischen Mensch und Maschine
- Möglichkeiten Energie einzusparen
- Sinnvoller und verantwortungsvoller Einsatz von Werkstoffen und Hilfsstoffen
- Verständliche technische Dokumentationen

Dokumentieren Sie die erarbeiteten Optimierungsmaßnahmen und schlagen Sie eine mögliche Umsetzung vor.

Notizen:

Firmenverzeichnis:

Die Autoren bedanken sich bei den folgenden Firmen für die gewährte Unterstützung besonders durch die Bereitstellung von Prospektmaterial, Fotos und Grafiken.

Adiro Automatisierungstechnik GmbH
Esslingen-Berkheim

Rupert App GmbH & Co.
Leutkirch

Diehl Ako Stiftung & Co. KG
Wangen i. A.

Festo Didactic GmbH
Denkendorf

item Industrietechnik
und Maschinenbau GmbH
Ulm-Einsingen

Klopp Maschinenbau GmbH
Solingen

LDT Lager und Dichtungstechnik GmbH
Ravensburg

myonic GmbH
Leutkirch

Pfeifer
Seil und Hebetechnik GmbH
Memmingen

Carl Stahl GmbH
Süssen

SEW Eurodrive GmbH
Bruchsal

Syco Tec GmbH & Co. KG
Leutkirch

ZIMM Maschinenelemente GmbH
Lustenau, Österreich

Fachschule für Kunststofftechnik
des Landkreises Hof in Rehau
Rehau

Notizen:

Im neuen Bewertungssystem des handlungsorientierten Unterrichts wird die Leistung in allen Lernfeldern durch die differenzierte Bewertung der „berufsfachlichen Kompetenz" und der „Projektkompetenz" ausgewiesen. Durch die Komplexität der Bewertung und der zu erwerbenden Kompetenzen, erscheint es den Autoren als sinnvoll, allen Beteiligten in gleicher Weise Einblicke und Anregungen zu einer Eigenbewertung von Seiten des Schülers wie auch zu einer objektiv nachvollziehbaren Bewertung durch den Lehrer zu gelangen.

Die Bearbeitung der Lernfeldsituationen (Projekte) von der Analyse der Aufgabenstellung über die Planung der Umsetzung mit Recherche bis zur Herstellung und der anschließenden Dokumentation und Präsentation der Arbeitsergebnisse bietet ein breites Feld zum Kompetenzerwerb. Die beruflich erfolgreiche Qualifizierung hängt heute mit einem breit angelegten Erwerb von Kompetenzen aus unterschiedlichen Bereichen zusammen. Die Schwierigkeit liegt nun in der Bewertung der Vielzahl dieser persönlichen Entwicklungen.

Die Notengebung teilt sich wie schon oben angesprochen in die „berufsfachliche Kompetenz" und die „Projektkompetenz" auf. Die „berufsfachliche Kompetenz" beinhaltet Aspekte wie das Fachwissen, Prozesszusammenhänge, Normen und Verfahrensabläufe sowie die Ermittlung von Ergebnissen. In der „Projektkompetenz" spiegeln sich soziales Engagement, die Anwendung von Methoden, Kommunikationsprozesse, die Fähigkeit Lernprozesse zu initiieren u. v. m. wieder. Die Vielzahl der dabei zu erwerbenden Kompetenzen werden in folgende Bereiche aufgeteilt: Personalkompetenz, Sozialkompetenz, Methodenkompetenz, Kommunikative Kompetenz und Lernkompetenz. Um die Bereiche für die Beurteilung übersichtlicher zu gestalten, wird die kommunikative Kompetenz der Personalkompetenz und die Lernkompetenz der Methodenkompetenz untergeordnet. Für jeden Kompetenzbereich lassen sich beobachtbare Kriterien festlegen, die vom Lehrenden beurteilt und bewertet werden können.

Vorschlag zur Vorgehensweise bei der Auswahl und Bewertung von Kompetenzen

Aus der Liste der Bewertungsaspekte wählt der Lehrer Beobachtungsschwerpunkte aus, die durch Bearbeitung eines bestimmten Projektes zu einer Verstärkung bzw. zum Neuerwerb von Kompetenzen führen. Die Kriterien werden in ein Formblatt für jeden Schüler übertragen (Blatt 1 und 2) und mit einem Faktor für die Gewichtung versehen. Die Note für das Lernfeld ergibt sich darüber hinaus aus der Bewertung der Dokumentationsausarbeitung (Blatt 3) und der Präsentation (Blatt 4). Die Bewertungen lassen sich, zur besseren Visualisierung, im Anschluss in ein Bewertungsprofil (Blatt 5) übertragen.

Für die zahlenmäßige Bewertung lässt sich von Punktesystemen bis zu einer klassischen Notenvergabe alles vorstellen. Hier nun soll ein Vorschlag für eine Bewertung von 0.0 bis 1.0 dargestellt werden. Diese Bewertung lässt sich im anschließenden grafischen Profil sehr anschaulich verwerten. Den Werten können folgende Bewertungsmerkmale zugeordnet werden:

0.0	Kompetenz nicht erworben
0.2	große Kompetenzschwächen
0.4	schwach ausgeprägte Kompetenz
0.6	Kompetenz ist vorhanden und gut ersichtlich
0.8	gut ausgeprägte Kompetenz
1.0	besonders ausgeprägte Kompetenz

Mit Hilfe von Faktoren werden den Kompetenzen entsprechende Gewichtungen gegeben. Durch diese Gewichtung lässt sich die Summe der erreichbaren Punkte auf den Punkteschlüssel der gymnasialen Oberstufe von 15 Punkte hochrechnen. Dadurch erhält man wiederum den Zusammenhang zum Notenschlüssel 1 bis 6 (siehe Beispiel und Tabelle nächste Seite).

Anmerkung
Die Bewerbungsformulare für die berufsfachliche Kompetenz und die Projektkompetenz wurden überarbeitet. Die Formulare für die Dokumentation und Präsentation finden Sie im Lernfeldbuch 1 - 4 und 5 - 9 sowie auf der CD.

Beispiel: Berufsfachliche Kompetenz

	Faktor	Schülerbewertung	Faktor x Bewertung
Prozesszusammenhänge erkennen	1 x	0.4	0.4
Normen anwenden	1 x	0.4	0.4
technologische Daten bestimmen	1 x	0.8	0.8
Verfahren und Werkzeuge bestimmen	2 x	1.0	2.0
Arbeitsschritte festlegen	3 x	0.8	2.4
Arbeitsablauf durchführen	3 x	0.6	1.8
Ergebnisse zusammenfassen	2 x	0.6	1.2
Alternative Lösungswege aufzeigen	2 x	0.4	0.8
Summe			**9.8 / Note 2,4**

Punkteschlüssel: 15 Notenpunkte

0	1	2	3	4	5	6	7	8	9	10	11	12	13	14	15
Note															
6	5⁻	5	5⁺	4⁻	4	4⁺	3⁻	3	3⁺	2⁻	2	2⁺	1⁻	1	1⁺

Kompetenzprofil

Das Profil über die Beobachtungsschwerpunkte gibt einen guten Überblick über die Schwächen und Stärken des Auszubildenden und der Verlagerung seiner Fähigkeiten und Fertigkeiten. Legt man mehrere gleichartige Kompetenzprofile nach mehreren Zeitabschnitten übereinander lässt sich die Veränderung im Profil sehr anschaulich visualisieren.

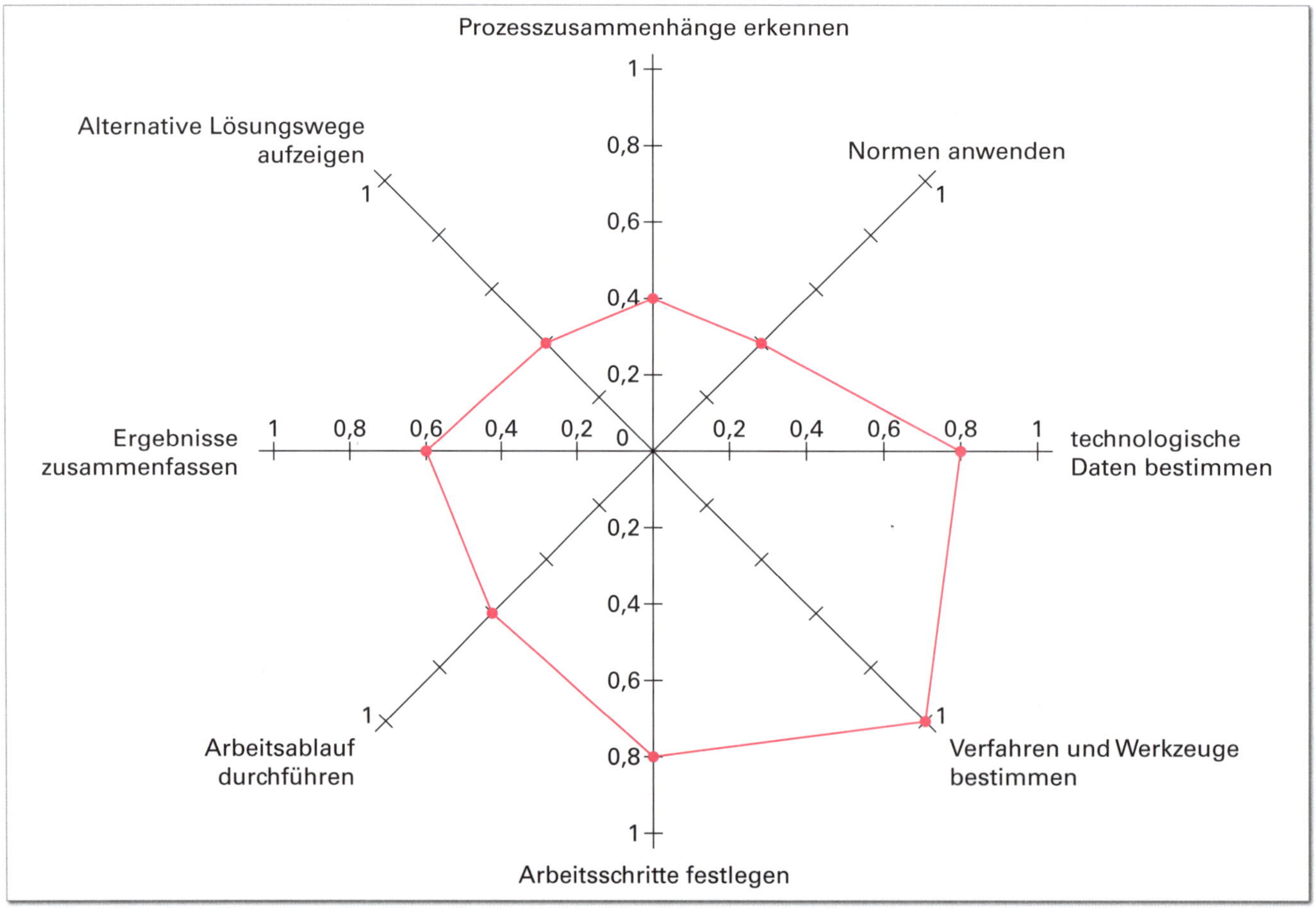

Die Formblätter zur Bewertung der Leistungen liegen in PDF-Form auf der CD vor.

- **Berufsfachliche Kompetenz**

- Problemlösungen und Arbeitsabläufe auswählen
- Prozess- und Systemzusammenhänge erkennen
- Normen und Regeln projektspezifisch auswählen und anwenden
- Verfahren festlegen
- systematische Vorgehensweise darlegen
- Anforderungen und Spezifika des Produkts / der Dienstleistung darstellen
- Arbeitsabläufe und Prozesse optimieren
- zielgerichtet arbeiten
- rationelle Verfahren aufzeigen
- Ergebnisse ermitteln und in der Praxis anwenden
- Gelerntes auf neue Situationen anwenden
- Qualität sichern
- Zeiten zur Selbstkontrolle einplanen
- Verbesserungsvorschläge vorstellen
- Herstellverfahren, Werkzeuge und Hilfsstoffe auswählen
- Arbeitspläne auswerten und wenn notwendig überarbeiten
- Steuerungspläne und -programme erstellen
- Arbeitsergebnisse präsentieren
- Technische Dokumentationen und Fachliteratur auswerten
- Bauteile und Normteile für die Projekte auswählen und bei Herstellern disponieren
- technologische Daten festlegen
- Dokumentation auch in einer Fremdsprache auswerten
- UVV beachten und umsetzen
- Symbole und Signale erkennen und interpretieren

- **Projektkompetenz**

Personalkompetenz

- Probleme erkennen und Lösungsmöglichkeiten erarbeiten
- Spannungen in beruflichen Situationen bewältigen
- Flexibel und situationsabhängig reagieren
- zuverlässig handeln
- geordnete Arbeitsergebnisse abliefern
- Informationen weitergeben und austauschen
- verantwortungsbewusst urteilen
- Mitverantwortung tragen

Kommunikative Kompetenz

- Informationen aus unterschiedlichen Medien beziehen
- Medien sachgerecht einsetzen
- Dokumentationen auswerten
- Informationen strukturieren
- Informationen aufbereiten und darstellen
- sachlich argumentieren
- Dokumentationen anfertigen
- Präsentationen entwickeln

Sozialkompetenz

- soziale Verantwortung tragen
- Interessen und Bedürfnisse artikulieren
- Kritik konstruktiv und fair äußern
- Toleranz gegenüber anderen üben
- Hilfestellung geben
- in ein Team einbinden
- Kooperationen fördern
- in einen Gruppenprozess aktiv einbinden
- Vertrauen aufbauen
- soziale Beziehungen herstellen

Methodenkompetenz

- Entscheidungen treffen
- von Bekanntem auf Unbekanntes schließen
- methodisch vorgehen
- Problemstellung erkennen und Arbeitsziele formulieren
- Ergebnisse ermitteln und zusammenfassen
- Arbeitsschritte selbstständig planen und durchführen
- Pläne auswerten
- Arbeitspläne erstellen und flexibel an die veränderte Situation anpassen
- Zeiten für die Arbeitsprozesse festlegen
- zielgerichtet und begründet arbeiten
- gliedern komplexer Aufgabenstellungen
- Probleme eingrenzen
- Systeme und Prozesse untersuchen
- Lösungswege vergleichen und Realisierbarkeit abschätzen
- Alternativen finden und bewerten
- Arbeitsverfahren auswählen und Abläufe festlegen
- Systemfehler eingrenzen
- Ergebnisse und Methoden übertragen
- Arbeitsorganisation gestalten
- Schlussfolgerungen ziehen
- Zusammenhänge herstellen und anwenden
- Abhängigkeiten darstellen
- Kreativitätstechniken anwenden
- Formeln entwickeln
- Bewertungsmaßstäbe bilden

Lernkompetenz

- zum Lernen bereit sein
- eigene Lernstrategien entwickeln
- konzentriert lernen und arbeiten
- Lernschritte auswählen
- Weiterbildungsmöglichkeiten wahrnehmen
- Informationsbereitschaft besitzen
- Kenntnisse und Methoden übertragen
- Informationen selbstständig erarbeiten
- Informationen auswerten
- Gelerntes auf neue Probleme übertragen

Lehrer: ____________	Schuljahr: ________	Klasse: ________	Gruppe: ________	Halbjahr/Block

Schüler:			ø Gewichtung: 1x ☐ 2x ☐			ø Gewichtung: 1x ☐ 2x ☐			ø Gewichtung: 1x ☐ 2x ☐			ø Gewichtung: 1x ☐ 2x ☐			ø Gewichtung: 1x ☐ 2x ☐			ø Gewichtung: 1x ☐ 2x ☐			ø Gewichtung: 1x ☐ 2x ☐			ø Gewichtung: 1x ☐ 2x ☐	Summe Punkte	Note
1																										
2																										
3																										
4																										
5																										
6																										
7																										
8																										
9																										
10																										

Bewertungsmaßstäbe:

0.0	Kompetenz nicht erworben	0.2	große Kompetenzschwächen
0.4	schwach ausgeprägte Kompetenz	0.6	Kompetenz ist vorhanden und gut ersichtlich
0.8	gut ausgeprägte Kompetenz	1.0	besonders ausgeprägte Kompetenz

Bewertung der Projektkompetenz

Lehrer: ____________	Schuljahr: ________	Klasse: ________	Gruppe: ________	Halbjahr/Block

Schüler:	Personalkomp./kommunik. Komp.			Sozialkompetenz			Methodenkompetenz			Summe Punkte/Gewichtssumme 15x	Note
	Gewichtung: 1x ☐ 2x ☐ ø	Gewichtung: 1x ☐ 2x ☐ ø	Gewichtung: 1x ☐ 2x ☐ ø	Gewichtung: 1x ☐ 2x ☐ ø	Gewichtung: 1x ☐ 2x ☐ ø	Gewichtung: 1x ☐ 2x ☐ ø	Gewichtung: 1x ☐ 2x ☐ ø	Gewichtung: 1x ☐ 2x ☐ ø	Gewichtung: 1x ☐ 2x ☐ ø		
1											
2											
3											
4											
5											
6											
7											
8											
9											
10											

Bewertungsmaßstäbe:

0.0	Kompetenz nicht erworben	0.2	große Kompetenzschwächen
0.4	schwach ausgeprägte Kompetenz	0.6	Kompetenz ist vorhanden und gut ersichtlich
0.8	gut ausgeprägte Kompetenz	1.0	besonders ausgeprägte Kompetenz

Name:	Lernfeld / Projekt:
Vorname:	Bewertungszeitraum:
Klasse:	

☐ Berufsfachliche Komp. ☐ Projektkomp.

(Kompetenzbereiche farbig markieren)

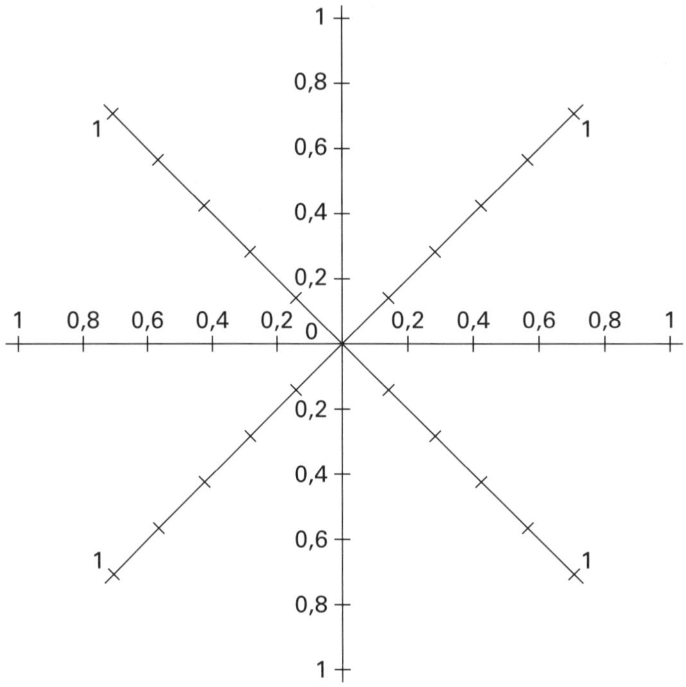

☐ Dokumentation ☐ Präsentation

(Kompetenzbereiche farbig markieren)

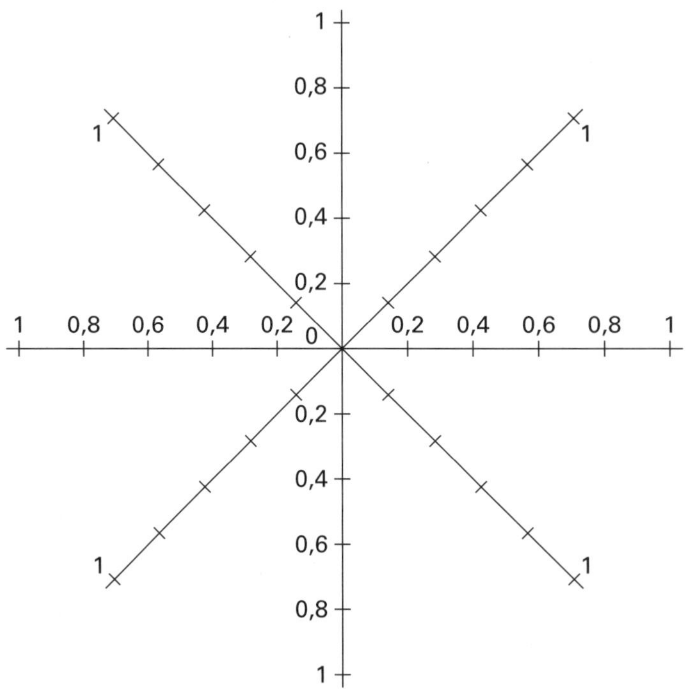